圆锥曲线的八个主要问题

《圆锥曲线的八个主要问题》编写组 编

◎圆锥曲线的由来
◎圆锥曲线的定义
◎圆锥曲线的方程
◎圆锥曲线的性质
◎圆锥曲线的切线和法线
◎圆锥曲线的作图
◎圆锥曲线通论
◎圆锥曲线的应用举例

哈爾濱工業大學出版社
HARBIN INSTITUTE OF TECHNOLOGY PRESS

内 容 简 介

本书共八章，主要包含圆锥曲线的由来、定义、方程、性质、切线和法线、作图、通论以及举例应用等内容，深入浅出，通俗易懂.

本书适用于中学生和数学教师参考使用，也可供数学爱好者作为科学普及读物阅读.

图书在版编目(CIP)数据

圆锥曲线的八个主要问题/《圆锥曲线的八个主要问题》编写组编.—哈尔滨：哈尔滨工业大学出版社，2021.10(2023.5 重印)

ISBN 978-7-5603-9612-5

Ⅰ.①圆…　Ⅱ.①圆…　Ⅲ.①圆锥曲线　Ⅳ.①O123.3

中国版本图书馆 CIP 数据核字(2021)第 149277 号

策划编辑　刘培杰　张永芹
责任编辑　张永芹　穆方圆
封面设计　孙茵艾
出版发行　哈尔滨工业大学出版社
社　　址　哈尔滨市南岗区复华四道街 10 号　邮编 150006
传　　真　0451－86414749
网　　址　http://hitpress.hit.edu.cn
印　　刷　哈尔滨市颉升高印刷有限公司
开　　本　787 mm×960 mm　1/16　印张 17.75　字数 177 千字
版　　次　2021 年 10 月第 1 版　2023 年 5 月第 2 次印刷
书　　号　ISBN 978－7－5603－9612－5
定　　价　48.00 元

⊙前言

在日常生活中，我们常常会见到圆锥曲线或与它近似的图形. 例如，盛有茶水的圆柱形玻璃杯倾斜时的茶水面、雨水筒直角弯管处的接口、油车上油箱的横断面等，都是椭圆的图形；工厂里自然通风塔的通风筒的轴截面、有灯罩的台灯映照在墙上的影子等，都是双曲线的图形；桥拱的曲线、拱形薄壳屋顶、抛射体经过的路线等，都是抛物线的图形，这些椭圆、双曲线、抛物线总称为圆锥曲线.

圆锥曲线在科学技术上已被广泛地应用. 例如，圆锥曲线的切线与法线的性质被称为光学性质，是圆锥曲线在光学仪器、雷达、射电望远镜等方面重要应用的根据. 探照灯、汽车前灯和太阳灶的镜面，也是利用这个原理设计的. 圆锥曲线在建筑方面，如桥梁和隧道的修建也有广泛的应用，特别是在拱结构中显得更加突出．在材料力学中，对于有同样厚薄、物质均匀的薄板上的惯性矩的研究，惯性椭圆就起了很大的作用．圆锥曲线在航海、航空中也有应用，无线电导航中的“时差定位法”就是同焦点的双曲线系的应用．而圆锥曲线更重要的应用，是在于研究天体运动的轨道．我们知道，地球和其他行星绕太阳运行的轨道，月球绕地球运行的轨道，都是圆锥曲线．要确定人造地球卫星的轨道，也要涉及圆锥曲线．当人造卫星脱离运载它的火箭时，如果速度等于第一宇宙速度(7.9 km/s)，那么它就沿着一圆形轨道绕地球运行；如果速度大于第一宇宙速度而小于第二宇宙速度(11.2 km/s)，那么它就沿着一椭圆轨道绕地球运行．如果当宇宙火箭燃料用完时的速度等于第二宇宙速度，那么它就沿着一抛物线轨道飞出地球的引力范围；如果宇宙火箭当燃料用完时的速度超过第二宇宙速度，那么它就沿着一双曲线轨道飞出地球的引力范围．这些都说明，圆锥曲线在科学技术上已被广泛地应用，它对于我国今天的“新四化”建设有着重要的作用．

对圆锥曲线的研究，为某些科学的发展奠定了基础．有了希腊数学家阿波罗尼对圆锥曲线做过较详尽的研究，才有17世纪以后天体力学的发展．如果没有前人对圆锥曲线的研究成果，那开普勒就不可能对行星的轨道做出复杂且繁重的计算；而牛顿是否能在当时完成对万有引力规律的研究，也就很难说了；至于当代世界在宇宙航行上的巨大成就，就更难设想了．

由此可见，学习与研究圆锥曲线是非常必要的．特别对中学生来说，圆锥曲线是平面解析几何中的重要内容之一，也是今后学习高等数学、物理、力学和其他科学技术不可缺少的基础知识，必须认真学好.

本书是根据中学数学教学大纲及现行教材编写的，内容略有加深和提高，力求写得深入浅出，通俗易懂，可作为中学生的课外读物，也可供知识青年作为科学普及读物. 书中配置一定数量的练习题，可用以复习、巩固、提高，也可以供中学数学教师备课参考. 在编写过程中，承福建师范大学数学系陈启旭同志和福州市教师进修学院倪木森同志提出宝贵意见，并协助校订，在此谨向他们表示感谢. 限于编者水平，加以时间仓促，存在疏漏、缺点在所难免，诚挚地希望读者批评指正.

编者
闽江学院

目录

第一章

圆锥曲线的由来

在解析几何学里，我们把椭圆（圆是它的特殊形式）、双曲线和抛物线总称为圆锥曲线. 这是为什么呢？

在立体几何学里，在同一个平面内，如果有一条固定的直线（如图1的a）和一条动直线（如图1的l），当这个平面绕着这条固定的直线旋转一周时，这条动直线所形成的面叫作旋转面. 这条固定的直线叫作旋转面的轴，每一位置的动直线都叫作旋转面的母线.

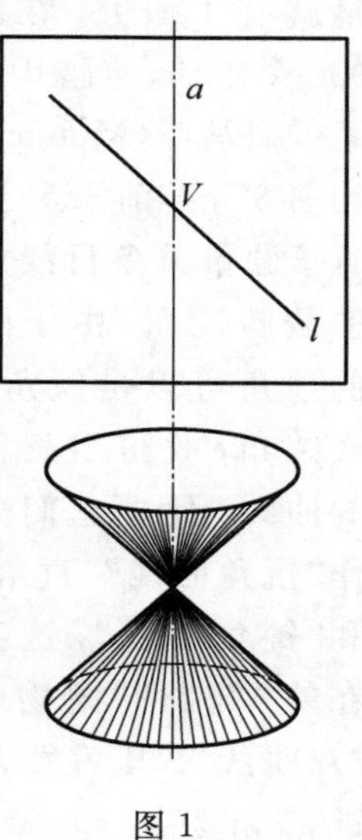

图 1

如果母线是和轴相交的一条直线，那么所形成的旋转面叫作圆锥面. 母线和轴的交点叫作圆锥面的顶点. 由于顶点把每条母线都分成两部分,因此也把圆锥面分成两部分,其中的每一部分都叫作半圆锥面.每个半圆锥面上任意一条半母线与轴所成的角都相等,这个角叫作圆锥面的半顶角.

如果我们用一个不经过圆锥顶点的平面去截这样的圆锥面(两边可以无限延伸的),那么由于截面与轴的夹角的不同,它们的交线就可能是椭圆、双曲线或者是抛物线(图2).因此,我们把椭圆、双曲线、抛物线总称为圆锥曲线.

古代学者对圆锥曲线早就有了研究,在距今2 000余年前,希腊几何学者蒙爱启马斯(Menachmus,约前375— 前325)曾用垂直于圆锥某条母线的平面去截圆锥面,由于圆锥面的顶角可以是锐角、直角或钝角,故得出三种不同的曲线,他把它们分别叫作"锐角曲线""直角曲线"和"钝角曲线",这就是现在的"椭圆""抛物线"和"双曲线".其后欧几里得(Euclid,约前330— 前275)、阿基米德(Archimedes,前287— 前212)也都有关于圆锥截线的著作.后来阿波罗尼(Apollonius,约前262— 约前190)曾著有《圆锥截线论》八卷,除搜集前人的成果外,尚有他自己的一些研究成果.他认为只要改变截面对母线的倾角,就可以由同一个圆锥面截出这三种曲线,并且根据顶点

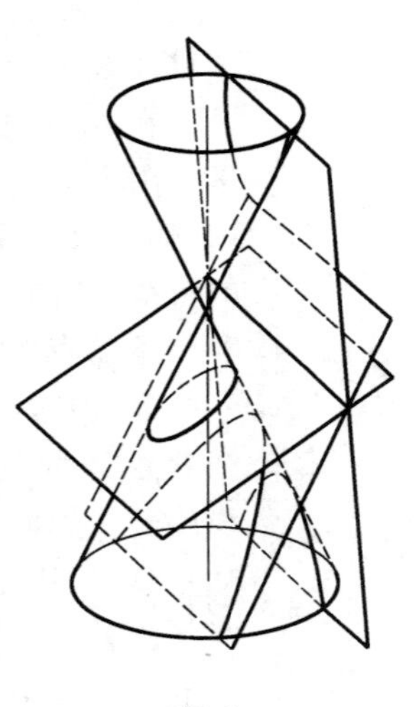
图2

在原点的二次曲线方程所具有的性质，给出了三种常态二次曲线的名称．但他未能用焦点和准线来给出圆锥曲线的定义．直到公元340多年，帕普斯(Pappus)在他所著的《希腊数学丛书》中对圆锥曲线又有了许多新的创见，他发现了抛物线的焦点和准线，但是他只研究了它们彼此间的孤立性质．关于焦点，到1604年开普勒(Kepler)在研究光学性质时才有详细的说明．至于准线，则到牛顿(Newton)及博斯科维奇(Boscovich)才有详细的研究．后者于1757年系统地给出了圆锥曲线的统一定义．之后由于坐标的建立、代数的方法、射影的方法代替了初等的方法，更因生产实践的需要，圆锥曲线的理论才逐步完善起来．

圆锥曲线的说法是在明末随着天文历算传入我国的．《测量全义》(1631)、《恒星历指》(1631)、《交食历指》(1632)、《测天约说》(1633)里都介绍了圆锥曲线，但因这些都是历算书籍，所以只有一些片断的知识．对于圆锥曲线的论说既不详细，也不完备．直到清乾隆七年(1742)，才由明安图等人编成《历象考成后编》，其中载有椭圆作图法及许多性质，并证明了椭圆切线定理及其面积．清朝中期，研究西算者略有增加，如董祐诚(1791—1823)、徐有壬(1800—1860)、项名达(1789—1850)、戴煦(1805—1860)等，对于椭圆的周长都有一定的研究．其中最著名的项名达，在他的《椭圆求周术》(1848年写成，1875年出版)中，论证了椭圆的周长，是中算家在圆锥曲线方面的第一部独立著作．虽然是用初等数学方法求得椭圆的周长，但与近代算式相符合．在他之后，又有中算家李善兰(1811—1882)与伟列亚力(Alexander Wylie，1815—1887)合译了罗密士

(Loomis,1811—1889)的《代微积拾级》(1859)18 卷.同治五年(1866)他又与艾约瑟(Joseph Edkin,1823—1905)合译了《圆锥曲线说》3 卷.他又著了《椭圆拾遗》3 卷,用几何方法论证了椭圆的一些性质.到清末,华蘅芳(1833—1902)译了华里司的《代数术》(1873)25 卷,其中卷 23"方程界线"介绍了圆锥曲线的一些概念和性质.光绪十六年(1890)江衡与傅兰雅合译了哈司韦的《算式集要》4 卷,书中记载了圆锥曲线的一些计算公式.因为上述书籍流传不广,所以解析几何及圆锥曲线学说的研究在我国的发展比较迟缓.直到清末废科举、立学堂,解析几何被列为学校必修科目后,圆锥曲线的研究在我国才比较广泛地流传开来.

圆锥曲线的定义

从第一章的图 2 我们知道，用一个不经过圆锥面顶点的平面去截圆锥面，由于截面的位置不同，所以形成的交线也就不同. 究竟截面在什么位置时，它所形成的交线分别是椭圆、双曲线或抛物线呢? 又应该怎样给出它们的定义呢? 这就是本章要阐明的问题.

设圆锥的半顶角为 $\alpha(0^\circ<\alpha<90^\circ)$，截面与轴的夹角为 $\theta(0^\circ<\theta\leqslant 90^\circ)$，则有下列三种可能.

(一)$\alpha<\theta$

这时一个半圆锥面上的半母线都和这个截面相交，因而它的交线是一条封闭的曲线. 现在让我们来探讨这条曲线具有哪些性质.

如图 3，我们在圆锥内作与圆锥面及截面都相切的两个球，分别为球 S 和球 S'，由立体几何可知，圆锥面与这两个球的交线分别是圆 C 和圆 C'，并且圆 C 与圆 C' 所在的平面互相平行，把圆锥的母线截出定长的线段. 而两球与截面的切

点分别设为 F 和 F'，则 F 和 F' 是两个定点.

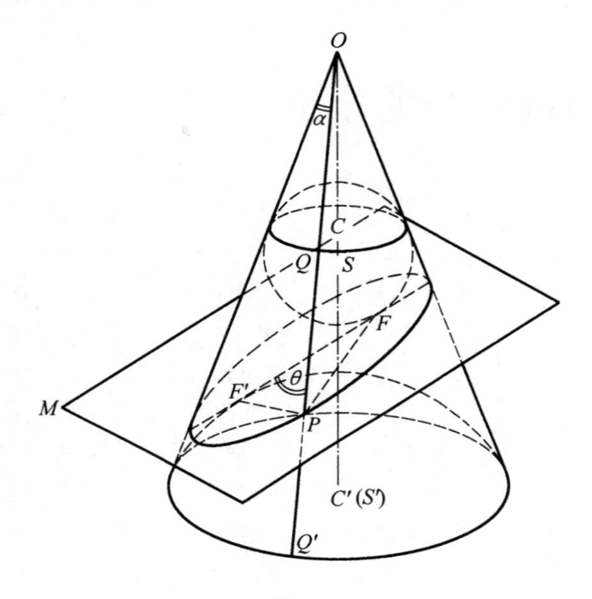

图 3

在这条封闭的曲线上任取一点 P，过点 P 的母线 OP 分别交圆 C 和圆 C' 于点 Q 和 Q'.

因为 PF 和 PQ 是从点 P 向球 S 所引的两条切线，所以它们的切线长相等，即

$$|PF|=|PQ|$$

同理，从点 P 向球 S' 所引两条切线的切线长也相等，即

$$|PF'|=|PQ'|$$

把这两个等式两边分别相加，得

$$|PF|+|PF'|=|PQ|+|PQ'|=|QQ'|$$

但 $|QQ'|$ 与点 P 在曲线上的位置无关，它是一个定

长. 因此,我们得到这条曲线的一个性质如下:

曲线上任意一点 P 到两个定点 F 和 F' 的距离之和是一个定长 $|QQ'|$.

它的逆命题也成立,也就是说:

在截面上,如果一点 P 与两个定点 F 和 F' 距离之和等于定长 $|QQ'|$,那么点 P 在这条曲线上.

为此,我们规定:

如果平面内一个动点到两个定点的距离之和等于定长,那么动点的轨迹叫作椭圆. 这两个定点叫作焦点.

我们还可以利用截面 M 分别与圆 C 和圆 C' 所在的平面 N 和 N' 的交线 l 和 l' 再来探讨这条曲线的另一性质.

如图 4 所示,因为平面 N 和平面 N' 都垂直于圆锥面的轴,所以

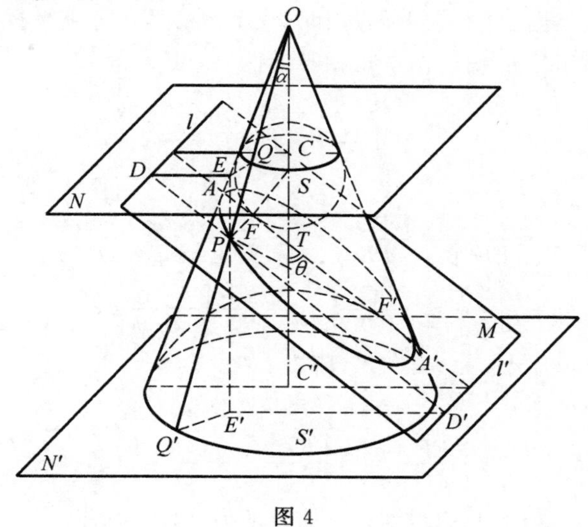

图 4

$$平面 N \parallel 平面 N'$$

因为直线 l 与 l' 分别是平面 N 与 N' 和平面 M 的交线，所以

$$l \parallel l'$$

因为球 S 与平面 M 相切于 F，所以 $SF \perp$ 平面 M，从而 $SF \perp l$.

又因为 $OS \perp l$，故 $l \perp$ 平面 OSF.

同理，$l' \perp$ 平面 $OS'F'$.

而平面 OSF 与平面 $OS'F'$ 是同一个平面，所以 $FF' \perp l$，$FF' \perp l'$.

在曲线上任取一点 P，过点 P 引圆锥的母线分别交圆 C 和圆 C' 于 Q 与 Q'. 再过点 P 引平面 N 与平面 N' 的垂线，垂足分别为 E 和 E'，则 EE' 平行于圆锥面的轴. 又过点 P 再引 l 和 l' 的垂线，垂足为 D 和 D'，则 $DD' \parallel FF'$.

根据一个角的两边和另一个角的两边分别平行且方向相同，由这两个角相等的性质，可得

$$\angle QPE = \angle Q'PE' = \alpha$$

$$\angle DPE = \angle D'PE' = \theta$$

所以

$$\frac{|PF|}{|PD|} = \frac{|PQ|}{|PD|} = \frac{|PE| \sec \alpha}{|PE| \sec \theta} = \frac{\cos \theta}{\cos \alpha}$$

$$\frac{|PF'|}{|PD'|} = \frac{|PQ'|}{|PD'|} = \frac{|PE'| \sec \alpha}{|PE'| \sec \theta} = \frac{\cos \theta}{\cos \alpha}$$

因为 $\alpha < \theta \leqslant 90^\circ$，所以

$$\cos \alpha > \cos \theta \geqslant 0$$

从而
$$\frac{|PF|}{|PD|} = \frac{|PF'|}{|PD'|} = \frac{\cos \theta}{\cos \alpha} < 1$$

这样，我们得到这条曲线的另一性质如下：

曲线上任意一点 P 到定点 F(或 F') 的距离与到一条定直线 l(或 l') 的距离之比等于$\dfrac{\cos\theta}{\cos\alpha}$.

它的逆命题也成立,也就是说:

在截面上,如果一点 P 到定点 F(或 F') 的距离与到一条定直线 l(或 l') 的距离之比等于$\dfrac{\cos\theta}{\cos\alpha}$,那么点 P 在这条曲线上.

为此,我们也规定:

如果平面内一个动点到一个定点的距离与到一条定直线的距离之比是一个小于 1 的常数,那么这个动点的轨迹叫作椭圆. 这个定点叫作椭圆的焦点,这条定直线叫作椭圆的准线,而这个常数叫作椭圆的离心率.

我们将在下一章里证明椭圆的这两种定义是等价的.

(二)$\theta < \alpha$

这时圆锥面上除了与截面平行的两条母线与这个截面不相交外,其余的母线都和这个截面相交,因此交线有两条,分别在两个半圆锥面上,方向相反且无限伸长.

我们同样可以用初等几何的知识研究得出与椭圆相类似的性质:

(1) 曲线上任意一点 P 到两个定点 F 和 F' 的距离之差是一个定长 $|QQ'|$;反之,在截面上,如果一点 P 与两个定点 F 和 F' 的距离之差等于定长 $|QQ'|$,那么点 P 在这条曲线上.

(2) 曲线上任意一点 P 到定点 F(或 F') 的距离与

到一条定直线 l(或 l') 的距离之比等于$\frac{\cos\theta}{\cos\alpha}$;反之,在截面上,如果一点 P 到定点 F(或 F') 的距离与到一条定直线 l(或 l') 的距离之比等于$\frac{\cos\theta}{\cos\alpha}$,那么点 P 在这条曲线上.

读者可根据下面的图 5 和图 6 来证明曲线的这两个性质.(为了使图形清晰,在图 6 中未画出经过圆 C 的平面 N,但不影响证明.因为另一个与它同理.)

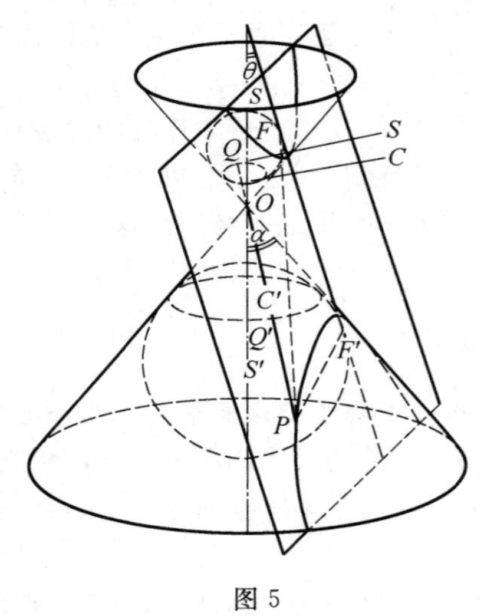

图 5

为此,我们规定:

(1) 如果平面内一个动点到两个定点的距离之差等于定长,那么这个动点的轨迹叫作双曲线.这两个定点叫作焦点.

(2) 如果平面内一个动点到一个定点的距离与到一条定直线的距离之比是一个大于 1 的常数,那么这个动点的轨迹叫作双曲线.这个定点叫作焦点,这条定

直线叫作准线,而这个常数叫作离心率.

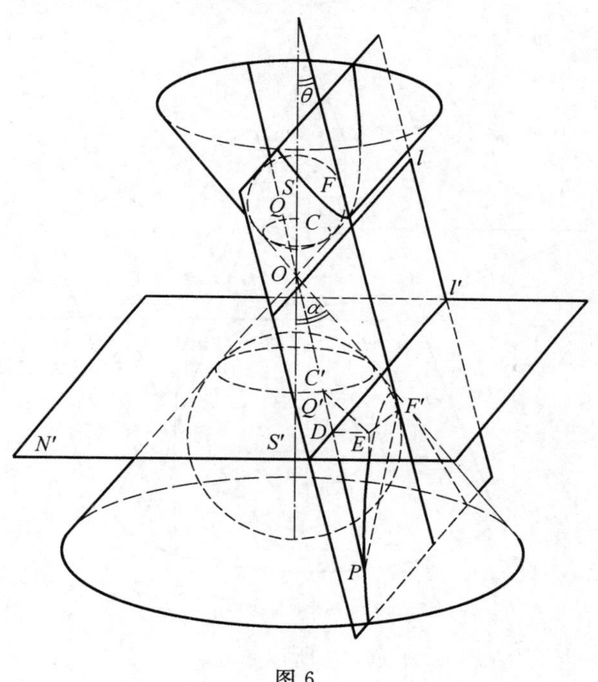

图 6

我们同样可以证明双曲线的这两种定义是等价的.

(三)$\theta=\alpha$

这时半圆锥面上除了与截面平行的一条母线与这个截面不相交外,其余的半母线都和这个截面相交,因此交线仅有一条,且无限伸长.

在圆锥内作与圆锥面和截面都相切的一个球 S,设这个球与圆锥面的交线是圆 C,而与截面的切点为 F,圆 C 所在平面 N 与截面 M 的交线为 l(图 7).

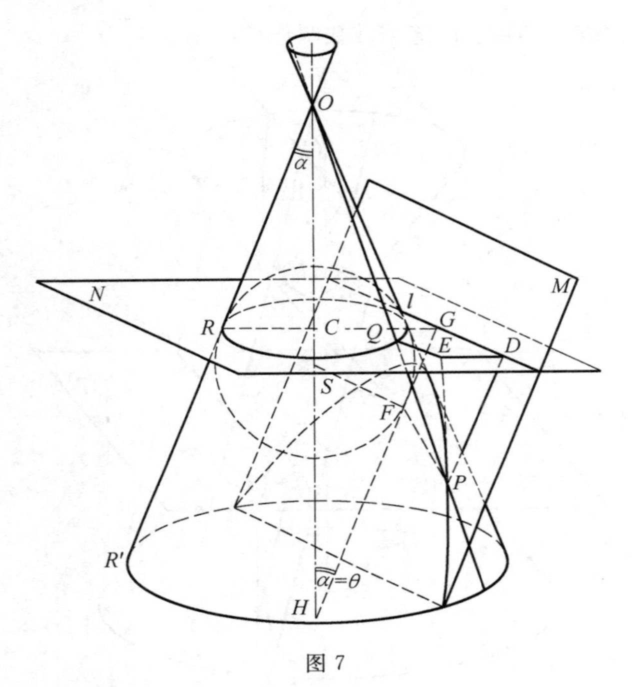

图 7

因为 $OS \perp$ 平面 N，所以 $OS \perp l$.

又因为球 S 与平面 M 相切于 F，故 $SF \perp$ 平面 M.

从而 $SF \perp l$.

故 $l \perp$ 平面 OSF.

设平面 OSF 与圆锥面相交于 OR 和 OR'，而与平面 M 相交于 FG. 则 $FG \parallel OR$，于是 FG 与圆锥面的轴相交成 α 角，且 $FG \perp l$.

在平面 M 与圆锥面的交线上任取一点 P，过点 P 作母线 OP 交圆 C 于 Q，在平面 M 内过点 P 作 $PD \perp l$，则 $PD \parallel FG$. 再过点 P 作平面 N 的垂线，垂足为 E，则 PE 平行于圆锥的轴 OS，于是

$$\angle DPE=\angle GHO=\theta$$
$$\angle QPE=\angle POH=\alpha$$

所以

$$\frac{|PF|}{|PD|}=\frac{|PQ|}{|PD|}=\frac{|PE|\sec\alpha}{|PE|\sec\theta}=\frac{\cos\theta}{\cos\alpha}$$

因为 $\theta=\alpha$，所以

$$\frac{\cos\theta}{\cos\alpha}=1$$

故
$$|PF|=|PD|$$

这样我们得到这条曲线的一个性质如下：

曲线上任意一点 P 到定点 F 的距离与到一条定直线 l 的距离相等.

它的逆命题也成立，也就是说：

在截面上，如果一点 P 到定点 F 的距离与到一条定直线 l 的距离相等，那么点 P 在这条曲线上.

为此，我们规定：

如果平面内的一个动点到一个定点和一条定直线的距离相等，那么动点的轨迹叫作抛物线. 这个定点叫作焦点，这条定直线叫作准线.

这个定义也可以改述为：

如果平面内的一个动点到一个定点的距离与到一条定直线的距离之比等于 1，那么动点的轨迹叫作抛物线.

综合上面的三种情况，我们可以给出圆锥曲线的定义如下：

如果平面内的一个动点到一个定点和一条定直线的距离之比是一个常数(通常用 e 表示)，那么动点的轨迹叫作圆锥曲线，这个定点叫作焦点，这条定直线叫作准线，这个常数叫作离心率.

当 $e<1$ 时，轨迹是椭圆；

当 $e=1$ 时，轨迹是抛物线；

当 $e>1$ 时，轨迹是双曲线.

值得注意的是：以上三种情况是由一个不经过圆锥面顶点的平面去截圆锥面所形成的曲线，通常我们把它称为常态圆锥曲线；至于截面过圆锥面顶点而形成的曲线，则相应地把它称为变态圆锥曲线. 这时：

若 $0\leqslant\theta<\alpha$，则形成两条相交直线；

若 $\theta=\alpha$，则形成一条直线；

若 $\alpha<\theta\leqslant\frac{\pi}{2}$，则形成一个点.

这些简单的情况，读者容易想象得出，但变态圆锥曲线应该包括哪些曲线，圆锥曲线又怎样分类，这些我们将于第七章再做详细介绍.

第三章 圆锥曲线的方程

点组成曲线，数组成方程，点与数可以利用坐标系的建立而结合起来，那么曲线与方程当然也可以结合起来.

在解析几何里，把一切作为讨论对象的图形，都看作是变动的点所形成的轨迹. 因为变动的规律不同，所以所形成的轨迹也就不同. 从这一角度来看，我们也可以说轨迹是说明变动规律的几何形象. 故点可以用坐标来表示，点的变动可以用坐标的变动来表示. 那么点的变动规律应该也可以用坐标变动的规律来表示. 但坐标的变动规律是用坐标所满足的代数方程来表示的. 因此，我们可以说方程是说明变动规律的代数表现. 这样，同一种变动规律，既可以用点的轨迹来表示，也可以用坐标所满足的方程来表示. 后者的表示更重要，因为它能够把对曲线几何性质的研究引导到它所对应的方程性质的解析研究上去.

我们要判定一条曲线是满足某种规律（条件）的点的轨迹时，第一要说明满足规律（条件）的点在这条曲线上；第二要说明这条曲线上的点一定是满足规律(条件)的.

同样地,一个方程要称为某一曲线的方程,也必须满足条件:

(1) 曲线上所有的点的坐标都适合于这个方程;

(2) 坐标适合于这个方程的所有的点,都在这条曲线上.

理解了曲线方程的意义,我们可以体会到由曲线求它的方程总的程序是

$$\text{曲线}\xrightarrow[\text{分析运动规律}]{\text{变静为动}}\text{动点的条件}\xrightarrow[\text{建立坐标系}]{\text{化形为数}}\text{方程}$$

具体的步骤是:

(1) 建立坐标系;

(2) 在曲线上任取一点 $P(x,y)$ 或(ρ,θ);

(3) 根据曲线上的点所适合的几何条件,写出等式;

(4) 用坐标来表示这个等式中的几何量,并化简所得的方程;

(5) 证明所得的方程就是曲线的方程.

曲线(形)和方程(数)是矛盾的双方,在建立坐标系的条件下,可以互相转化.曲线的形状、大小以及它的方程的基本特征(详见第七章)是与坐标系的位置无关的.但是,我们把坐标系选在不同的位置时,所得到的曲线方程的形式可能不同,有的比较复杂,有的比较简单,方程推导的过程也会有难易之分.因此,我们在求曲线方程时,要根据问题的条件和要求,善于选择坐标系的位置.通常为了使方程的推导容易、形式简单,往往选择使问题中已知点的坐标比较简单的坐标系的位置,如已知曲线有对称中心或对称轴时,往往把

对称中心选作原点，把对称轴选作坐标轴.

上面的具体步骤中，从(3)到(4)是把几何条件换成含坐标的等式，这是解析几何的实质所在.因此，我们必须善于把曲线转化为轨迹条件，再由轨迹条件转化为方程，进而利用方程来研究曲线的性质.

用方程代替曲线作为研究的对象，必须要保证这个转化的完备性与纯粹性，保证方程表示的实数对集合与曲线上所有点的集合完全一致，所以在推导方程时要注意这个问题，不要把证明同方程的推导割裂开来.步骤(5)中的“证明”，实质上是检验坐标(x,y)适合所得方程的点是否都在曲线上，特别是要验证在推导方程的过程中，有些有疑问的步骤(如两边平方)是否可以倒推，其作用有些像解方程以后验证有无增根或失根，因此在推导方程的过程中如果是同解变形，那么证明步骤也就可以省略了.

从第二章我们已经知道了椭圆、双曲线、抛物线及圆锥曲线的轨迹的定义，根据这些怎样求它们的方程呢？

(一) 直角坐标方程

从椭圆的定义：如果平面内一个动点到两个定点的距离之和等于定长，那么这个动点的轨迹叫作椭圆.并且从图4中容易联想到：若P为椭圆上的一点，则$|PF|+|PF'|=|AA'|$.那么，在FF'的另一侧必定可以找到另一对称点P'，也有$|P'F|+|P'F'|=|AA'|$，于是我们可如下建立坐标系.

取经过两个焦点F'和F的直线为X轴，线段$F'F$的中点O为原点，建立平面直角坐标系(图8).

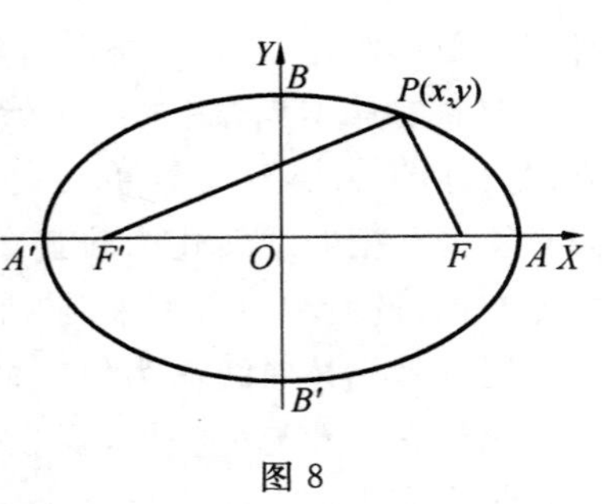

图 8

设椭圆的两焦点 F' 和 F 的距离（焦距）是 $2c(c>0)$，那么 F'，F 的坐标分别是 $(-c,0)$，$(c,0)$. 设 $P(x,y)$ 是椭圆上的任意一点，它到两个焦点 F'，F 的距离的和是一个定长 $2a(a>0)$，那么

$$|PF'|+|PF|=2a \tag{1}$$

也就是

$$\sqrt{(x+c)^2+y^2}+\sqrt{(x-c)^2+y^2}=2a$$

为使所得到的椭圆方程取最简的形式，应该在这个方程里消去根号，为此移项得

$$\sqrt{(x-c)^2+y^2}=2a-\sqrt{(x+c)^2+y^2}$$

把方程两边分别平方，并整理得

$$cx+a^2=a\sqrt{(x+c)^2+y^2}$$

把方程两边再平方，并整理得

$$(a^2-c^2)x^2+a^2y^2=a^2(a^2-c^2)$$

因为在 $\triangle PF'F$ 中，$|PF'|+|PF|>|F'F|$，也就是 $2a>2c$，所以 $a>c$，因此 a^2-c^2 是正数.

设 $a^2-c^2=b^2(b>0)$，代入上式，得

$$b^2x^2+a^2y^2=a^2b^2$$

也就是

$$\frac{x^2}{a^2}+\frac{y^2}{b^2}=1 \tag{2}$$

这就是说，椭圆上任意一点的坐标都适合于方程(2).

反过来，设点 $P_1(x_1,y_1)$ 的坐标适合于方程(2)，我们来证明点 P_1 在椭圆上，也就是证明它满足条件(1).

由 $\frac{x_1^2}{a^2}+\frac{y_1^2}{b^2}=1$ 及 $b^2=a^2-c^2$，得

$$y_1^2=b^2\left(1-\frac{x_1^2}{a^2}\right)=(a^2-c^2)\left(1-\frac{x_1^2}{a^2}\right)$$

所以

$$\begin{aligned}|P_1F'|&=\sqrt{(x_1+c)^2+y_1^2}\\&=\sqrt{(x_1+c)^2+(a^2-c^2)\left(1-\frac{x_1^2}{a^2}\right)}\\&=\sqrt{x_1^2+2cx_1+c^2+a^2-c^2-x_1^2+\frac{c^2}{a^2}x_1^2}\\&=\sqrt{\left(a+\frac{c}{a}x_1\right)^2}\\&=\left|a+\frac{c}{a}x_1\right|\end{aligned}$$

同理可得

$$|P_1F|=\left|a-\frac{c}{a}x_1\right|$$

由 $\frac{x_1^2}{a^2}+\frac{y_1^2}{b^2}=1$ 可以知道 $\frac{x_1^2}{a^2}\leqslant 1$，也就是 $|x_1|\leqslant a$.

因为 $c<a$，所以 $\frac{c}{a}<1$，因此，$\left|\frac{c}{a}x_1\right|<a$. 由此可知

$$a+\frac{c}{a}x_1>0,a-\frac{c}{a}x_1>0$$

于是

$$|P_1F'|+|P_1F|=\left(a+\frac{c}{a}x_1\right)+\left(a-\frac{c}{a}x_1\right)=2a$$

这就是说，坐标适合于方程(2)的点都在椭圆上.

因此,所求的椭圆方程是

$$\frac{x^2}{a^2}+\frac{y^2}{b^2}=1$$

我们把这个方程叫作椭圆的标准方程.这个方程所表示的是椭圆上的任意一点到两焦点的距离之和是 $2a$.焦点的坐标是 $(-c,0)$,$(c,0)$,焦距是 $2c$,a,b,c 之间的关系满足 $a^2=b^2+c^2$.因为当点 P 移动到点 B(图 8)时,可知 $|BF'|=|BF|=a$,而 $|OF'|=c$,根据勾股定理可知

$$|OB|=\sqrt{|BF'|^2-|OF'|^2}=\sqrt{a^2-c^2}=b$$

于是我们把线段 $A'A$ 叫作椭圆的长轴,它的长等于 $2a$;线段 BB' 叫作椭圆的短轴,它的长等于 $2b$;a 叫作半长轴,b 叫作半短轴,两轴的交点叫作椭圆的中心.

下面根据椭圆的第二种定义:如果平面内一个动点到一个定点的距离与到一条定直线的距离之比是一个小于 1 的常数,那么这个动点的轨迹叫作椭圆,来求这个曲线的方程.

在图 4 的圆锥面中,过它的轴作平面垂直于定直线 l,得轴截面如图 9 所示,其中 L,K,L',K' 分别为轴截面与圆 C 和圆 C' 的交点,G 和 G' 分别为轴截面与定直线 l 和 l' 的交点.则

$$\cos\theta=\frac{TF}{TS}=\frac{TF'}{TS'}=\frac{TF+TF'}{TS+TS'}=\frac{FF'}{SS'}$$

$$\cos\alpha=\frac{OL'}{OS'}=\frac{OL}{OS}=\frac{OL'-OL}{OS'-OS}=\frac{LL'}{SS'}$$

而

$$\begin{aligned}2LL'=LL'+KK'&=(LA'+A'L')+(KA+AK')\\&=(A'F+A'F')+(AF+AF')\\&=2AA'\end{aligned}$$

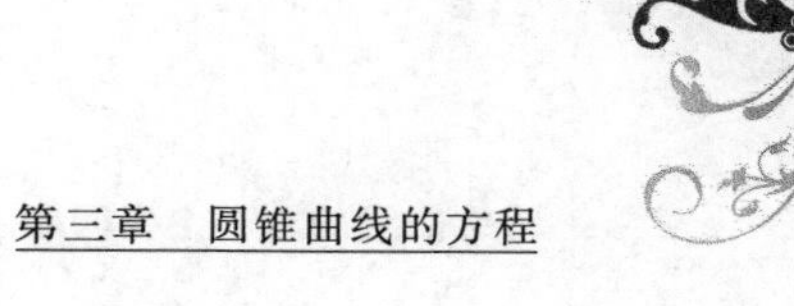

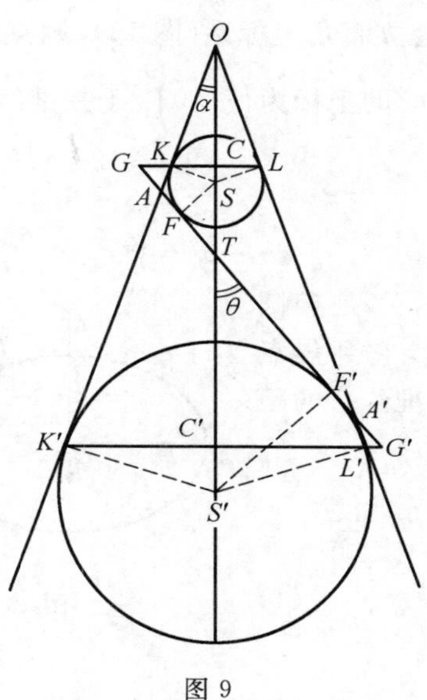

图 9

设 $AA'=2a$，$FF'=2c$.

由于动点 P 到定点 F 的距离为 $|PF|$，动点 P 到定直线 l 的距离为 $|PD|$，则

$$\frac{|PF|}{|PD|}=\frac{\cos\theta}{\cos\alpha}=\frac{FF'}{SS'}\div\frac{LL'}{SS'}=\frac{FF'}{LL'}$$

$$=\frac{FF'}{AA'}=\frac{2c}{2a}=\frac{c}{a}$$

又因为

$$|GG'|=\frac{|CC'|}{\cos\theta}=\frac{|LL'|\cos\alpha}{\cos\theta}=\frac{|LL'|^2}{|FF'|}$$

$$=\frac{|AA'|^2}{|FF'|}=\frac{2a^2}{c}$$

于是我们可建立坐标系.

取经过焦点 F 而垂直于准线 l 的直线为 X 轴，X 轴和 l 的交点为 G，在直线 GF 上取一点 O 为原点，使

$|OF|=c$,建立直角坐标系(图 10),则点 F 的坐标为 $(c,0)$,且点 G 的坐标为 $\left(\frac{a^2}{c},0\right)$,于是准线 l 的方程为 $x=\frac{a^2}{c}$,即

$$cx-a^2=0$$

设 $P(x,y)$ 是椭圆上任意一点,它到焦点的距离与到准线 l 的距离之比为 $\frac{c}{a}(a>c>0)$,那么

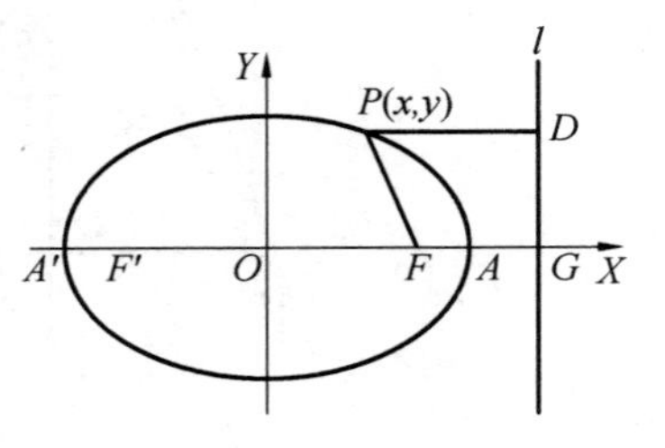

图 10

$$\frac{|PF|}{|PD|}=\frac{c}{a} \quad (1)$$

也就是

$$\frac{\sqrt{(x-c)^2+y^2}}{\frac{|cx-a^2|}{c}}=\frac{c}{a}$$

所以 $$a\sqrt{(x-c)^2+y^2}=|cx-a^2|$$

把方程两边分别平方,得

$$a^2(x^2-2cx+c^2+y^2)=c^2x^2-2a^2cx+a^4$$

即 $$(a^2-c^2)x^2+a^2y^2=a^2(a^2-c^2)$$

同前面一样,设 $a^2-c^2=b^2$,代入得

$$b^2x^2+a^2y^2=a^2b^2$$

也就是

$$\frac{x^2}{a^2}+\frac{y^2}{b^2}=1 \qquad (2)$$

这就是说,椭圆上任意一点的坐标适合于方程(2).

反过来,设点 $P_1(x_1,y_1)$ 的坐标适合于方程(2),

则

$$y_1^2=b^2\left(1-\frac{x_1^2}{a^2}\right)=(a^2-c^2)\left(1-\frac{x_1^2}{a^2}\right)$$

于是

$$\begin{aligned}|P_1F|&=\sqrt{(x_1-c)^2+y_1^2}\\&=\sqrt{(x_1-c)^2+(a^2-c^2)\left(1-\frac{x_1^2}{a^2}\right)}\\&=\sqrt{\left(a-\frac{c}{a}x_1\right)^2}\\&=\left|a-\frac{c}{a}x_1\right|\end{aligned}$$

又因为

$$|P_1D|=\frac{|cx_1-a^2|}{c}=\frac{a}{c}\left|\frac{c}{a}x_1-a\right|$$

所以
$$\frac{|P_1F|}{|P_1D|}=\frac{\left|a-\frac{c}{a}x_1\right|}{\frac{a}{c}\left|\frac{c}{a}x_1-a\right|}=\frac{c}{a}$$

因此，坐标在适合方程(2)的点在满足条件(1)的椭圆上.

故所求的椭圆方程是

$$\frac{x^2}{a^2}+\frac{y^2}{b^2}=1$$

这个方程所表示的椭圆，其动点到焦点$(c,0)$(或$(-c,0)$)的距离与到准线$x=\frac{a^2}{c}$$\left(\text{或 } x=-\frac{a^2}{c}\right)$的距离之比为$\frac{c}{a}$.

从上面根据椭圆的两种定义所推导出的曲线方程是一样的，可知，椭圆的这两种定义是等价的.

同样地，如果我们取经过双曲线的焦点 F 和 F' 的直线为 X 轴，取线段 FF' 的垂直平分线为 Y 轴建立直角坐标系，或者取经过焦点 F 且垂直于准线 l 的直线为 X 轴，X 轴和 l 的交点为 G，在直线 FG 上取一点 O 为原点（使 $|OF|=c$，$|OG|=\frac{a^2}{c}$），建立直角坐标系，那么可以推导出双曲线的标准方程为

$$\frac{x^2}{a^2}-\frac{y^2}{b^2}=1$$

这里 a 是实轴长的一半，b 是虚轴长的一半，c 是焦距的一半，而 a,b,c 之间的关系是 $c^2=a^2+b^2$.

如果我们取经过抛物线的焦点 F 且垂直于准线 l 的直线为 X 轴，X 轴和 l 相交于点 G，取线段 GF 的垂直平分线为 Y 轴，建立直角坐标系，在 $|GF|=p$ 下，那么导出抛物线的标准方程为

$$y^2=2px$$

这里 p 是焦点到准线的距离，叫作焦参数.

（二）极坐标方程

利用坐标系来确定平面内点的位置和建立曲线的方程，除了直角坐标系外，常用的还有极坐标系. 它是用长度和角度来确定平面内点的位置的一种坐标系.

在平面内取一固定的点 O，叫作极点，从点 O 引一条射线 OX，叫作极轴，再确定一个长度单位和计算角度的正方向（通常取逆时针方向作为正方向）. 这样就构成了一个极

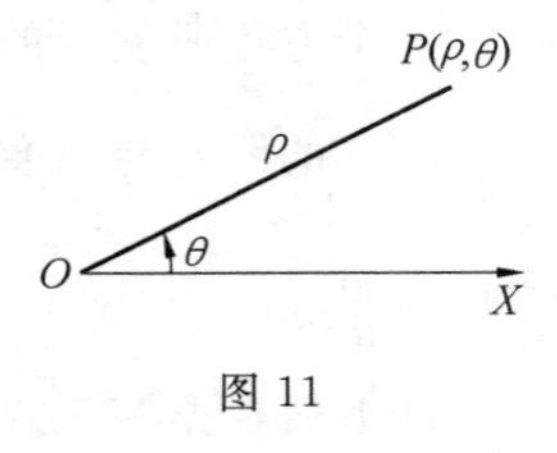

图 11

坐标系(图 11).

设 P 是平面内一点,联结 OP,那么极点和点 P 的距离 $|OP|$,叫作点 P 的极半径,通常用 ρ 来表示;以极轴 OX 为始边,射线 OP 为终边所成的 $\angle XOP$,叫作点 P 的极角,通常用 θ 来表示. (ρ,θ) 就叫作点 P 的极坐标.

为了研究的方便,我们也允许 ρ 取负值. 当 $\rho<0$ 时,点 $P(\rho,\theta)$ 的位置可按下列规则来确定:

作射线 OM 使 $\angle XOM=\theta$,在 OM 的反向延长线上取点 P,使 $|OP|=|\rho|$,那么点 P 就是极坐标是 $(\rho,\theta)(\rho<0)$ 的点(图 12).

下面用极坐标来求圆锥曲线的方程. 根据圆锥曲线的定义,我们如下建立极坐标系:

取焦点 F 为极点,作 FG 垂直于准线 l,垂足为 G,取 FG 的反向延长线 FX 为极轴(图 13),设焦点到准线 l 的距离为 p.

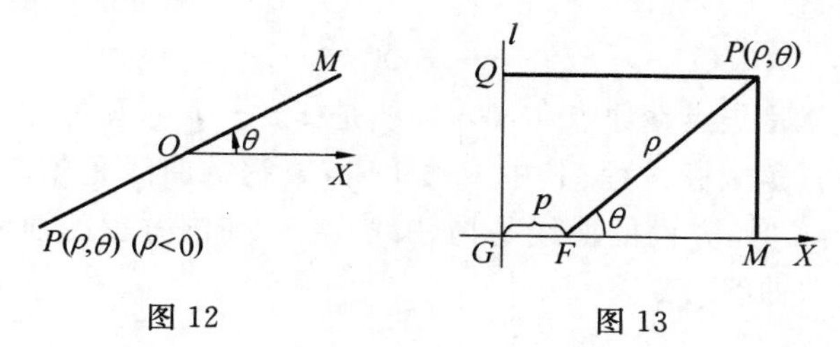

图 12　　　　图 13

设 $P(\rho,\theta)$ 是圆锥曲线上的任意一点,联结 PF,过点 P 作 $PQ\perp l$,$PM\perp FX$,垂足分别为 Q,M,那么

$$\frac{|PF|}{|PQ|}=e$$

因为

$$|PF|=\rho$$

$$|PQ|=|GM|=p+\rho\cos\theta$$

所以
$$\frac{\rho}{p+\rho\cos\theta}=e$$

也就是

$$\rho=\frac{ep}{1-e\cos\theta}$$

这就是圆锥曲线的极坐标方程.

如果我们以极点为原点，以极轴为 X 轴，以过极点且垂直于极轴的直线为 Y 轴，建立直角坐标系. 再在两种坐标系中取相同的长度单位，那么平面内任意一点 P，它的直角坐标是 (x,y)，极坐标是 (ρ,θ)，可以得出它们之间的关系有

$$x=\rho\cos\theta, y=\rho\sin\theta$$

及
$$\rho^2=x^2+y^2, \theta=\arctan\frac{y}{x}$$

利用这些关系，把上面的方程化为直角坐标方程，就是

$$(1-e^2)x^2+y^2-2e^2px-e^2p^2=0$$

这就是焦点在原点 $(0,0)$、准线是 $x=-p$ 的圆锥曲线的直角坐标方程. 其中 $e<1$ 时，方程的曲线是椭圆；$e=1$ 时，方程的曲线是抛物线；$e>1$ 时，方程的曲线是双曲线.

(三) 参数方程

在应用直角坐标系或极坐标系求曲线的方程时，由于曲线上一点的坐标 (x,y) 或 (ρ,θ) 里 x 和 y 或 ρ 和 θ 的直接关系难于找到，因此方程就不易求出. 这时我们可以适当地引进一个与 x,y，或 ρ,θ 都有关系的辅助变数，把它作为一个媒介，从而求得 x,y 或 ρ,θ 的间接

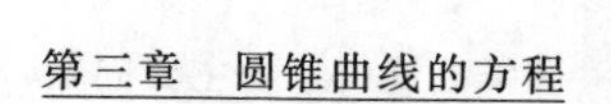

关系，即对于这同一辅助变数的函数式，它的形式如（假定辅助变数是 t）

$$\begin{cases}x=f_1(t)\\y=f_2(t)\end{cases}\text{或}\begin{cases}\rho=\phi_1(t)\\\theta=\phi_1(t)\end{cases}$$

在这个方程组中，对于 t 的同一个数值，所得到相应的 x,y 数值（或 ρ,θ 数值）是曲线上一点的坐标. 由于 t 的数值变动，相应地一点的坐标也跟着变动，也就是这一点沿着一定的曲线移动，因此这个方程组叫作这个曲线的参数方程，t 称为参数.

(1) 椭圆的参数方程.

以椭圆 $\frac{x^2}{a^2}+\frac{y^2}{b^2}=1$ 的长轴为直径画圆，由椭圆上一点 $P(x,y)$ 引长轴的垂线 PM（垂足为 M）而交圆于 Q（P 与 Q 在长轴的同侧），联结 OQ，如图 14 所示.

设 $\angle MOQ=\theta$，则

$$x=a\cos\theta$$

把它代入椭圆方程，得

$$y=b\sin\theta$$

于是椭圆的参数方程是

$$\begin{cases}x=a\cos\theta\\y=b\sin\theta\end{cases}$$

这里 θ 是参数，它叫作点 $P(a\cos\theta,b\sin\theta)$ 的离心角.

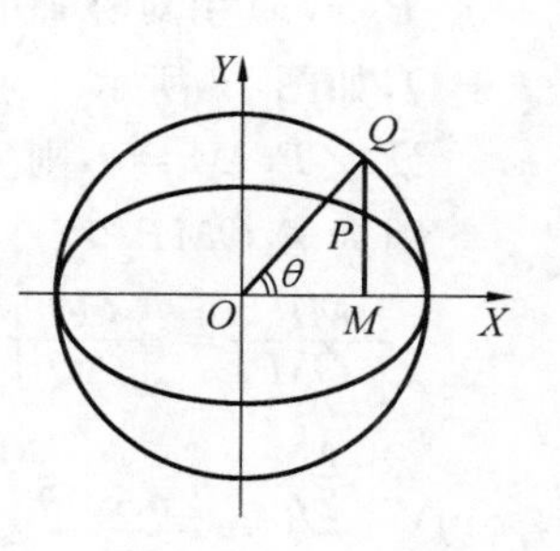

图 14

以长轴为直径的圆称为椭圆的辅助圆.

(2) 双曲线的参数方程.

以双曲线 $\frac{x^2}{a^2}-\frac{y^2}{b^2}=1$ 的实轴为直径画圆，由双曲线上一点 $P(x,y)$ 引实轴的垂线，垂足为 M，由 M 引圆的切线，其切点为 Q（P 与 Q 在实轴的同侧），联结 OQ，

如图 15 所示.

设 $\angle MOQ=\theta$,则

$$x=a\sec\theta$$

把它代入双曲线方程,得

$$y=b\tan\theta$$

于是双曲线的参数方程是

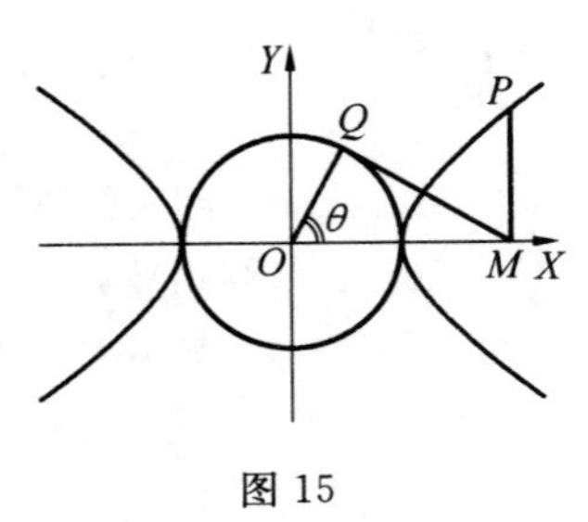

图 15

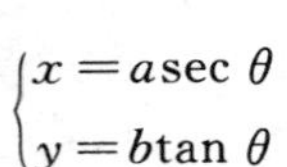

$$\begin{cases}x=a\sec\theta\\y=b\tan\theta\end{cases}$$

这里 θ 是参数,它叫作点 $P(a\sec\theta,b\tan\theta)$ 的离心角,以实轴为直径的圆称为双曲线的辅助圆.

(3) 抛物线的参数方程.

图 16 中,抛物线的方程为 $y^2=2px$,在 Y 轴上截取 $|OA|$ 等于 $2p$. 过点 A 作 X 轴的平行线 l,由抛物线上一点 $P(x,y)$ 引对称轴的垂线,垂足为 M,联结 OP,交 l 于 Q,如图 16 所示.

设 $\angle POM=\theta$,则 $|AQ|=2p\cot\theta$.

因为 $\triangle OMP\backsim\triangle QAO$,所以

$$\frac{|MP|}{|OM|}=\frac{|OA|}{|AQ|}$$

所以 $$\frac{\frac{y^2}{2p}}{y}=\frac{2p\cot\theta}{2p}$$

所以 $$y=2p\cot\theta$$

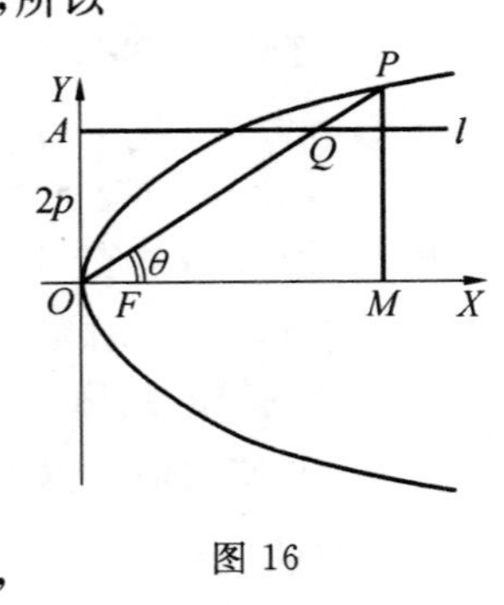

图 16

把它代入抛物线方程,得

$$x=2p\cot^2\theta$$

但 $\cot\theta$ 可以为任意的实数 t,故抛物线的参数方程为

$$\begin{cases} x=2p\cot^2\theta=2pt^2 \\ y=2p\cot\theta=2pt \end{cases}$$

上面仅研究了在标准位置下的圆锥曲线的方程.至于不在标准位置的圆锥曲线的方程,将于第七章再去研究它.下面通过一些例题,阐明怎样根据具体条件来求圆锥曲线方程的方法.

(1) 设曲线的方程,利用已知条件确定其中待定的系数.

例 1　已知椭圆的中心在原点,焦点在 X 轴上,它的两条准线间的距离等于 36.椭圆上某一点的两条焦点半径的长(圆锥曲线上任意一点与焦点联结的线段叫作焦点半径) 分别为 9 和 15,求这个椭圆的方程.

解　设椭圆的方程为

$$\frac{x^2}{a^2}+\frac{y^2}{b^2}=1$$

因为它的两条准线间的距离为 36,所以

$$\frac{2a^2}{c}=36 \tag{1}$$

又因为椭圆上某一点的两条焦点半径的长分别为 9 和 15,所以

$$2a=9+15 \tag{2}$$

又

$$a^2=b^2+c^2 \tag{3}$$

解式(1)(2)(3),得

$$a=12, b=4\sqrt{5}$$

故所求的椭圆方程为

$$\frac{x^2}{144}+\frac{y^2}{80}=1$$

例 2　已知中心在原点的双曲线的一条渐近线方

程为 $12x-5y=0$，一条准线方程为 $13y-144=0$，求这个双曲线的方程.

解 因为双曲线的一条渐近线的方程为 $12x-5y=0$，且焦点在 Y 轴上，故设双曲线的方程为

$$\frac{x^2}{(5k)^2}-\frac{y^2}{(12k)^2}=-1$$

因为它的一条准线方程为 $13y-144=0$，即

$$y=\frac{144}{13}$$

所以
$$\frac{(12k)^2}{\sqrt{(5k)^2+(12k)^2}}=\frac{144}{13}$$

所以
$$k=1$$

故所求双曲线的方程为

$$\frac{x^2}{25}-\frac{y^2}{144}=-1$$

(2) 根据圆锥曲线的定义求它的方程.

例 3 已知抛物线的焦点为 $F(3,0)$，它的准线方程为 $x+y=1$，求这个抛物线的方程.

解 设 $P(x,y)$ 为抛物线上的一点.

因为抛物线上的点到焦点的距离与到准线的距离相等，所以

$$\sqrt{(x-3)^2+y^2}=\left|\frac{x+y-1}{\sqrt{2}}\right|$$

化简整理得抛物线的方程为

$$x^2-2xy+y^2-10x+2y+17=0$$

例 4 已知双曲线的两个焦点为 $F_1(3,4)$ 和 $F_2(-3,-4)$，两准线间的距离为 $\frac{18}{5}$，求这个双曲线的方程.

解　因为双曲线的两个焦点为 $F_1(3,4)$ 和 $F_2(-3,-4)$，所以

$$2c=|F_1F_2|=\sqrt{(3+3)^2+(4+4)^2}=10 \quad (1)$$

因为两准线间的距离为$\frac{18}{5}$，所以

$$\frac{2a^2}{c}=\frac{18}{5} \quad (2)$$

解式(1)(2)，得

$$a=3,c=5$$

根据双曲线的定义，得

$$\sqrt{(x-3)^2+(y-4)^2}-\sqrt{(x+3)^2+(y+4)^2}=\pm 6$$

化简整理得双曲线的方程为

$$24xy+7y^2-144=0$$

(3) 利用曲线系求圆锥曲线的方程.

在曲线方程中，如果含有一个(或几个) 任意常数，那么它的轨迹是具有某种(或某些) 共同性质的.具有某种(或某些) 共同性质的曲线的全体叫作曲线系，它的方程叫作曲线系方程.

为了帮助读者理解曲线系的含义，更好地掌握曲线系的知识从而去解题，让我们先复习一下常用的直线系和圆系.例如：

经过点 $P(x_1,y_1)$ 的直线系方程是

$$y-y_1=\lambda(x-x_1)$$

平行于直线 $l:Ax+By+C=0$ 的直线系方程是

$$Ax+By+\lambda=0$$

垂直于直线 $l:Ax+By+C=0$ 的直线系方程是

$$Bx-Ay+\lambda=0$$

经过两条直线 $l_1:A_1x+B_1y+C_1=0$ 和 $l_2:A_2x+$

$B_2y+C_2=0$ 的交点的直线系方程是

$$(A_1x+B_1y+C_1)+\lambda(A_2x+B_2y+C_2)=0$$

以 $M(a,b)$ 为圆心的同心圆的圆系方程是

$$(x-a)^2+(y-b)^2=\lambda^2$$

经过点 $A(a,b)$ 的圆系方程是

$$(x-a)^2+(y-b)^2+\lambda_1(x-a)+\lambda_2(y-b)=0$$

经过圆 $C:x^2+y^2+Dx+Ey+F=0$ 与直线 l：$Ax+By+C=0$ 的交点的圆系方程是

$$(x^2+y^2+Dx+Ey+F)+\lambda(Ax+By+C)=0$$

用曲线系求曲线方程时，可以先写出适合其中某一条件的曲线方程，然后用其他条件来决定所写出方程中的任意常数(如上面的 λ 或 λ_1,λ_2) 的值.

例 5　已知顶点在原点，对称轴在坐标轴上的抛物线经过圆 $x^2+y^2+8x=0$ 与双曲线 $x^2-y^2=16$ 的渐近线的交点，求这个抛物线的方程.

解　双曲线 $x^2-y^2=16$ 的两条渐近线方程为

$$x^2-y^2=0$$

圆与双曲线的渐近线的交点满足方程组

$$\begin{cases}x^2+y^2+8x=0\\x^2-y^2=0\end{cases}$$

故经过交点的曲线系方程为

$$(x^2+y^2+8x)+\lambda(x^2-y^2)=0$$

也就是

$$(\lambda+1)x^2+(1-\lambda)y^2+8x=0$$

要使它是抛物线，并且顶点在原点，对称轴在坐标轴上，必须

$$\lambda+1=0$$

所以

$$\lambda=-1$$

故所求抛物线的方程为

$$y^2=-4x$$

例 6　求经过 $A(2,2)$,$B(5,3)$ 和 $C(3,-1)$ 三点的圆的方程.

解 1　经过点 A 的圆系方程为

$$(x-2)^2+(y-2)^2+A(x-2)+B(y-2)=0$$

因为它经过 B,C 两点,所以

$$9+1+3A+B=0 \qquad (1)$$

$$1+9+A-3B=0 \qquad (2)$$

解式(1)(2) 得 $A=-4$,$B=2$.

故所求圆的方程为

$$x^2+y^2-8x-2y+12=0$$

解 2　直线 AB 的方程为

$$x-3y+4=0$$

以 AB 为直径的圆的方程为

$$(x-2)(x-5)+(y-2)(y-3)=0$$

故经过 A,B 两点的圆系方程为

$$(x-2)(x-5)+(y-2)(y-3)+\lambda(x-3y+4)=0$$

因为它经过点 C,所以

$$-2+12+10\lambda=0$$

所以

$$\lambda=-1$$

故所求圆的方程为

$$x^2+y^2-8x-2y+12=0$$

(四) 利用轨迹求圆锥曲线的方程

例 7　求经过点 $A(2,2)$,$B(5,3)$ 和 $C(3,-1)$ 的圆的方程.

解　在圆上除A,B,C三点外，任取一点$P(x,y)$.

因为$\angle APB=\angle ACB$（或$\angle APB=180^\circ-\angle ACB$），所以

$$\frac{k_{AP}-k_{BP}}{1+k_{AP}\cdot k_{BP}}=\frac{k_{AC}-k_{BC}}{1+k_{AC}\cdot k_{BC}}$$

即
$$\frac{\frac{y-2}{x-2}-\frac{y-3}{x-5}}{1+\frac{(y-2)(y-3)}{(x-2)(x-5)}}=\frac{\frac{2+1}{2-3}-\frac{3+1}{5-3}}{1+\frac{(2+1)(3+1)}{(2-3)(5-3)}}$$

化简整理，得圆的方程为

$$x^2+y^2-8x-2y+12=0$$

例8　经过原点作圆$C:x^2+y^2-2ax=0$的弦，求这些弦的中点的轨迹方程.

解1　设OQ是经过原点的任意一弦（图17），OQ的中点为$P(x,y)$.

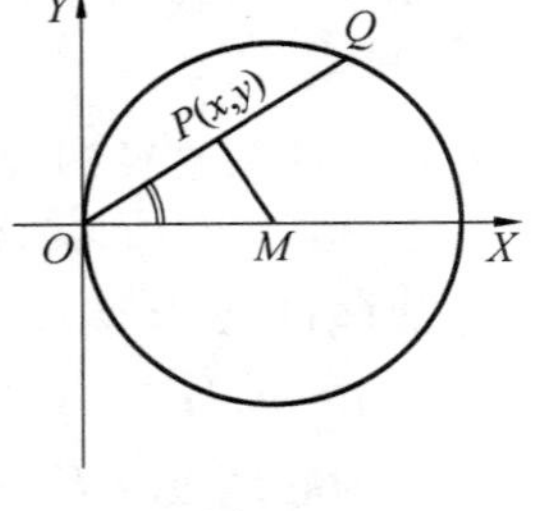

图17

因为圆$x^2+y^2-2ax=0$的圆心为$M(a,0)$，联结MP，则$MP\perp OQ$，于是

$$k_{MP}\cdot k_{OP}=-1$$

所以
$$\frac{y}{x-a}\cdot\frac{y}{x}=-1$$

也就是
$$x^2+y^2-ax=0$$

这个方程所表示的曲线是以$\left(\frac{a}{2},0\right)$为圆心、$\frac{a}{2}$为半径的圆.

解2　设OQ是经过原点的任意一弦，OQ的中点为$P(x,y)$，那么点Q的坐标是$(2x,2y)$.

因为点Q在已知圆上，所以它的坐标适合于圆的方程，即

$$(2x)^2+(2y)^2-2a(2x)=0$$

故所求轨迹是一个圆,它的方程是

$$x^2+y^2-ax=0$$

解 3　以 OX 轴为极轴(图 18),原点为极点,建立极坐标系.

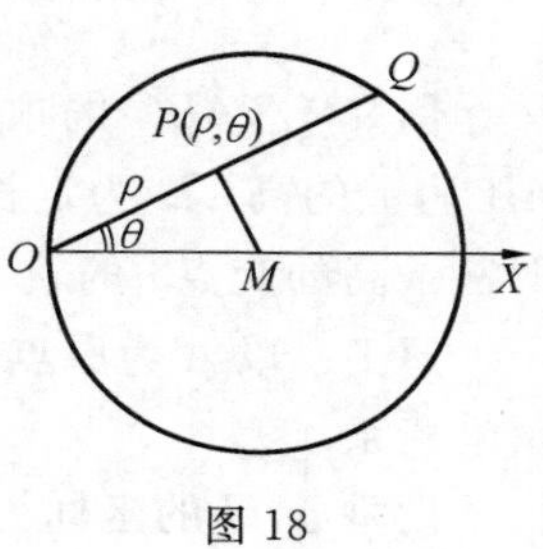

图 18

设已知圆的圆心是 $M(a,0)$,又因为弦 OQ 的中点为 $P(\rho,\theta)$,联结 MP,那么 $MP\perp OQ$. 因为已知圆的半径为 a,所以

$$\rho=a\cos\theta$$

这就是所求轨迹的极坐标方程.

注:把这个极坐标方程化成直角坐标方程,就得到

$$x^2+y^2=ax$$

即　$x^2+y^2-ax=0$

解 4　设 OQ 的中点是 $P(x,y)$,又因为弦 OQ 与 X 轴的夹角为 θ(图 19),取 θ 作为参数.

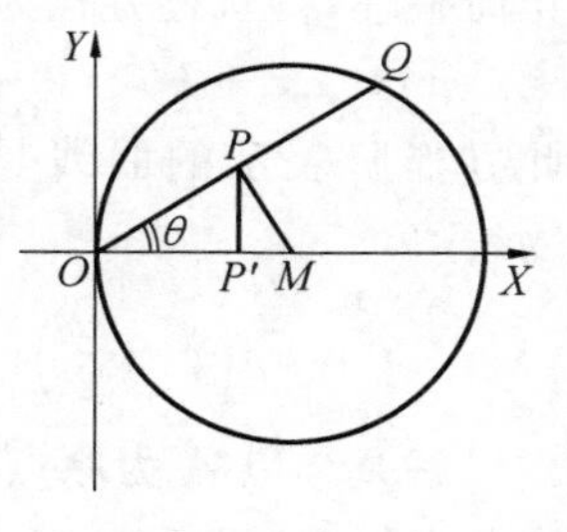

图 19

已知圆的圆心为 $M(a,0)$,联结 MP,那么 $MP\perp OQ$. 过点 P 作 $PP'\perp OM$,则

$$OP=a\cos\theta$$

所以

$$\begin{cases}x=OP'=OP\cos\theta=a\cos^2\theta\\ y=PP'=OP\sin\theta=a\cos\theta\sin\theta\end{cases}$$

这就是所求轨迹的参数方程.

注：消去参数 θ 后，仍然得普通方程为

$$\left(x-\frac{a}{2}\right)^2+y^2=\left(\frac{a}{2}\right)^2$$

例 9 $\triangle ABC$ 的顶点 A,B 为定点，$|AB|=a$，且 AB 边上的高 CD 为定长 h，求 $\triangle ABC$ 的垂心 H（三角形三条高的交点）的轨迹方程.

解 1 以 A 为原点，过 AB 的直线为 X 轴，建立直角坐标系.

设垂心 H 的坐标为 (x,y)，则 A,B,C 各点的坐标分别为 $(0,0)$，$(a,0)$，(x,h)，如图 20 所示.

因为 $AH\perp BC$，所以

$$k_{AH}\cdot k_{BC}=-1$$

即

$$\frac{y}{x}\cdot\frac{h}{x-a}=-1$$

化简整理，得轨迹方程为

$$x^2-ax+hy=0$$

此方程所表示的曲线是抛物线

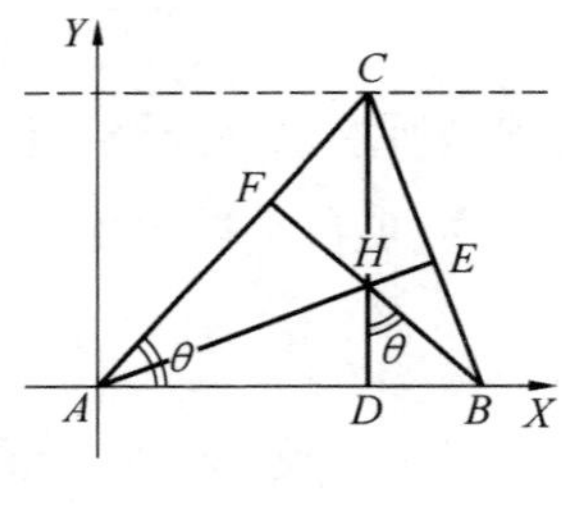

图 20

$$\left(x-\frac{a}{2}\right)^2=-h\left(y-\frac{a^2}{4h}\right)$$

解 2 以 A 为原点，过 A,B 的直线为 X 轴，建立直角坐标系. 设垂心 H 的坐标为 (x,y)，$\angle CAD=\theta$（θ 为参数），如图 21 所示.

因为 A,D,H,F 四点共圆，所以 $\angle BHD=\angle CAD=\theta$. 又知 $CD=h$，$AB=a$，故

$$x=AD=CD\cot\angle CAD=h\cot\theta$$

$$y=DH=BD\cot\angle BHD$$

$$=(AB-AD)\cot\angle BHD$$

$$=(a-h\cot\theta)\cot\theta$$

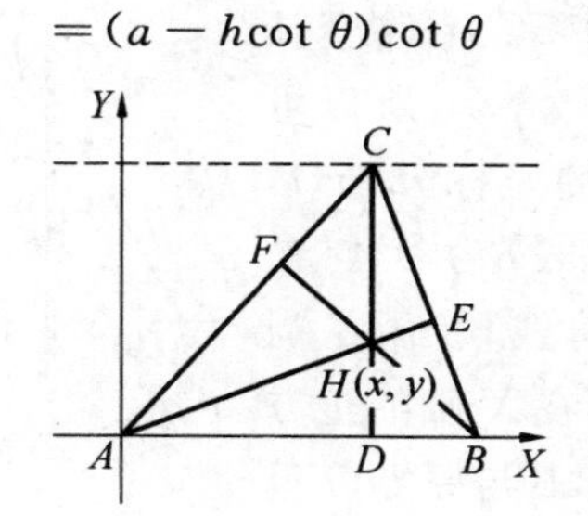

图 21

故所求垂心的轨迹方程为

$$\begin{cases}x=h\cot\theta\\ y=(a-h\cot\theta)\cot\theta\end{cases}$$

解 3　以 A 为极点、射线 AB 为极轴，建立极坐标系. 设垂心 H 的坐标为 (ρ,θ)，则 $AH=\rho$，$\angle HAD=\theta$，如图 22 所示.

因为 $CD\perp AB$，$AH\perp BC$，所以

$\angle BCD=\angle HAD=\theta$

因为 $AD+DB=a$，所以

$\rho\cos\theta+h\tan\theta=a$

故垂心 H 的轨迹的极坐标方程为

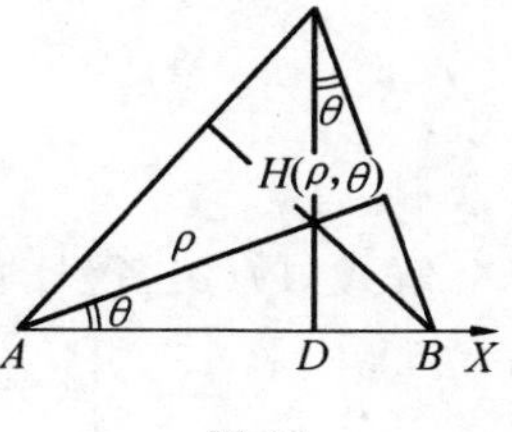

图 22

$$\rho=\frac{a-h\tan\theta}{\cos\theta}$$

例 10　$\triangle ABC$ 的顶点 A 为定点，它的对边 $|BC|=a$，并沿所在的直线滑动，若 BC 上的高为 b，求三角形外心的轨迹.

解　以 $\triangle ABC$ 的底边所在直线为 X 轴，过点 A 且垂直于 BC 的直线为 Y 轴，建立直角坐标系(图 23).

因为底边 BC 不改变长度而在 X 轴上滑动，所以可设 B,C 两点的坐标分别 $(t,0),(t+a,0)$，取 t 为参数（参数 t 就是有向线段 OB：当 $t>0$ 时，B 落在 X 轴的正方向；当 $t=0$ 时，B 与原点 O 重合；当 $t<0$ 时，B 落在 X 轴的负方向）．因为边 BC 上的高为 b，所以点 A 的坐标为 $(0,b)$．

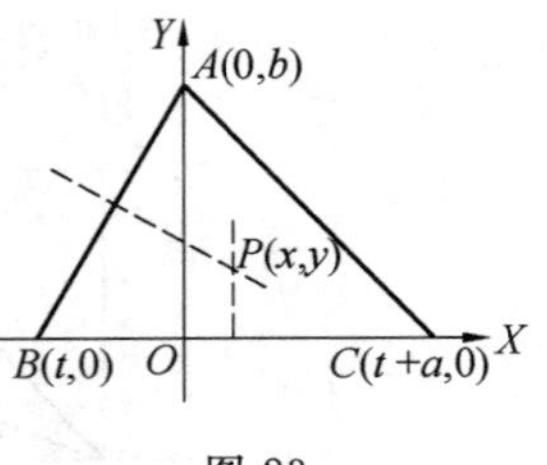

图 23

设 $\triangle ABC$ 的外心为 $P(x,y)$，则 P 为三边中垂线的交点．

BC 的中垂线方程为

$$x=\frac{2t+a}{2} \tag{1}$$

AB 的中垂线方程为

$$\frac{y-\frac{b}{2}}{x-\frac{t}{2}}=-\frac{-t}{b} \tag{2}$$

解式(1)(2)，得外心 P 的轨迹的参数方程是

$$\begin{cases} x=\dfrac{2t+a}{2} \\ y=\dfrac{t^2+at+b^2}{2b} \end{cases}$$

消去参数 t，得轨迹的普遍方程是

$$x^2=2b\left(y+\frac{a^2-4b^2}{8b}\right)$$

它是一条抛物线．

从上面利用轨迹求曲线方程的几道例题来看，可知解题的关键是分析动点变动的规律，找出限制动点

的几何条件的等式.当动点变动的规律比较简单时,可建立直角坐标系,直接求出动点的流动坐标 x 与 y 的函数关系.当直接求法有困难时,可将动点坐标转移到题中给定的有规律的图形上的点,以间接方式求得动点的轨迹方程.当动点的变动是在从一定点引出的动直线上时,一般可建立极坐标系求它的极坐标方程.当动点的变动规律较复杂或是某两条动直线的交点时,则可适当设置参数求它的方程.

习　题　一

1.求证下列各圆锥曲线的方程.

(1) 若一个圆的圆心是 $C(a,b)$,半径是 r,则圆的方程是

$$(x-a)^2+(y-b)^2=r^2$$

(2) 若一个圆的直径的两个端点为 $A(x_1,y_1)$,$B(x_2,y_2)$,则圆的方程是

$$(x-x_1)(x-x_2)+(y-y_1)(y-y_2)=0$$

(3) 若椭圆的中心在原点,焦点在 Y 轴上,它的长、短半轴的长分别为 a 和 $b(a>b>0)$,则椭圆的方程是

$$\frac{x^2}{b^2}+\frac{y^2}{a^2}=1$$

(4) 和椭圆 $\frac{x^2}{a^2}+\frac{y^2}{b^2}=1$ 有共同焦点的椭圆方程都具有

$$\frac{x^2}{a^2+K}+\frac{y^2}{b^2+K}=1 \quad (K>-b^2)$$

的形式.

(5) 和椭圆$\frac{x^2}{a^2}+\frac{y^2}{b^2}=1$有相同的离心率的椭圆方程都具有

$$\frac{x^2}{a^2}+\frac{y^2}{b^2}=K \quad (K>0)$$

的形式.

(6) 若双曲线的中心在原点,焦点在Y轴上,它的实轴和虚轴长的一半为a,b,则双曲线的方程是

$$\frac{x^2}{b^2}-\frac{y^2}{a^2}=-1$$

(7) 和双曲线$\frac{x^2}{a^2}-\frac{y^2}{b^2}=1$有共同焦点的双曲线的方程都具有

$$\frac{x^2}{a^2+K}-\frac{y^2}{b^2-K}=1 \quad (K\neq a^2 \text{ 且 } K\neq b^2)$$

的形式.

(8) 和双曲线$\frac{x^2}{a^2}-\frac{y^2}{b^2}=1$有共同的渐近线的双曲线的方程都具有

$$\frac{x^2}{a^2}-\frac{y^2}{b^2}=K \quad (K\neq 0)$$

的形式.

(9) 若抛物线的焦点为$\left(0,-\frac{p}{2}\right)$,准线方程为$2y-p=0$,则抛物线的方程是

$$x^2=-2py$$

(10) 若圆锥曲线的离心率为e,通径(过焦点且垂直于轴的弦)长为$2m$,以它的焦点为极点,由焦点向准线所引垂线的反向延长线为极轴,则它的极坐标方

程是

$$\rho=\frac{m}{1-e\cos\theta}$$

2. 求适合下列条件的圆锥曲线的方程.

(1) 一个椭圆和椭圆$\frac{x^2}{200}+\frac{y^2}{56}=1$有相同的焦点,它的一条准线方程为 $12x-169=0$,求这个椭圆的方程.

(2) 一个椭圆和椭圆$\frac{x^2}{225}+\frac{y^2}{125}=1$有相同的离心率,并且它的通径长为 5,求这个椭圆的方程.

(3) 长、短轴在坐标轴上的椭圆,它的短轴的两个端点与一焦点组成了一个直角三角形,且它的相邻两顶点间的距离为 $6\sqrt{6}$,求这个椭圆的方程.

(4) 椭圆的中心在原点,焦点在 X 轴上,两准线间的距离等于焦距的 3 倍,椭圆上某一点到两焦点的距离分别为 4 和 2,求这个椭圆的方程.

(5) 一个双曲线的中心在原点,它的一条准线方程为 $x=4$,它的通径等于它的实轴长,求这个双曲线的方程.

(6) 一个双曲线经过点$(-3,2\sqrt{3})$,并且和双曲线 $16x^2-9y^2=144$ 有共同的渐近线,求这个双曲线的方程.

(7) 一等边双曲线的中心在原点,焦点在 X 轴上,经过焦点且斜率为 7 的弦长为 $25\sqrt{2}$,求这个双曲线的方程.

(8) 抛物线的顶点在原点,对称轴是坐标轴,焦点在直线 $2x-3y+6=0$ 上,求这个抛物线的方程.

(9) 抛物线的顶点在原点,对称轴是 X 轴,它通径的一端与顶点的距离为 $5\sqrt{5}$,求这个抛物线的方程.

(10) 抛物线的顶点在原点,焦点在 Y 轴的负方向上,以它的顶点及通径两端点为顶点的三角形的面积等于 8 平方单位,求这个抛物线的方程.

3. 求下列各题的轨迹方程.

(1) 一动点与两定点 $A(0,0)$,$B(a,0)$ 的距离的比等于 $e(e \neq 1)$,求动点的轨迹方程.

(2) 一动点与两个定点 $A(-a,0)$,$B(a,0)$ 的连线 PA 和 PB 的斜率的乘积等于常数 k,求动点的轨迹方程,并就 k 的不同值讨论轨迹的图形.

(3) 过椭圆 $b^2x^2+a^2y^2=a^2b^2$ 的短轴的一端引动弦,求动弦中点的轨迹方程.

(4) 已知四个定点为 $A(-a,0)$,$B(a,0)$,$C(0,b)$ 和 $D(0,-b)$,一动点 P 移动时,恒使 $|PA|\cdot|PB|=|PC|\cdot|PD|$,求点 P 的轨迹方程,并就 a,b 的不同值讨论轨迹的图形的位置.

(5) 已知 Q 为定直线 l 外的一个定点,在 l 上任取一点 R,过 R 引直线 l 的垂线,在这条垂线上取一点 P,使 $|RP|=|RQ|$,求点 P 的轨迹方程.

(6) 一动点到两条定直线 $l_1:3x-4y=0$ 与 $l_2:3x+4y=0$ 的距离的乘积等于 5.76,求此动点的轨迹.

(7) 一动圆经过定点 $A\left(\frac{p}{2},0\right)$,并且切于定直线 $2x+p=0$,求动圆的圆心轨迹方程.

(8) 一动圆与定圆 $x^2+y^2=r^2$ 相切并且与 Y 轴也相切,求这个动圆的圆心轨迹方程.

(9) 在 X 轴上原点的左方取定点 $A(-2p,0)$，并在右方任取一点 B，以 AB 为直径作圆交 Y 轴于 C，分别过 B，C 两点作两坐标轴的平行线相交于点 P，求点 P 的轨迹方程.

(10) 在 $\triangle ABC$ 中，顶点 A，B 的坐标分别为 $(0,0)$ 和 $\left(\frac{p}{2},0\right)$，并且 $\tan A \cdot \tan \frac{B}{2}=2$，求顶点 C 的轨迹方程.

4. 求下列各题的轨迹方程.

(1) P 为定长线段 AB 上的一个定点，$|PA|=a$，$|PB|=b$，把 A 端在 X 轴上移动，B 端在 Y 轴上移动，求点 P 的轨迹方程，并从 a 与 b 的大小讨论轨迹的位置.

(2) 一定圆 O 的方程为 $x^2+y^2=r^2$，长度等于 r 的线段 AB 上有一个定点 P，$|PA|=a$，把 A 端在 X 轴上移动，B 端在圆 O 上移动，求点 P 的轨迹方程.

(3) 椭圆的长轴为 AA'，动弦 CD 垂直于 AA'，求两直线 AC 和 $A'D$ 的交点的轨迹方程.

(4) 双曲线的实轴为 AA'，动弦 CD 垂直于直线 FF'，求两直线 $A'C$ 和 AD 的交点的轨迹方程.

(5) 设 A，F 分别是抛物线的顶点与焦点，P 为抛物线上任意一点，过 P 作抛物线准线的垂线，垂足为 Q，直线 AP 与 FQ 相交于 R，当点 P 在抛物线上运动时，求点 R 的轨迹方程.

(6) 如图 24，AB 是圆 O 的直径，LM 是平行于 AB 的半弦，联结 BL，与 OM 相交于 P，求点 P 的轨迹方程.

(7) 如图 25，BC 是平行于椭圆长轴 AA' 的弦，M

是弦 BC 与短轴的交点，求 $A'B$ 和 AM 的交点 P 的轨迹方程.

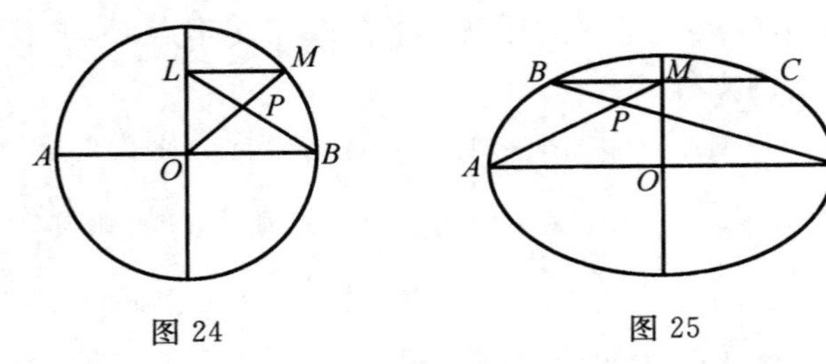

图 24　　　　图 25

(8) 求圆锥曲线通过焦点的弦的中点的轨迹方程，并证明它也是圆锥曲线.

(9) P 为圆 O 上一动点，A 为圆 O 外一定点，以 AP 为边作等边 $\triangle APQ$，求点 Q 的轨迹的极坐标方程.

(10) AB 是单位圆 O 的直径，M 为圆上的一动点，过点 M 的切线与过 A，B 两点的切线相交于 D，C，求梯形 $ABCD$ 的对角线 AC，BD 的交点 P 的轨迹的极坐标方程.

圆锥曲线的性质

第四章

在第三章我们已经熟悉了如何由曲线的某些性质来确定它的方程，那么怎样借助于曲线的方程来研究曲线的性质呢？

（一）直角坐标方程的讨论方法

1. 曲线的组成：若方程 $F(x,y)=0$ 的左边可以分解成几个因式，如 $F(x,y)=f_1(x,y)\cdot f_2(x,y)\cdot f_3(x,y)\cdot\cdots=0$，且 $F(x,y)$ 与 $f_1(x,y)$，$f_2(x,y)$，$f_3(x,y)$，… 的定义域相同，则原方程 $F(x,y)=0$ 所表示的曲线就是由 $f_1(x,y)=0$，$f_2(x,y)=0$，$f_3(x,y)=0$，等曲线所组成的.

2. 曲线在坐标轴上的截距：如果曲线和坐标轴有公共点，那么从原点到公共点的有向线段的数量就叫作曲线在坐标轴上的截距. 曲线在 X 轴上的截距简称为横截距，在 Y 轴上的截距简称为纵截距，求截距的方法如下.

(1) 在 $F(x,y)=0$ 中令 $y=0$，解 x，

x 的实数解就是它的横截距.

(2) 在 $F(x,y)=0$ 中令 $x=0$,解 y,y 的实数解就是它的纵截距.

3. 曲线的对称性:曲线的对称性质是指下列三种情况:

(1) 对称于 X 轴:如(x_1,y_1)适合于一个方程,同时可以找到$(x_1,-y_1)$也适合于这个方程,也就是说一点(x_1,y_1)与关于 X 轴的对称点$(x_1,-y_1)$同时在这条曲线上,那么这条曲线就对称于 X 轴,因此要判别一个方程的曲线是否对称于 X 轴,可以用下面的方法来决定:

在 $F(x,y)=0$ 中,以 $-y$ 换 y,如果方程不变,那么这条曲线就对称于 X 轴.

(2) 对称于 Y 轴:按照上面同样的理由和方法,决定一个方程的曲线是否对称于 Y 轴,只要以 $-x$ 换 x,如果方程不变,那么它的曲线就对称于 Y 轴.

(3) 对称于原点:同理,可以决定一个方程的曲线是否对称于原点,只要以 $-x$ 换 x,同时以 $-y$ 换 y,如果方程不变,那么它的曲线就对称于原点.

显然,在这三种对称性质中,若有两种同时成立,则第三种也必然成立.

4. 曲线的趋势:分两种情况叙述如下.

(1) 在方程 $F(x,y)=0$ 中,当两个变数 x,y 都无限增大时,则它的曲线就可以伸展到无穷远,具体如表 1:

表 1

变数趋向	曲线趋势
$x\to\infty$, $y\to\infty$	曲线在第一象限内伸展到无穷远
$x\to-\infty$, $y\to\infty$	曲线在第二象限内伸展到无穷远
$x\to-\infty$, $y\to-\infty$	曲线在第三象限内伸展到无穷远
$x\to\infty$, $y\to-\infty$	曲线在第四象限内伸展到无穷远

(2) 在两个变数中，仅有一个可无限增大，而另一个变数却接近于一个常数，则它的曲线伸展到无穷远，但逐渐接近且无限接近于一条平行于坐标轴的直线，具体如表 2：

表 2

变数趋向	曲线趋势
$x \to a,\ y \to \infty$	曲线向上无限伸展，逐渐接近于 $x = a$
$x \to a,\ y \to -\infty$	曲线向下无限伸展，逐渐接近于 $x = a$
$x \to \infty,\ y \to b$	曲线向右无限伸展，逐渐接近于 $y = b$
$x \to -\infty,\ y \to b$	曲线向左无限伸展，逐渐接近于 $y = b$

在方程 $F(x,y)=0$ 中，当 $x \to a, y \to \infty$ 时，我们称 $x=a$ 是这条曲线的垂直渐近线；当 $y \to b, x \to \infty$ 时，则称 $y=b$ 是这条曲线的水平渐近线.

5. 曲线的范围：在曲线的方程里，如果当 x 取实数值 x_0 时，对应的 y 值取实数 y_0，那么在直线 $x=x_0$ 上就存在一点 (x_0, y_0) 在曲线上；相反地，如果对于 x 的某一实数值 x_0，对应的 y 值是虚数，那么在曲线 $x=x_0$ 上就不存在曲线上的点. 如果 x 的数值在范围 $a \leqslant x \leqslant b$ 内时，它所对应的 y 值都是实数，而在这个范围之外，即 $x<a$ 或 $x>b$ 时，y 的值都是虚数，那么曲线只存在于 $x=a$ 与 $x=b$ 两条直线之间；而在 $x=a$ 的左方与 $x=b$ 的右方没有曲线. 如果 x 的数值在范围 $x \geqslant b$ 或 $x \leqslant a$ 时，它所对应的 y 值都是实数，而在这个范围之外，即 $a<x<b$ 时，y 的值都是虚数，那么曲线只存在于 $x=a$ 的左方或 $x=b$ 的右方，而在 $a<x<b$ 之间没有曲线.

在曲线方程里，若不论 x 取什么实数值，对应的 y 值总是同号，即总是正数或总是负数，则曲线存在的范围只限于 X 轴的上方或下方.

因此，我们在曲线的方程里，经常把 y 表示为 x 的函数，应用求函数定义域的方法来确定 x 的范围. 同样地，把 x 表示为 y 的函数来确定 y 的变化范围.

(二) 极坐标方程的讨论方法

1. 曲线通过极点的判定：如果 $\rho=0$ 满足曲线的方程，那么它所表示的曲线通过极点.

2. 曲线及极轴的交点：如果以 $\theta=0, \pm\pi, \pm 2\pi, \cdots$ 代入曲线方程得到 ρ 的对应值 $\rho_0, \rho_1, \rho_2, \cdots$，那么 $(\rho_0, 0), (-\rho_1, \pm\pi), (\rho_2, \pm 2\pi), \cdots$ 就是曲线和极轴的交点.

3. 曲线的对称性：在曲线方程里：

(1) 如果以 $-\theta$ 或 $2k\pi-\theta$(k 为正整数) 代替 θ 而方程不变，那么曲线关于极轴是对称的；

(2) 如果以 $-\rho$ 代替 ρ 而方程不变，那么曲线关于极点是对称的；

(3) 如果以 $-\theta$ 或 $2k\pi-\theta$(k 为正整数) 代替 θ，同时以 $-\rho$ 代替 ρ 而方程不变，那么曲线关于 $\frac{\pi}{2}$ 线(即过极点且垂直于极轴的直线) 是对称的.

显然，若曲线具有上面任意两种对称性质，则这条曲线也必定具有第三种对称性质. 不过有关上面对称性的判定仅是对于极轴、$\frac{\pi}{2}$ 线、极点而言，至于曲线本身是否是一个对称图形，在这里是无法讨论的.

4. 曲线的大概变化情况：在曲线方程里：

(1) 如果θ的绝对值增大，ρ的值也随之增大，那么这时曲线上的点对于极点来说越来越远；

(2) 如果θ的绝对值增大，而ρ的值反而随之减少，那么这时曲线上的点对于极点来说越来越近.

5. 曲线的范围：在曲线方程里，如果θ的数值在范围$\alpha \leqslant \theta \leqslant \beta$内，那么它所对应的$\rho$值都是实数. 此外如果$\rho$的值是虚数，那么曲线只存在于直线$\theta = \alpha$与直线$\theta = \beta$区间内，而在此区间外没有曲线.

根据上述方法，对圆锥曲线（椭圆、双曲线、抛物线）的性质可具体讨论如表3：

表 3

	椭圆	双曲线	抛物线
方程	$\frac{x^2}{a^2}+\frac{y^2}{b^2}=1$	$\frac{x^2}{a^2}-\frac{y^2}{b^2}=1$	$y^2=2px$
截距	$(\pm a,0)$，$(0,\pm b)$	$(\pm a,0)$	$(0,0)$
对称性	因为以$-y$代y或以$-x$代x方程都不变，所以曲线关于长轴、短轴和中心都对称	因为以$-y$代y或以$-x$代x方程都不变，所以曲线关于实轴、虚轴和中心都对称	因为以$-y$代y方程不变，所以曲线关于x轴对称

续表 3

	椭圆	双曲线	抛物线
范围	因为 $y=\pm\frac{b}{a}\cdot\sqrt{a^2-x^2}$，所以 $\|x\|\leqslant a$，因为 $x=\pm\frac{a}{b}\cdot\sqrt{b^2-y^2}$，所以 $\|y\|\leqslant b$ 故图形在四条直线 $x=\pm a$ $y=\pm b$ 所围成的矩形内	因为 $y=\pm\frac{b}{a}\cdot\sqrt{x^2-a^2}$，所以 $\|x\|\geqslant a$；因为 $x=\frac{a}{b}\cdot\sqrt{y^2+b^2}$，所以 y 为任意实数，故图形在两条直线 $x=\pm a$ 之外向左右两方无限伸展	因为 $y=\pm\sqrt{2px}$ 所以 $x\geqslant 0$，因为 $x=\frac{y^2}{2p}$，所以 y 为任意实数，故图形在 y 轴的右方，向上、向下无限伸展
离心率	因为 $a^2=b^2+c^2$ 所以 $\frac{b}{a}=\sqrt{1-\left(\frac{c}{a}\right)^2}=\sqrt{1-e^2}$ (1) 当 e 值越大、越接近于 1 时，$\frac{b}{a}$ 的值越接近于 0，椭圆越扁平；(2) 当 e 值越小，越接近于 0 时，$\frac{b}{a}$ 的值越接近于 1，椭圆越趋近于圆 (3) 当 $e=0$ 时，$a=b$，椭圆就变为圆	因为 $a^2=c^2-b^2$ 所以 $\frac{b}{a}=\sqrt{\left(\frac{c}{a}\right)^2-1}=\sqrt{e^2-1}$ 当 e 的值从接近于 1 逐渐增大时，$\frac{b}{a}$ 的值从接近于 0 逐渐增大，就是渐近线 $y=\pm\frac{b}{a}x$ 的斜率的绝对值从接近于零逐渐增大，这时双曲线的形状就从扁狭逐渐变得开阔，这就是说，e 越大，双曲线的“张口”就越大.	抛物线上任意一点到焦点的距离与到准线的距离之比等于 1，故抛物线的离心率 e 等于 1

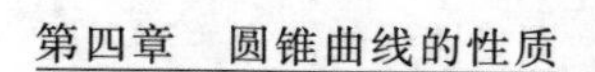

上面利用曲线和方程的关系、直角坐标的性质对圆锥曲线（椭圆、双曲线、抛物线）在坐标轴上的截距、曲线的对称性、曲线的范围及离心率对曲线形状的影响等做了讨论，下面来研究圆锥曲线的直径的性质．而圆锥曲线的其他性质，准备通过例题来阐明它．

与圆上的弦一样，我们把联结圆锥曲线上任意两点的线段也叫作圆锥曲线上的弦．而圆的弦有一个重要的性质 —— 圆的一组平行的弦的中点的轨迹是圆的直径，这个性质对于圆锥曲线是否还适用呢？

先来探求椭圆的一组平行弦的中点的轨迹：

设椭圆的方程为

$$b^2x^2+a^2y^2=a^2b^2 \tag{1}$$

又设一组平行弦的斜率是定值 k，那么这组平行弦的直线系方程是

$$y=kx+m$$

这里 m 是参数．

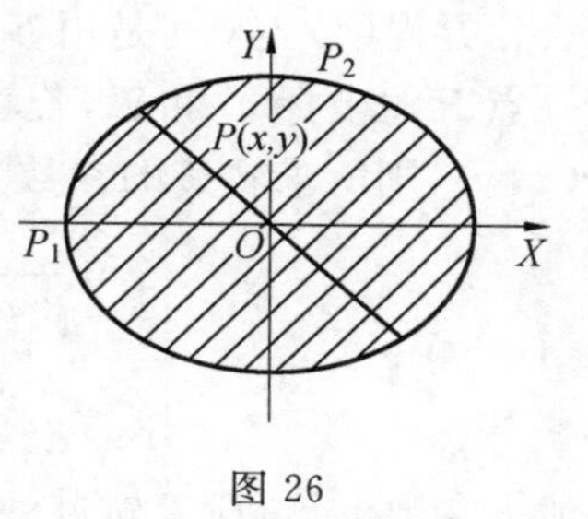

图 26

若 P_1P_2 是平行弦中的任意一条（图 26），则它的方程是

$$y=kx+m_1 \tag{2}$$

设弦 P_1P_2 的两个端点的坐标分别为 (x_1,y_1)，(x_2,y_2)，显然它是(1) 和(2) 所组成的方程组的解．

把(2) 代入(1)，得

$$b^2x^2+a^2(kx+m_1)^2=a^2b^2$$

就是

$$(a^2k^2+b^2)x^2+2a^2m_1kx+a^2(m_1^2-b^2)=0 \tag{3}$$

方程(3) 的两根是 x_1 和 x_2，由方程的根与系数的关

系，可知

$$x_1+x_2=-\frac{2a^2m_1k}{a^2k^2+b^2}$$

假定 $P(x',y')$ 是弦 P_1P_2 的中点，则 $x'=\frac{x_1+x_2}{2}$，所以

$$x'=-\frac{a^2m_1k}{a^2k^2+b^2} \quad (4)$$

又因为点 P 在弦 P_1P_2 上，所以

$$y'=kx'+m_1$$

就是

$$y'=\frac{b^2m_1}{a^2k^2+b^2} \quad (5)$$

方程(4)与(5)是用参数 m_1 表示所求轨迹上任意一点 P 的坐标 x' 和 y'，若轨迹上任意一点 P 的坐标为 (x,y)，则所求轨迹的参数方程是

$$\begin{cases} x=-\dfrac{a^2mk}{a^2k^2+b^2} \\ y=\dfrac{b^2m}{a^2k^2+b^2} \end{cases}$$

消去参数 m，得所求轨迹的普通方程是

$$b^2x+a^2ky=0$$

这是一条直线（从几何意义说，只是这条直线与椭圆的两个交点之间的一段）. 它的斜率是 $-\frac{b^2}{a^2}\cdot\frac{1}{k}$，并且经过椭圆的中心.

同样，我们可以求得：

双曲线 $\frac{x^2}{a^2}-\frac{y^2}{b^2}=1$ 中斜率为 k 的平行弦的中点的轨迹是斜率为 $\frac{b^2}{a^2}\cdot\frac{1}{k}$，并且经过双曲线中心的直线

$$b^2x-a^2ky=0$$

抛物线 $y^2=2px$ 中斜率为 k 的平行弦的中点的轨迹是平行于抛物线的对称轴的直线

$$y=\frac{p}{k}$$

为此，我们规定：圆锥曲线的平行弦的中点的轨迹叫作圆锥曲线的直径.

下面再把圆锥曲线的一些度量关系列表如表 4：

表 4

<table>
<tr><th colspan="2"></th><th>椭圆</th><th>双曲线</th><th>抛物线</th></tr>
<tr><td colspan="2">方程</td><td>$\frac{x^2}{a^2}+\frac{y^2}{b^2}=1$</td><td>$\frac{x^2}{a^2}-\frac{y^2}{b^2}=1$</td><td>$y^2=2px$</td></tr>
<tr><td rowspan="2">1</td><td>顶点</td><td>$A(a,0)$，
$A'(-a,0)$
$B(0,b)$，
$B'(0,-b)$</td><td>$A(a,0)$
$A'(-a,0)$</td><td>$O(0,0)$</td></tr>
<tr><td>轴</td><td>长轴长为 $2a$
短轴长为 $2b$</td><td>实轴长为 $2a$
虚轴长为 $2b$</td><td></td></tr>
<tr><td rowspan="4">2</td><td>焦点</td><td>$F(c,0)$，
$F'(-c,0)$</td><td>$F(c,0)$，
$F'(-c,0)$</td><td>$F\left(\frac{p}{2},0\right)$</td></tr>
<tr><td>焦距</td><td>$|FF'|=2c$</td><td>$|FF'|=2c$</td><td></td></tr>
<tr><td rowspan="2">焦点半径</td><td colspan="3">$P(x_1,y_1)$ 为曲线上的任意一点</td></tr>
<tr><td>$|PF'|=a+ex_1$
$|PF|=a-ex_1$</td><td>$|PF'|=ex_1+a$
$|PF|=ex_1-a$</td><td>$|PF|=x_1+\frac{p}{2}$</td></tr>
</table>

续表 4

<table>
<tr><th></th><th></th><th>椭圆</th><th>双曲线</th><th>抛物线</th></tr>
<tr><td rowspan="4">3</td><td>准线方程</td><td>$x=\pm\frac{a^2}{c}$</td><td>$x=\pm\frac{a^2}{c}$</td><td>$x=-\frac{p}{2}$</td></tr>
<tr><td rowspan="3">焦点到相应准线的距离</td><td colspan="3">D(或 D')为准线与轴的交点</td></tr>
<tr><td>$\mid FD\mid=\mid F'D'\mid=\frac{b^2}{c}$</td><td>$\mid FD\mid=\mid F'D'\mid=\frac{b^2}{c}$</td><td>$\mid FD\mid=p$</td></tr>
<tr><td>$\mid DD'\mid=\frac{2a^2}{c}$</td><td>$\mid DD'\mid=\frac{2a^2}{c}$</td><td></td></tr>
<tr><td rowspan="4">4</td><td rowspan="2">直径方程</td><td colspan="3">k 为平行弦的斜率</td></tr>
<tr><td>$b^2x+a^2ky=0$</td><td>$b^2x+a^2ky=0$</td><td>$y=\frac{p}{k}$</td></tr>
<tr><td>通径长</td><td>$d=\frac{2b^2}{a}$</td><td>$d=\frac{2b^2}{a}$</td><td>$d=2p$</td></tr>
<tr><td colspan="4">若 AB 和 CD 是椭圆(或双曲线)的两条直径,AB 平分平行于 CD 的弦,CD 平分平行于 AB 的弦,则这两条直径叫作共轭直径</td></tr>
</table>

例 1 一椭圆的中心为 O,P 为椭圆上任意一点,联结 OP,过椭圆长轴的一端点 A 作直线平行于 OP,交椭圆于点 Q,而交短轴所在的直线于点 R. 求证:$\mid AQ\mid\cdot\mid AR\mid=2\mid OP\mid^2$.

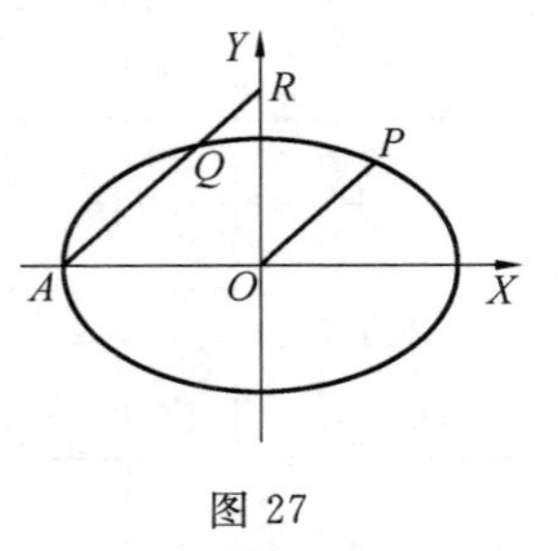

图 27

证 如图 27,建立直角坐标系,则椭圆的方程为

$$\frac{x^2}{a^2}+\frac{y^2}{b^2}=1$$

设点 P 的坐标为(x_0,y_0)，则 $2|OP|^2=2(x_0^2+y_0^2)$.

过椭圆长轴端点 $A(-a,0)$ 且平行于 OP 的直线 AR 的方程为

$$y=\frac{y_0}{x_0}x+\frac{y_0}{x_0}a$$

于是可求得点 R 的坐标为$\left(0,\frac{y_0}{x_0}a\right)$，点 Q 的坐标为$\left(\frac{2x_0^2-a^2}{a},\frac{2x_0y_0}{a}\right)$. 故

$$|AR|=\sqrt{a^2+\left(\frac{y_0}{x_0}a\right)^2}=\frac{a}{x_0}\sqrt{x_0^2+y_0^2}$$

$$|AQ|=\sqrt{\left(\frac{2x_0y_0}{a}\right)^2+\left(\frac{2x_0^2-a^2}{a}+a\right)^2}$$

$$=\frac{2x_0}{a}\sqrt{x_0^2+y_0^2}$$

所以 $$|AQ|\cdot|AR|=2(x_0^2+y_0^2)$$

因此 $$|AQ|\cdot|AR|=2|OP|^2$$

例 2　在双曲线实轴所在的直线上取一点 M，过点 M 引实轴的垂线交双曲线于 P，交渐近线于 Q，求证：$|MQ|^2-|MP|^2$ 是定值.

证　设双曲线的方程为

$$\frac{x^2}{a^2}-\frac{y^2}{b^2}=1$$

在它的实轴所在直线(即 X 轴)上，点 M 的坐标为$(x_1,0)(|x_1|\geqslant a)$，则点 P 的坐标为$\left(x_1,\frac{b}{a}\sqrt{x_1^2-a^2}\right)$ 或

$\left(x_1, -\frac{b}{a}\sqrt{x_1^2-a^2}\right)$，点 Q 的坐标为 $\left(x_1, \frac{b}{a}x_1\right)$ 或 $\left(x_1, -\frac{b}{a}x_1\right)$.

故

$$|MQ|^2-|MP|^2=\left(\pm\frac{b}{a}x_1\right)^2-\left(\pm\frac{b}{a}\sqrt{x_1^2-a^2}\right)^2$$
$$=b^2(\text{是定值})$$

例 3　求证:双曲线的一个焦点到任意一条渐近线的距离等于虚轴长的一半.

证 1　设双曲线的方程为

$$b^2x^2-a^2y^2=a^2b^2$$

则它的渐近线方程为

$$b^2x^2-a^2y^2=0$$

设焦点 $F(\pm c,0)$ 到渐近线的距离为 d,则

$$d=\frac{|b(\pm c)\pm a\cdot 0|}{\sqrt{a^2+b^2}}=\frac{bc}{c}=b$$

证 2　设双曲线的方程为

$$b^2x^2-a^2y^2=a^2b^2$$

则它的渐近线与 X 轴的夹角为

$$\theta=\arctan\frac{b}{a}$$

设焦点到渐近线的距离为 d,则

$$d=|OF|\sin\theta=c\cdot\sin\left(\arctan\frac{b}{a}\right)$$
$$=c\cdot\frac{b}{\sqrt{a^2+b^2}}=b$$

例 4　求证:等边双曲线上任意一点到中心的距离是它到两焦点距离的比例中项.

证　设等边双曲线的方程为

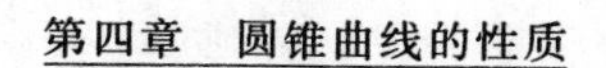

$$x^2 - y^2 = a^2$$

曲线上任意一点为 $P_0(x_0, \pm\sqrt{x_0^2 - a^2})$. 于是

$$|P_0O|^2 = (\pm\sqrt{2x_0^2 - a^2})^2 = 2x_0^2 - a^2$$

因为等边双曲线的焦点为 $F_1(\sqrt{2}a, 0)$, $F_2(-\sqrt{2}a, 0)$, 所以

$$\begin{aligned} |P_0F_1| \cdot |P_0F_2| &= \sqrt{(x_0 - \sqrt{2}a)^2 + x_0^2 - a^2} \cdot \\ &\quad \sqrt{(x_0 + \sqrt{2}a)^2 + x_0^2 - a^2} \\ &= \sqrt{2x_0^2 + a^2 - 2\sqrt{2}ax_0} \cdot \\ &\quad \sqrt{2x_0^2 + a^2 + 2\sqrt{2}ax_0} \\ &= \sqrt{(2x_0^2 + a^2)^2 - 8a^2x_0^2} \\ &= \sqrt{(2x_0^2 - a^2)^2} \end{aligned}$$

因为 $$2x_0^2 > a^2$$

所以 $$|P_0F_1| \cdot |P_0F_2| = 2x_0^2 - a^2$$

故 $$|P_0F_1| \cdot |P_0F_2| = |P_0O|^2$$

例 5　一直线截一双曲线及它的渐近线, 证明: 夹于渐近线与双曲线间的线段相等.

证　设双曲线的方程为

$$b^2x^2 - a^2y^2 = a^2b^2 \tag{1}$$

则它的渐近线方程为

$$b^2x^2 - a^2y^2 = 0 \tag{2}$$

令任意一条直线的方程为

$$y = kx + r \tag{3}$$

若这条直线交双曲线于 $P(x_1, y_1)$, $Q(x_2, y_2)$, 又交渐近线于 $R(x_3, y_3)$, $S(x_4, y_4)$ 两点, 如图 28 所示.

把(3)代入(1), 得

$$(b^2 - a^2k^2)x^2 - 2a^2rkx - a^2(r^2 + b^2) = 0$$

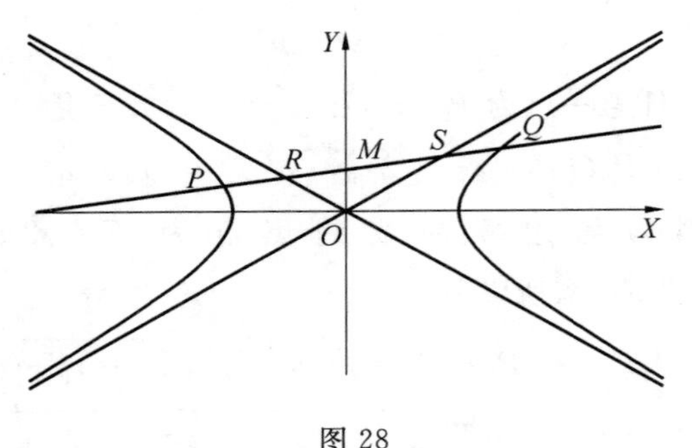

图 28

把(3) 代入(2),得

$$(b^2-a^2k^2)x^2-2a^2rkx-a^2r^2=0$$

设 PQ 的中点为 $M_1(x_1',y_1')$,RS 的中点为 $M_2(x_2',y_2')$.

根据方程的根与系数的关系,可得

$$x_1'=\frac{x_1+x_2}{2}=\frac{a^2rk}{b^2-a^2k^2}=\frac{x_3+x_4}{2}=x_2'$$

从而 $\quad y_1'=kx_1'+r=kx_2'+r=y_2'$

所以 M_1 与 M_2 两点重合.

于是

$$|PR|=|MP|-|MR|=|MQ|-|MS|=|SQ|$$

即这条直线夹于渐近线与双曲线间的线段相等.

例 6 自抛物线的顶点引互相垂直的两直线交抛物线于 P,Q 两点,求证:弦 PQ 交抛物线的轴于定点.

证 设抛物线的方程为

$$y^2=2px$$

P,Q 两点的坐标分别为$(2pt^2,2pt)$,$(2pm^2,2pm)$,如图 29 所示.

因为 $\quad OP\perp OQ$

所以 $\quad k_{OP}\cdot k_{OQ}=-1$

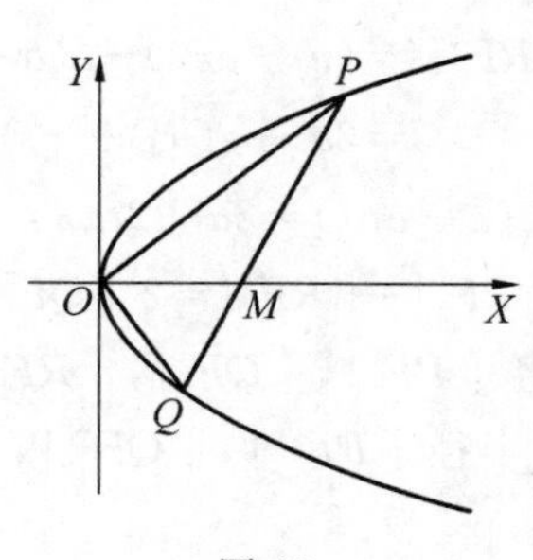

图 29

所以
$$\frac{2pt}{2pt^2}\cdot\frac{2pm}{2pm^2}=-1$$

所以
$$mt=-1$$

直线 PQ 的方程为

$$\frac{y-2pt}{x-2pt^2}=\frac{2pt-2pm}{2pt^2-2pm^2}$$

所以
$$2x-(t+m)y+2pmt=0$$

即
$$2x-(t+m)y-2p=0$$

它与对称轴(即 X 轴)的交点为 $M(p,0)$.

故弦 PQ 交抛物线的轴于定点.

例 7　P,Q,R 为椭圆上的三点,它们的横坐标成一等差数列,求证:过这三点的焦点半径也成一等差数列.

证　设椭圆的方程为

$$\frac{x^2}{a^2}+\frac{y^2}{b^2}=1$$

P,Q,R 三点的坐标分别为 (x_1,y_1),(x_2,y_2),(x_3,y_3),因为它们的横坐标成等差数列,所以

$$x_1+x_3=2x_2$$

又因为椭圆的焦点为 $F'(-c,0)$,$F(c,0)$,根据焦点半径公式

$$|PF|+|RF|=(a-ex_1)+(a-ex_3)$$
$$=2a-e(x_1+x_3)$$

$$2|QF|=2(a-ex_2)=2a-2ex_2=2a-e(x_1+x_3)$$

所以
$$|PF|+|RF|=2|QF|$$

故焦点半径$|PF|$,$|QF|$,$|RF|$成等差数列.

同理,焦点半径$|PF'|$,$|QF'|$,$|RF'|$也成等差数列.

例 8 求证:椭圆的一对共轭直径和一条准线所构成的三角形的垂心是一个定点.

证 设椭圆的方程为

$$\frac{x^2}{a^2}+\frac{y^2}{b^2}=1$$

因为椭圆的直径经过椭圆的中心,所以经过其上一点$P(x_1,y_1)$的直径方程为

$$y=\frac{y_1}{x_1}x$$

这条直径的共轭直径的方程为

$$b^2x+a^2\cdot\frac{y_1}{x_1}y=0$$

即
$$b^2x_1x+a^2y_1y=0$$

若它的一条准线是

$$x=\frac{a^2}{c}$$

则两直径与这条准线的交点为$A\left(\frac{a^2}{c},\frac{a^2y_1}{cx_1}\right)$,$B\left(\frac{a^2}{c},-\frac{b^2x_1}{cy_1}\right)$.

设$\triangle ABO$的三条高为OD,AE,BF,则OD的方程为

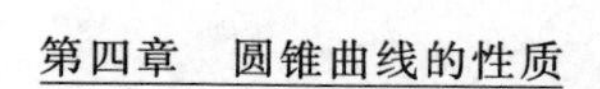

$$y=0 \tag{1}$$

AE 的方程为

$$\frac{y-\dfrac{a^2y_1}{cx_1}}{x-\dfrac{a^2}{c}}=\frac{\dfrac{a^2}{c}}{\dfrac{b^2x_1}{cy_1}}$$

即
$$a^2y_1x-b^2x_1y=a^2cy_1 \tag{2}$$

解式(1)和式(2)，得 $\triangle AOB$ 的垂心为 $H(c,0)$.

故椭圆的一对共轭直径和一条准线所构成的三角形的垂心是一个定点，这定点就是椭圆的焦点.

例 9　已知椭圆的共轭直径的长分别为 $2a'$ 和 $2b'$，θ 为这两条共轭直径的夹角，求证

$$\sin\theta=\frac{ab}{a'b'}$$

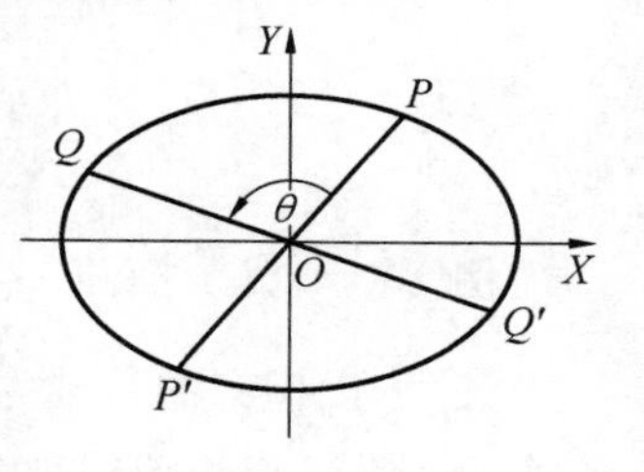

图 30

证　设椭圆的方程为

$$b^2x^2+a^2y^2=a^2b^2 \tag{1}$$

PP' 与 QQ' 为已知的两条共轭直径，如图 30 所示. 设点 P 的坐标为 (x_1,y_1)，则直径 PP' 的斜率为 $\dfrac{y_1}{x_1}$，因此共轭直径 QQ' 的方程是

$$b^2x+a^2\left(\frac{y_1}{x_1}\right)y=0 \tag{2}$$

为了求直径 QQ' 的端点坐标，解方程(1)和(2)得点 Q 的坐标为 $\left(-\dfrac{a}{b}y_1,\dfrac{b}{a}x_1\right)$.

设直径 PP' 与 QQ' 的倾斜角分别为 α,β，因为

$$|OP|=a',\ |OQ|=b'$$

所以

$$\sin\alpha=\frac{y_1}{a'},\cos\alpha=\frac{x_1}{a'}$$

$$\sin\beta=\frac{\frac{b}{a}x_1}{b'}=\frac{bx_1}{ab'},\cos\beta=\frac{-\frac{a}{b}y_1}{b'}=-\frac{ay_1}{bb'}$$

而

$$\theta=\beta-\alpha$$

所以

$$\begin{aligned}\sin\theta=\sin(\beta-\alpha)&=\sin\beta\cos\alpha-\cos\beta\sin\alpha\\&=\frac{bx_1}{ab'}\cdot\frac{x_1}{a'}+\frac{ay_1}{bb'}\cdot\frac{y_1}{a'}\\&=\frac{b^2x_1^2+a^2y_1^2}{aba'b'}=\frac{ab}{a'b'}\end{aligned}$$

例 10　求证:椭圆$\frac{x^2}{a^2}+\frac{y^2}{b^2}=1$的面积为$\pi ab$.

证　以椭圆的长轴为直径作圆,在长轴上任取一点M,过点M作长轴的垂线,交椭圆和圆于P和P'(P和P'在长轴同侧),若点M的坐标为$(x_0,0)$,则点P和P'的坐标分别为

$$\left(x_0,\pm\sqrt{b^2(1-\frac{x_0^2}{a^2})}\right)$$

$$(x_0,\pm\sqrt{a^2-x_0^2})$$

因为MP与MP'为同向两线段,所以

$$\frac{MP}{MP'}=\frac{\sqrt{b^2\left(1-\frac{x_0^2}{a^2}\right)}}{\sqrt{a^2-x_0^2}}=\frac{b}{a}$$

仿照上面的方法,在长轴上取若干个点$M_1,M_2,M_3,\cdots$作长轴的垂线$M_1P_1P_1',M_2P_2P_2',M_3P_3P_3',\cdots$,并过$P_1,P_2,P_3,\cdots,P'_1,P'_2,P'_3,\cdots$分别作长轴的平

行线与相邻的垂线相交,得出若干个矩形(图 31).

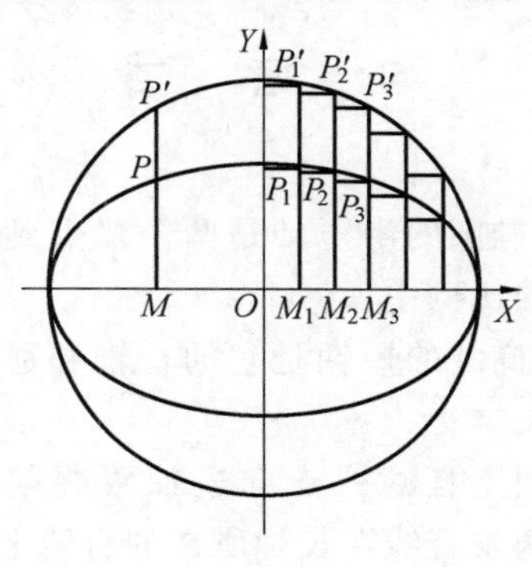

图 31

因为含 $P_1, P_2, P_3, \cdots$ 为顶点的矩形与含 $P'_1, P'_2, P'_3, \cdots$ 相应的矩形,都是同底,且它们的高的比为

$$\frac{MP_1}{MP'_1}=\frac{MP_2}{MP'_2}=\frac{MP_3}{MP'_3}=\cdots=\frac{b}{a}$$

设含 $P_1, P_2, P_3, \cdots, P_n$ 为顶点的矩形的面积分别为 $S_1, S_2, S_3, \cdots, S_n$,含 $P'_1, P'_2, P'_3, \cdots, P'_n$ 为顶点的矩形的面积分别为 $S'_1, S'_2, S'_3, \cdots, S'_n$,则

$$\frac{S_1+S_2+S_3+\cdots+S_n}{S'_1+S'_2+S'_3+\cdots+S'_n}=\frac{S_1}{S'_1}=\frac{S_2}{S'_2}=\frac{S_3}{S'_3}=\cdots$$

$$=\frac{b}{a}$$

将矩形的数目无限地增加,则

$$\frac{S_{椭圆}}{S_{圆}}=\frac{\lim\limits_{n\to\infty}(S_1+S_2+S_3+\cdots+S_n)}{\lim\limits_{n\to\infty}(S'_1+S'_2+S'_3+\cdots+S'_n)}=\frac{b}{a}$$

故 $S_{椭圆}=\frac{b}{a}\cdot S_{圆}=\frac{b}{a}\pi a^2=\pi\cdot ab$.

习　题　二

1. 证明：椭圆的半短轴是两个焦点到长轴的同一端点的距离的比例中项.

2. 证明：椭圆的短轴是它的长轴和通径的比例中项.

3. 从椭圆上任意一点向短轴两端点各引一条直线，求证：这两条直线在长轴所在的直线上的交点到椭圆的中心的距离的乘积是定值.

4. 已知椭圆的中心为O，在椭圆上任取两点P,Q，使$\angle POQ=90^\circ$，求证：$\frac{1}{OP^2}+\frac{1}{OQ^2}$是一个定值.

5. 已知M是离心率为e的椭圆$\frac{x^2}{a^2}+\frac{y^2}{b^2}=1$上一点，直线$OM$的倾斜角为$\alpha$，求证：$|OM|=\frac{b}{\sqrt{1-e^2\cos^2\alpha}}$.

6. 证明：双曲线的渐近线与准线的交点到中心的距离等于实轴的长.

7. 若两双曲线有相同的顶点，在它们的实轴所在直线上任取一点M作实轴的垂线，交一双曲线于A，交另一双曲线于B，求证：$|MA|$与$|MB|$的比等于相应双曲线的虚轴的比.

8. 若两双曲线有共同的焦点，求证：离心率较大的一个顶点较近于它的中心.

9. 若两双曲线有共同的渐近线，并且它们在渐近线所形成的同一对的对顶角内，求证：它们的离心率相

同.

10. 若 2θ 表示双曲线两渐近线的夹角,求证

$$\tan 2\theta=\frac{2\sqrt{e^2-1}}{2-e^2}$$

11. 若两双曲线有相同的离心率,求证:它们的渐近线所夹的角相等.

12. 过双曲线的两顶点各作垂直于实轴的两直线交渐近线于四个点,求证:这四点在以两焦点联结线段为直径的圆上.

13. 证明:若两双曲线有共同的中心和共同的准线,则它们焦距的比等于它们实轴的平方比.

14. 若两双曲线有共同的渐近线,但它们分别在渐近线所形成的两对对顶角内,求证:它们离心率倒数的平方和等于 1.

15. 证明:双曲线上任意一点到两渐近线的距离的乘积是定值.

16. 从双曲线上任意一点 P 引实轴的平行线交它的渐近线于 Q 和 Q',求证:$PQ \cdot PQ'$ 是定值.

17. 从双曲线上任意一点 P 引与任一条渐近线平行的直线交两准线于 A 和 B,求证:点 P 到 A,B 两点的距离分别等于过点 P 的两个焦点半径.

18. 求证:在双曲线中,一条渐近线、过一焦点作这条渐近线的垂线及与这焦点对应的准线三线共点.

19. 求证:经过双曲线上任意一点作两条分别平行于两渐近线的直线,这两条直线和渐近线所围成的平行四边形的面积是一个定值.

20. 证明:若 e_1 和 e_2 为共轭双曲线(两双曲线,其中一个的实轴和虚轴分别是另一个的虚轴和实轴)的离心率,则 $e_1^2+e_2^2=e_1^2\cdot e_2^2$.

21. 在顶点为 O 的抛物线上任取两点 P 和 Q,从 P,Q 各作对称轴的垂线,垂足分别为 P' 和 Q',求证:$|PP'|^2:|QQ'|^2=|OP'|:|OQ'|$.

22. P 为抛物线上任意一点,PM 垂直于抛物线的对称轴,M 为垂足,过 PM 的中点 A 作平行于轴的直线交抛物线于 Q,过抛物线的顶点 O 引轴的垂线交直线 MQ 于 N,求证:$|ON|=\frac{2}{3}|MP|$.

23. 已知抛物线的顶点为 O,从抛物线上任意一点 P 引 OP 的垂线交抛物线的轴于 Q,求证:PQ 在轴上的射影等于定长.

24. 过抛物线 $y^2=2px$ 的轴上一定点 $M(m,0)$ 任意引一弦 PQ,求证:P 和 Q 的横坐标的乘积是一个定值,纵坐标的乘积也是定值.

25. 过圆锥曲线的焦点引两条互相垂直的弦,它们的长分别为 l_1 和 l_2,求证:$\frac{1}{l_1}+\frac{1}{l_2}$ 等于定值.

26. 过圆锥曲线的焦点 F,任作一弦 P_1P_2,求证:$\frac{1}{FP_1}+\frac{1}{FP_2}$ 是一个定值.

27. 已知 a' 和 b' 为椭圆的共轭半直径,求证:$a'^2+b'^2=a^2+b^2$.

28. 若椭圆 $b^2x^2+a^2y^2=a^2b^2$ 的直径的一端为 $(a\cos\theta,b\sin\theta)$,求证:它的共轭直径的一端为 $(-a\sin\theta,b\cos\theta)$ 或 $(a\sin\theta,-b\cos\theta)$.

29. P_1P_2 为椭圆的任一直径,Q 为椭圆上任意一点,求证:平行于 P_1Q 和 P_2Q 的直径是共轭直径.

30. P_1P_2 和 Q_1Q_2 是椭圆的两直径,且 $P_1P_2\perp$

Q_1Q_2，求证：$\frac{1}{|P_1P_2|^2}+\frac{1}{|Q_1Q_2|^2}$ 是一个常数.

31. 求证：椭圆中除长轴和短轴外，其他的共轭直径不能互相垂直.

32. 过椭圆的一个焦点作一条直径的垂线且交其共轭直径所在直线于点 P，求证：点 P 在这个焦点相应的准线上.

33. 双曲线的一对共轭直径和一条准线构成一个三角形，求证：这三角形的垂心是一个定点.

34. 证明：双曲线的两条共轭直径中，一条与双曲线相交而另一条则不相交，但它与共轭双曲线相交.

35. 求证：双曲线的一对共轭直径，也是它的共轭双曲线的一对共轭直径.

36. 求证：双曲线的共轭直径的平方差是一个定值.

37. 求证：双曲线的一对共轭直径端点的联结线段，平行于一条渐近线，且被另一条渐近线所平分.

38. 已知抛物线 $y=ax^2(a\neq 0)$ 与直线 $y=bx+c(b\neq 0)$ 有两个交点，其横坐标分别为 x_1,x_2，而 x_3 为直线在 X 轴上的截距，求证

$$\frac{1}{x_1}+\frac{1}{x_2}=\frac{1}{x_3}$$

39. 已知 $y^2=2x$ 上任意两点 $P_1(x_1,y_1)$，$P_2(x_2,y_2)$，过 P_1P_2 的中点作直线平行于抛物线的对称轴，交抛物线于 P_3，求证：$\triangle P_1P_2P_3$ 的面积等于 $\frac{1}{16}|y_1-y_2|^3$.

40. 证明内接于抛物线 $y^2=2px$ 的三角形的面积等于

$$\frac{1}{4p}\left|(y_1-y_2)(y_2-y_3)(y_3-y_1)\right|$$

其中 y_1,y_2,y_3 为三角形三顶点的纵坐标.

第五章

圆锥曲线的切线和法线

在平面几何里，我们说“和圆只有一个公共点的直线，叫作圆的切线”，圆是曲线的一种，我们能不能把圆的切线的定义推广，作为一般曲线的定义呢？就是说，“和曲线只有一个公共点的直线，叫作曲线的切线”.

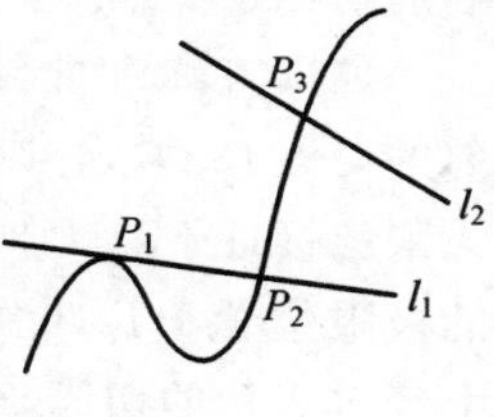

图 32

从图 32 来看，显然对于一般曲线来说，这种定义是不正确的. 因为直线 l_1 虽然和曲线有两个公共点 P_1 和 P_2，但它和曲线切于点 P_1，就是说，l_1 还是经过曲线上点 P_1 的一条切线. 再看 l_2，它虽然和曲线只有一个公共点 P_3，但它却不是曲线的切线. 可见圆的切线的定义是不能推广到一般曲线的. 为了研究一般曲线的切线和它的性质，我们有必要给一般曲线的切线下一个新的定义（当然新的定义应当包括圆的切线的定义）.

(一) 曲线的切线定义

设一条直线和一条曲线相交于两点或者更多的点,而邻近的两个交点是 P 和 Q. 如果使点 P 固定,点 Q 沿着曲线向点 P 逐渐移动到 $Q_1, Q_2, \cdots$ 的位置(图33),那么直线 PQ 就绕着点 P 逐渐旋转到了 $PQ_1, PQ_2, \cdots$ 的位置. 如果当点 Q 无限接近于点 P,以点 P 为它的极限位置时,直线 PQ 也无限接近于一个极限位置 PT,这条直线 PT 就叫作这条曲线上经过点 P 的切线.

经过上面的描述,我们给曲线的切线定义如下:

如果直线和曲线有两个相邻的交点 P,Q,当点 Q 沿着曲线无限地接近于点 P 时,直线 PQ 的极限位置 PT 叫作这条曲线上经过点 P 的切线,点 P 叫作切点.

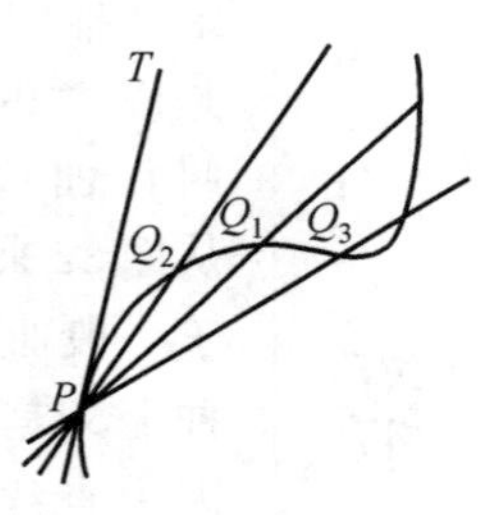

图 33

根据这个定义,可知割线 PQ 的斜率的极限就是切线 PT 的斜率,用式子来表示,就是

$$k_{PT}=\lim_{Q\to P} k_{PQ}$$

我们用极限的观点给曲线的切线所下的定义,也适合圆的切线.

经过切点且垂直于切线的直线,我们把它叫作曲线在这点的法线.

(二) 圆锥曲线的切线方程

根据切线的定义,我们来求一般二次曲线的切线

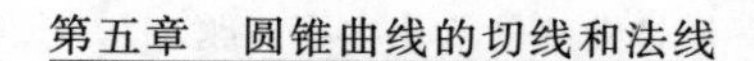

方程.

设 $P(x_1,y_1)$ 是二次曲线

$$Ax^2+Bxy+Cy^2+Dx+Ey+F=0$$

上的一点,在曲线上取与点 P 附近的一点 $Q(x_1+\Delta x,y_1+\Delta y)$,其中 $\Delta x,\Delta y$ 表示 x_1,y_1 的很小的改变量.

因为 P,Q 两点都在曲线上,所以

$$Ax_1+Bx_1y_1+Cy_1^2+Dx_1+Ey_1+F=0 \quad (1)$$

$$A(x_1+\Delta x)^2+B(x_1+\Delta x)(y_1+\Delta y)+C(y_1+\Delta y)^2+D(x_1+\Delta x)+E(y_1+\Delta y)+F=0 \quad (2)$$

(2)－(1) 得

$$2Ax_1\Delta x+A(\Delta x)^2+Bx_1\Delta y+By_1\Delta x+B\Delta x\Delta y+2Cy_1\Delta y+C(\Delta y)^2+D\Delta x+E\Delta y=0$$

把含 Δx 与 Δy 的项分别整理在方程的两边,得

$$(Bx_1+B\Delta x+2Cy_1+C\Delta y+E)\Delta y=-(2Ax_1+A\Delta x+By_1+D)\Delta x$$

所以

$$\frac{\Delta y}{\Delta x}=-\frac{2Ax_1+A\Delta x+By_1+D}{Bx_1+B\Delta x+2Cy_1+C\Delta y+E}$$

设切线的斜率为 k,则

$$k=\lim_{Q\to P}k_{PQ}=\lim_{\substack{\Delta x\to 0\\ \Delta y\to 0}}\left[\frac{(y_1+\Delta y)-y_1}{(x_1+\Delta x)-x_1}\right]=\lim_{\substack{\Delta x\to 0\\ \Delta y\to 0}}\frac{\Delta y}{\Delta x}$$

所以

$$k=\lim_{\substack{\Delta x\to 0\\ \Delta y\to 0}}\left(-\frac{2Ax_1+A\Delta x+By_1+D}{Bx_1+B\Delta x+2Cy_1+C\Delta y+E}\right)=-\frac{2Ax_1+By_1+D}{Bx_1+2Cy_1+E}$$

因此,经过点 $P(x_1,y_1)$ 的切线方程是

$$\frac{y-y_1}{x-x_1}=-\frac{2Ax_1+By_1+D}{Bx_1+2Cy_1+E}$$

整理得

$$2Ax_1x+B(y_1x+x_1y)+2Cy_1y+Dx+Ey$$
$$=2Ax_1^2+2Bx_1y_1+2Cy_1^2+Dx_1+Ey_1$$

所以

$$2Ax_1x+B(y_1x+x_1y)+2Cy_1y+$$
$$D(x+x_1)+E(y+y_1)+2F$$
$$=2Ax_1^2+2Bx_1y_1+2Cy_1^2+2Dx_1+2Ey_1+2F$$

所以

$$Ax_1x+B\left(\frac{y_1x+x_1y}{2}\right)+Cy_1y+$$
$$D\left(\frac{x+x_1}{2}\right)+E\left(\frac{y+y_1}{2}\right)+F=0$$

这就是所求的切线方程.

从上面的推导结果可以看出,如果 $P(x_1,y_1)$ 是一个二元二次方程

$$Ax^2+Bxy+Cy^2+Dx+Ey+F=0$$

的曲线上一点,那么求经过曲线上点 P 的切线方程,只要把曲线方程中的 x^2(或 y^2) 用 x_1x(或 y_1y) 来代替,方程中的 xy 用 $\frac{y_1x+x_1y}{2}$ 来代替,方程中的 x(或 y) 用 $\frac{x+x_1}{2}\left(或\frac{y+y_1}{2}\right)$ 来代替,就可以直接写出切线方程来.

因此根据上面的“替换法则”,我们就可以容易地求出下列圆锥曲线上经过点 $P(x_1,y_1)$ 的切线方程:

椭圆 $\frac{x^2}{a^2}+\frac{y^2}{b^2}=1$ 的切线方程是 $\frac{x_1x}{a^2}+\frac{y_1y}{b^2}=1$;

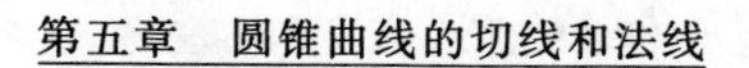

双曲线$\frac{x^2}{a^2}-\frac{y^2}{b^2}=1$的切线方程是$\frac{x_1x}{a^2}-\frac{y_1y}{b^2}=1$；

抛物线 $y^2=2px$ 的切线方程是 $y_1y=p(x+x_1)$.

为了更好地解决求圆锥曲线的切线方程的问题，我们来探讨下面两个问题.

1. 圆锥曲线与直线 $Ax+By+C=0$ 相切的条件.

以椭圆为例，设椭圆的方程为

$$b^2x^2+a^2y^2=a^2b^2$$

经过其上一点 $P(x_1,y_1)$ 的切线方程是

$$b^2x_1x+a^2y_1y-a^2b^2=0$$

若它就是直线 $Ax+By+C=0$，则

$$\frac{b^2x_1}{A}=\frac{a^2y_1}{B}=\frac{-a^2b^2}{C}$$

所以
$$x_1=-\frac{Aa^2}{C},y_1=-\frac{Bb^2}{C}$$

因为 $P(x_1,y_1)$ 也在切线 $Ax+By+C=0$ 上，所以

$$A\left(-\frac{Aa^2}{C}\right)+B\left(-\frac{Bb^2}{C}\right)+C=0$$

整理化简得

$$A^2a^2+B^2b^2=C^2$$

这就是椭圆$\frac{x^2}{a^2}+\frac{y^2}{b^2}=1$与直线 $Ax+By+C=0$ 相切的必要条件.

同理可求得：

双曲线$\frac{x^2}{a^2}-\frac{y^2}{b^2}=1$与直线 $Ax+By+C=0$ 相切的必要条件是

$$A^2a^2-B^2b^2=C^2$$

抛物线 $y^2=2px$ 与直线 $Ax+By+C=0$ 相切的

必要条件是

$$pB^2 = 2AC$$

2. 切点弦的方程.

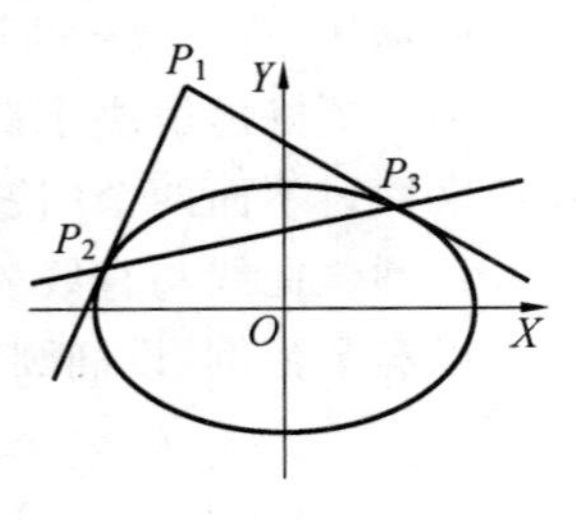

图 34

从圆锥曲线外一点向圆锥曲线引两条切线(如果存在),那么经过两切点的圆锥曲线的弦叫作切点弦.

以椭圆为例,设椭圆的方程为

$$\frac{x^2}{a^2} + \frac{y^2}{b^2} = 1$$

经过椭圆外一点 $P_1(x_1, y_1)$ 引椭圆的两条切线 P_1P_2 和 P_1P_3, $P_2(x_2, y_2)$, $P_3(x_3, y_3)$ 为两个切点,如图 34 所示,则经过 P_2, P_3 的切线方程分别为

$$\frac{x_2 x}{a^2} + \frac{y_2 y}{b^2} = 1$$

$$\frac{x_3 x}{a^2} + \frac{y_3 y}{b^2} = 1$$

因为它们都通过 $P(x_1, y_1)$ 这一点,所以

$$\frac{x_2 x_1}{a^2} + \frac{y_2 y_1}{b^2} = 1 \tag{1}$$

$$\frac{x_3 x_1}{a^2} + \frac{y_3 y_1}{b^2} = 1 \tag{2}$$

现在设想一直线方程是

$$\frac{x_1 x}{a^2} + \frac{y_1 y}{b^2} = 1 \tag{3}$$

由式(1)(2) 可知 $P_2(x_2, y_2)$, $P_3(x_3, y_3)$ 两点都在方程(3) 所表示的直线上,但经过 P_2, P_3 只能引一条直线,因此所求切点弦的方程就是

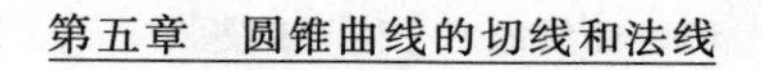

$$\frac{x_1x}{a^2}+\frac{y_1y}{b^2}=1$$

同理可求双曲线、抛物线外一点 $P(x_1,y_1)$ 所引两条切线的切点弦方程，分别是

$$\frac{x_1x}{a^2}-\frac{y_1y}{b^2}=1$$

$$y_1y=p(x+x_1)$$

这就阐明了由圆锥曲线外一点向圆锥曲线引两条切线，求经过切点的弦的方程，同样可用“替换法则”去求它.

（三）圆锥曲线的切线和法线的性质

1. 经过椭圆上一点的法线，平分这一点的两条焦点半径的夹角.

证　如图 35，设 $P(x_1,y_1)$ 为椭圆 $b^2x^2+a^2y^2=a^2b^2$ 上的一点，F_1，F_2 为椭圆的焦点，则经过点 P 的切线 TT' 的方程为

$$b^2x_1x+a^2y_1y=a^2b^2$$

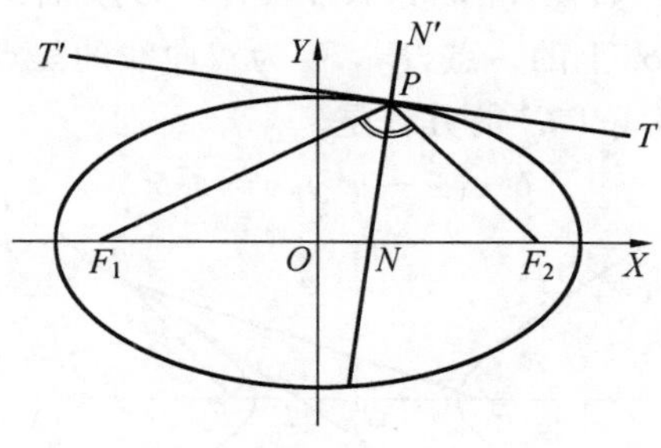

图 35

经过点 P 的法线 NN' 的方程为

$$a^2y_1x-b^2x_1y=(a^2-b^2)x_1y_1$$

它在 X 轴上的截距为 $ON=\frac{(a^2-b^2)x_1y_1}{a^2y_1}=e^2x_1$. 所以

$$\frac{|F_1N|}{|NF_2|}=\frac{|F_1O|+|ON|}{|OF_2|-|ON|}=\frac{ae+e^2x_1}{ae-e^2x_1}=\frac{a+ex_1}{a-ex_1}$$

而焦点半径为 $|PF_1|=a+ex_1$，$|PF_2|=a-ex_1$，

所以
$$\frac{|F_1N|}{|F_2N|}=\frac{|PF_1|}{|PF_2|}$$

故 PN 平分两条焦点半径所成的角，即 $\angle F_1PF_2$.

椭圆法线的这个性质的物理意义是：从椭圆的一个焦点发出的光线或声波，经过反射，都通过另一个焦点.

2. 经过双曲线上一点的切线，平分这一点的两条焦点半径的夹角.

证　如图 36，设 $P(x_1,y_1)$ 为双曲线 $b^2x^2-a^2y^2=a^2b^2$ 上的一点，F_1,F_2 为双曲线的焦点，则经过点 P 的切线 TT' 的方程是

$$b^2x_1x-a^2y_1y=a^2b^2$$

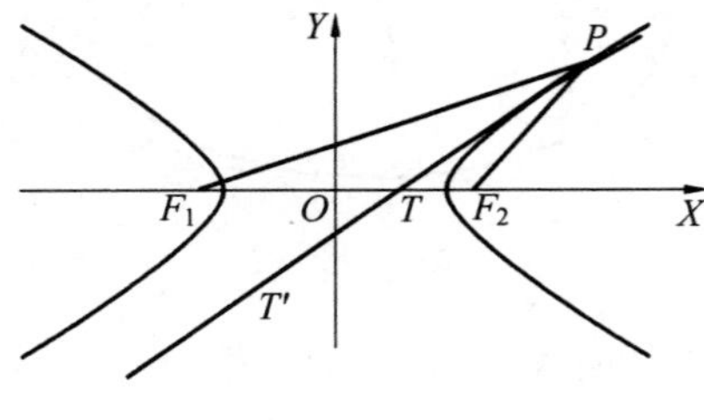

图 36

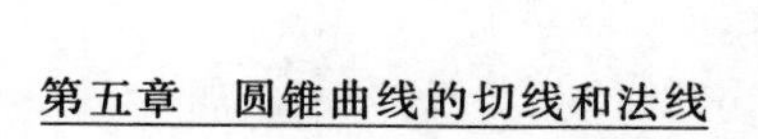

它在 X 轴上的截距 $OT=\frac{a^2}{x_1}$. 所以

$$\frac{|TF_1|}{|TF_2|}=\frac{|F_1O|+|OT|}{|OF_2|-|OT|}$$

$$=\frac{ae+\frac{a^2}{x_1}}{ae-\frac{a^2}{x_1}}$$

$$=\frac{ex_1+a}{ex_1-a}$$

而焦点半径 $|PF_1|=ex_1+a$，$|PF_2|=ex_1-a$，所以

$$\frac{|TF_1|}{|TF_2|}=\frac{|PF_1|}{|PF_2|}$$

故 PT 平分两条焦点半径所夹的角，即 $\angle F_1PF_2$.

双曲线切线的这个性质的物理意义是：如果光源或者声源放在双曲线的一个焦点处，光线或者声波经过反射后，就好像从另一个焦点射出来一样.

3. 经过抛物线上一点在抛物线内作一射线平行于抛物线的轴，那么经过这一点的法线平分这条射线和这一点的焦点半径的夹角.

证　如图 37，设 $P(x_1,y_1)$ 为抛物线 $y^2=2px$ 上的一点，F 为抛物线的焦点，则经过点 P 的切线 TT' 的方程为

$$y_1y=2p\left(\frac{x+x_1}{2}\right)$$

它在 X 轴上的截距 $OT=-x_1$. 所以

$$|TF|=|TO|+|OF|=x_1+\frac{p}{2}$$

又因为焦点半径 $|PF|=x_1+\frac{p}{2}$，所以

$$|PF|=|TF|$$

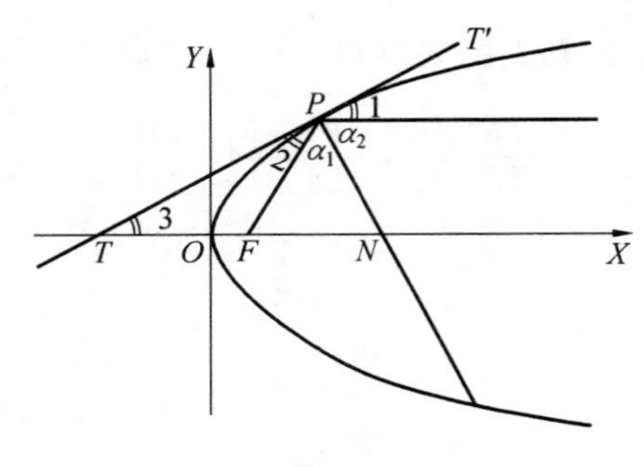

图 37

因而 $$\angle 2=\angle 3$$

又平行线的同位角相等，即

$$\angle 3=\angle 1$$

所以 $$\angle 2=\angle 1$$

而 $$\angle 1+\alpha_2=90^\circ=\angle 2+\alpha_1$$

故 $$\alpha_2=\alpha_1$$

抛物线的法线的这个性质在技术上有广泛的应用. 如果光源、声源或者热源放在抛物线的焦点处射出的光线，经过抛物镜面的反射，就变成平行的光线. 汽车前灯和探照灯的反光曲面，都是抛物线绕轴旋转而成的抛物镜面，就是这个性质的应用. 太阳灶也是利用这个性质设计的.

这些性质说明了我们把点 F 叫作焦点的意义.

例 1 从椭圆的两个焦点到任一切线的两个距离的乘积等于定值.

证 设 $P(x_1,y_1)$ 是椭圆 $b^2x^2+a^2y^2=a^2b^2$ 上的一点，则经过点 P 的切线 TT' 的方程是

$$b^2x_1x+a^2y_1y=a^2b^2$$

设 $|F_1T'|$ 和 $|F_2T|$ 分别为焦点 F_1,F_2 到切线

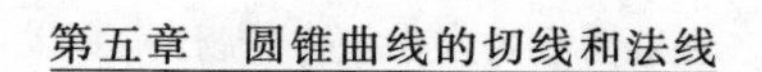

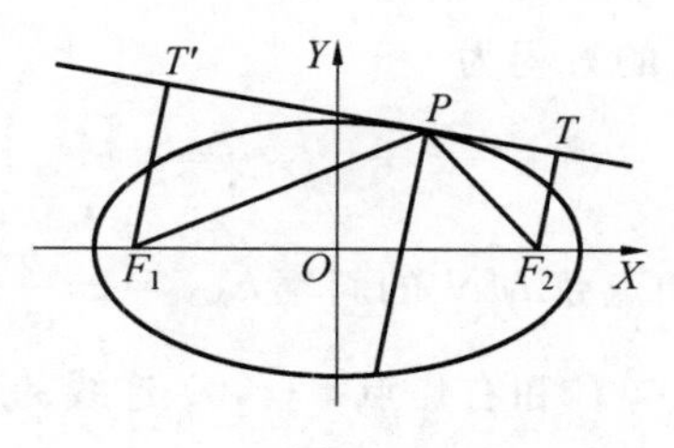

图 38

TT' 的距离,则

$$|F_1T'|=\frac{|-b^2cx_1-a^2b^2|}{\sqrt{b^4x_1^2+a^4y_1^2}}$$

$$|F_2T|=\frac{|b^2cx_1-a^2b^2|}{\sqrt{b^4x_1^2+a^4y_1^2}}$$

所以

$$\begin{aligned}|F_1T'|\cdot|F_2T|&=\frac{|a^4b^4-b^4c^2x_1^2|}{b^4x_1^2+a^4y_1^2}\\&=\frac{|a^4b^4-b^4(a^2-b^2)x_1^2|}{b^4x_1^2+a^2(a^2b^2-b^2x_1^2)}\\&=\frac{b^4|a^4-(a^2-b^2)x_1^2|}{b^2[a^4-(a^2-b^2)x_1^2]}\\&=b^2\end{aligned}$$

故 $|F_1T'|\cdot|F_2T|$ 是一个定值.

例 2　从椭圆准线上的任意一点引椭圆的两条切线. 求证:它的切点弦垂直于这一点和相应焦点的连线.

证　设椭圆的方程为

$$b^2x^2+a^2y^2=a^2b^2$$

不妨在它的右准线 $x=\frac{a^2}{c}$ 上任取一点 $P\left(\frac{a^2}{c},y_1\right)$,从点 P 引椭圆的两条切线 PM 和 PN,M,N 为切点,则

切点弦 MN 的方程为

$$b^2\cdot\frac{a^2}{c}x+a^2y_1y=a^2b^2$$

因此，切点弦 MN 的斜率 $k_{MN}=-\frac{b^2}{cy_1}$.

又因为点 P 和右焦点 $F(c,0)$ 连线的斜率

$$k_{PF}=\frac{-y_1}{c-\frac{a^2}{c}}=\frac{cy_1}{b^2}$$

$$k_{MN}\cdot k_{PF}=-\frac{b^2}{cy_1}\cdot\frac{cy_1}{b^2}=-1$$

所以 $$MN\perp PF$$

故它的切点弦垂直于这一点和相应焦点的连线.

例 3 求证：椭圆的所有外切矩形的对角线都相等.

证 因为矩形的四个角都是直角，所以我们先来探讨椭圆互相垂直的两条切线的交点的轨迹.

设 $P(x_1,y_1)$ 为轨迹上的任意一点，过点 P 向椭圆所引的切线斜率为 k，则切线方程为

$$y-y_1=k(x-x_1)$$

即 $$kx-y+(y_1-kx_1)=0$$

因为它与椭圆 $\frac{x^2}{a^2}+\frac{y^2}{b^2}=1$ 相切，根据相切条件得

$$k^2a^2+b^2=(y_1-kx_1)^2$$

整理为

$$(a^2-x_1^2)k^2+2x_1y_1k+(b^2-y_1^2)=0$$

这方程里的两个根 k_1 和 k_2 就是点 P 所引两切线的斜率.

因为这两条切线互相垂直，所以

$$k_1\cdot k_2=-1$$

也就是
$$\frac{b^2-y_1^2}{a^2-x_1^2}=-1$$
所以
$$x_1^2+y_1^2=a^2+b^2$$

把式中的 x_1 和 y_1 换以 x 和 y，得点 P 的轨迹方程
$$x^2+y^2=a^2+b^2$$
这是一个圆，以椭圆的中心为圆心，以 $\sqrt{a^2+b^2}$ 为半径.

这就证明了椭圆任意一个外切矩形的四个顶点都在这个圆上. 又因为圆内接矩形的对角线是圆的一条直径，故圆的任意一个内接矩形的对角线都相等，也就是椭圆的外切矩形的对角线都相等.

例 4　证明：有公共焦点的椭圆和双曲线相交成直角.（两曲线的夹角是指在交点处分别引两曲线的切线间的夹角.）

证　设公共焦点为 $F(c,0)$，$F'(-c,0)$，则椭圆和双曲线的方程分别为
$$\frac{x^2}{a^2}+\frac{y^2}{a^2-c^2}=1,\frac{x^2}{a'^2}-\frac{y^2}{c^2-a'^2}=1$$

又设 $P(x_1,y_1)$ 是两曲线的一个交点，则椭圆和双曲线在点 P 的切线方程分别为
$$\frac{x_1x}{a^2}+\frac{y_1y}{a^2-c^2}=1,\frac{x_1x}{a'^2}-\frac{y_1y}{c^2-a'^2}=1$$
两切线的斜率分别为
$$k=-\frac{(a^2-c^2)x_1}{a^2y_1},k'=\frac{(c^2-a'^2)x_1}{a'^2y_1}$$
所以
$$k\cdot k'=-\frac{(a^2-c^2)(c^2-a'^2)x_1^2}{a^2a'^2y_1^2}$$

由于点 P 的坐标同时满足两曲线的方程，可得
$$x_1^2=\frac{a^2a'^2}{c^2},y_1^2=\frac{(a^2-c^2)(c^2-a'^2)}{c^2}$$

于是 $$k \cdot k' = -1$$

故两曲线相交成直角.

例 5　证明:双曲线的切线与渐近线形成的三角形面积被切点与双曲线中心的连线所平分.

证　设双曲线的方程为

$$b^2x^2 - a^2y^2 = a^2b^2$$

则过双曲线上点 $P(x_1, y_1)$ 的切线方程为

$$b^2x_1x - a^2y_1y = a^2b^2$$

它与渐近线的交点为 A, B,其坐标分别满足方程组

$$\begin{cases} b^2x_1x - a^2y_1y = a^2b^2 \\ bx - ay = 0 \end{cases}$$

$$\begin{cases} b^2x_1x - a^2y_1y = a^2b^2 \\ bx + ay = 0 \end{cases}$$

从而求得 A, B 两点的坐标分别为

$$\left(\frac{a^2b}{bx_1 - ay_1}, \frac{ab^2}{bx_1 - ay_1}\right)$$

$$\left(\frac{a^2b}{bx_1 + ay_1}, \frac{-ab^2}{bx_1 + ay_1}\right)$$

因为

$$\frac{1}{2}\left(\frac{a^2b}{bx_1 - ay_1} + \frac{a^2b}{bx_1 + ay_1}\right)$$

$$= \frac{1}{2} \cdot \frac{a^2b \cdot 2bx_1}{b^2x_1^2 - a^2y_1^2} = \frac{2a^2b^2x_1}{2a^2b^2} = x_1$$

$$\frac{1}{2}\left(\frac{ab^2}{bx_1 - ay_1} + \frac{-ab^2}{bx_1 + ay_1}\right)$$

$$= \frac{1}{2} \cdot \frac{ab^2 \cdot 2ay_1}{b^2x_1^2 - a^2y_1^2} = \frac{2a^2b^2y_1}{2a^2b^2} = y_1$$

所以 AB 的中点 (x_1, y_1) 就是切点 P.

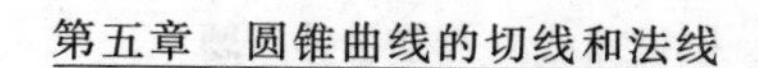

于是 OP 是 $\triangle AOB$ 的中线，它把 $\triangle AOB$ 分成两个等积的三角形.

例 6　经过双曲线上一点 P 引它的切线和法线分别交虚轴于 Q,R 两点，求证：P,Q,R 及两焦点 F' 和 F 五个点共圆.

证　设双曲线的方程为

$$b^2x^2-a^2y^2=a^2b^2$$

经过其上一点 $P(x_1,y_1)$ 的切线方程为

$$b^2x_1x-a^2y_1y=a^2b^2$$

而经过点 P 的法线方程为

$$a^2y_1x+b^2x_1y=(a^2+b^2)x_1y_1$$

切线和法线与虚轴的交点分别为 Q 和 R，它们的坐标为 $\left(0,-\frac{b^2}{y_1}\right)$ 和 $\left(0,\frac{(a^2+b^2)y_1}{b^2}\right)$.

以线段 QR 为直径的圆的方程是

$$x^2+\left(y+\frac{b^2}{y_1}\right)\left(y-\frac{(a^2+b^2)y_1}{b^2}\right)=0 \tag{1}$$

因为 $\angle QPR=90°$，所以点 P 在这个圆上.

再把 $x=\pm c$ 与 $y=0$ 代入方程(1)，得

$$(\pm c)^2+\frac{b^2}{y_1}\left(-\frac{(a^2+b^2)y_1}{b^2}\right)=(a^2+b^2)-(a^2+b^2)$$

$$=0$$

故焦点 $F'(-c,0)$ 与 $F(c,0)$ 在这个圆上.

因此，P,Q,R,F',F 五点共圆.

例 7　从抛物线的通径 AB 上任意一点 Q，分别作过 A,B 两点的切线的垂线，垂足分别为 M,N，求证：直线 MN 与此抛物线相切.

证　设抛物线的方程为

$$y^2=2px$$

则它的通径的两端分别为 $A\left(\frac{p}{2},p\right)$ 和 $B\left(\frac{p}{2},-p\right)$.

设过 A,B 两点的切线为 AT 和 BT,则它们的方程分别为

$$py=2p\left(\frac{x+\frac{p}{2}}{2}\right)$$

$$-py=2p\left(\frac{x+\frac{p}{2}}{2}\right)$$

即 AT 的方程为

$$2x-2y+p=0 \tag{1}$$

BT 的方程为

$$2x+2y+p=0 \tag{2}$$

在通径 AB 上任取一点 $Q\left(\frac{p}{2},y_1\right)$,因为 $MQ\perp AT,NQ\perp BT$,所以

MQ 的方程为

$$2x+2y=p+2y_1 \tag{3}$$

NQ 的方程为

$$2x-2y=p-2y_1 \tag{4}$$

解(1)和(3)得点 M 的坐标为

$$\left(\frac{1}{2}y_1,\frac{1}{2}(p+y_1)\right)$$

解(2)和(4)得点 N 的坐标为

$$\left(-\frac{1}{2}y_1,-\frac{1}{2}(p-y_1)\right)$$

于是经过 M,N 两点的直线方程为

$$\frac{y-\frac{1}{2}(p+y_1)}{y+\frac{1}{2}(p-y_1)}=\frac{x-\frac{1}{2}y_1}{x+\frac{1}{2}y_1}$$

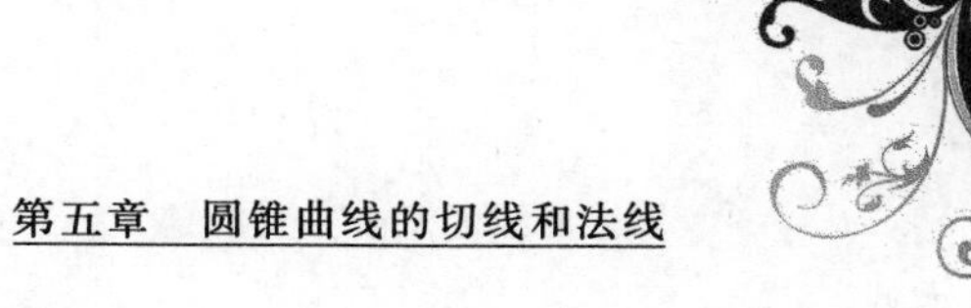

整理化简得

$$2px-2y_1y+y_1^2=0$$

也就是 $$y_1y=2p\left(\frac{x+\frac{y_1^2}{2p}}{2}\right)$$

因此直线 MN 就是经过抛物线上点 $\left(\frac{y_1^2}{2p},y_1\right)$ 的切线.

注:本题最后要证直线 $2px-2y_1y+y_1^2=0$ 与 $y^2=2px$ 相切，也可以变为证明方程组 $\begin{cases}2px-2y_1y+y_1^2=0\\y^2=2px\end{cases}$ 有两组相同的解,但不如本法简单.

例 8　P_1,P_2 为抛物线上任意两点,过这两点的切线相交于 P,又 F 为抛物线的焦点,求证

$$|PF|^2=|P_1F|\cdot|P_2F|$$

证　设抛物线的方程为

$$y^2=2px$$

点 P_1,P_2,P 的坐标分别为 $(x_1,y_1),(x_2,y_2),(a,b)$,于是 $P_1(x_1,y_1),P_2(x_2,y_2)$ 满足方程组

$$\begin{cases}by=2p\left(\frac{x+a}{2}\right)\\y^2=2px\end{cases}$$

消去 y 得

$$p^2x^2+(2p^2a-2pb^2)x+p^2a^2=0$$

这个方程的两个根 x_1,x_2 就是 P_1,P_2 两点的横坐标,根据方程根与系数的关系有

$$x_1+x_2=\frac{2(b^2-ap)}{p},x_1x_2=a^2$$

因为焦点半径

$$|P_1F|=\left|x_1+\frac{p}{2}\right|$$

$$|P_2F|=\left|x_2+\frac{p}{2}\right|$$

所以

$$\begin{aligned}|P_1F|\cdot|P_2F|&=\left|\left(x_1+\frac{p}{2}\right)\left(x_2+\frac{p}{2}\right)\right|\\&=\left|x_1x_2+\frac{p}{2}(x_1+x_2)+\frac{p^2}{4}\right|\\&=\left|a^2+(b^2-ap)+\frac{p^2}{4}\right|\\&=\left|\left(a-\frac{p}{2}\right)^2+b^2\right|\\&=\left(a-\frac{p}{2}\right)^2+b^2\end{aligned}$$

又因为

$$\begin{aligned}|PF|^2&=\left(\sqrt{\left(a-\frac{p}{2}\right)^2+(b-0)^2}\right)^2\\&=\left(a-\frac{p}{2}\right)^2+b^2\end{aligned}$$

故 $$|PF|^2=|P_1F|\cdot|P_2F|$$

习　题　三

1. 求证:从椭圆的一个焦点引任一切线的垂线和联结中心及切点的直线,相交于和这个焦点相应的准线上.

2. 从椭圆 $b^2x^2+a^2y^2=a^2b^2$ 上除四个顶点外的任

意一点引切线和法线，求证：它们在 X 轴上的截距的乘积等于常数 a^2-b^2，而在 Y 轴上截距的乘积等于常数 b^2-a^2.

3. 若椭圆 $b^2x^2+a^2y^2=a^2b^2$ 的长轴长 $2a$ 为定值，而短轴长 $2b$ 有各种不同的值，求证：在随 b 而变的这些椭圆上，过横坐标相同的点的切线都交于 X 轴上的同一点.

4. 从椭圆上任意点 P 引切线和法线交长轴所在直线于 T 和 N，又从椭圆的中心 O 引切线的垂线，垂足为 Q，若 a 为长半轴长，求证

$$|OQ|\cdot|PN|+|OT|\cdot|ON|=a^2$$

5. 从椭圆上任意点 P 引切线和法线交长轴所在直线于 T 和 N，交短轴所在直线于 T' 和 N'，求证

$$|PT|\cdot|PT'|=|PN|\cdot|PN'|$$

6. 从中心为 O 的椭圆上任意点 P 引切线和法线，若它们分别和长轴所在直线相交于 T 和 N，又交短轴所在的直线于 T' 和 N'，再从点 P 分别作长轴和短轴的垂线，垂足为 S 和 S'，求证

$$|ST|\cdot|SN|+|S'T'||S'N'|=|OP|^2$$

7. 从中心为 O 的椭圆上任意点 P 引切线交长轴所在直线于 T，从 P 作长轴的垂线，垂足为 S，若从椭圆的两个焦点 F 和 F' 引切线的垂线，垂足分别为 E 和 E'，求证：$|OS|\cdot|OT|-|FE|\cdot|F'E'|$ 是定值.

8. 求证：斜率为 k 并且和椭圆 $b^2x^2+a^2y^2=a^2b^2$ 相切的直线方程是 $y=kx\pm\sqrt{a^2k^2+b^2}$.

9. 一条动直线恒与一椭圆相切，从一焦点引这条切线的垂线，求垂足的轨迹.

10. 在椭圆的准线上任取一点，经过这点引椭圆的

两条切线，求证：切点弦经过焦点.

11. 证明：在椭圆上经过焦点弦两端点的切线相交于相应的准线上.

12. 在椭圆通径的延长线上任取一点，从这点引椭圆的两条切线，求证：切点弦经过轴和准线的交点.

13. 经过椭圆的轴和一条准线的交点引椭圆的两条切线，求证：两个切点的联结线段就是椭圆的通径.

14. 设 AB 为椭圆的任一焦点弦，经过这焦点作 AB 的垂线交相应的准线于点 P，求证：PA，PB 都和椭圆相切.

15. 过椭圆上任意一弦的两端点引椭圆的切线，求证：这两条切线相交于平分这条弦的直径的延长线上.

16. 过椭圆 $b^2x^2+a^2y^2=a^2b^2$ 长轴的两端点 A 和 A' 的切线分别与另一任意切线相交于 C 和 C'，求证

$$|AC|\cdot|A'C'|=b^2$$

17. 过椭圆的共轭直径的四个端点的切线组成一个四边形，求证：这四边形的面积是定值.

18. 求证：斜率为 k 并且和双曲线 $b^2x^2-a^2y^2=a^2b^2$ 相切的直线方程是 $y=kx\pm\sqrt{a^2k^2-b^2}$.

19. 求证：双曲线 $b^2x^2-a^2y^2=a^2b^2$ 任一切线的斜率 k 都满足

$$k>\frac{b}{a}\text{ 或 }k<-\frac{b}{a}$$

20. 求从焦点到双曲线各切线所引垂线的垂足的轨迹.

21. 求从中心到双曲线各切线所引垂线的垂足的轨迹.

22. 求双曲线互相垂直的两切线交点的轨迹.

23. 求证:双曲线和它共轭双曲线不能有公切线.

24. 在有共同顶点的各双曲线上,过垂直于实轴的一直线与各双曲线的交点分别引双曲线的切线,求证:各切线相交于实轴上的同一点.

25. 求经过双曲线的焦点而切于其共轭双曲线的切线方程.

26. 双曲线的中心为 O,过其上任意一点 P 引切线和法线,分别交实轴所在直线于 T 和 N,又从 P 作实轴的垂线,垂足为 S. 求证: $|OT|\cdot(|ON|-|OS|)$ 是定值.

27. 双曲线的中心为 O,过其上任意一点 P 引切线和法线,而法线交实轴和虚轴于 N 和 N',又从中心到切线的距离为 $|OQ|$,求证: $|OQ|\cdot(|PN'|-|PN|)$ 是定值.

28. 求证:从双曲线的两个焦点到任意切线距离的乘积是定值.

29. 双曲线的两个焦点为 F 和 F',过双曲线上任意一点 P 的切线分别与实轴、虚轴相交于 T 和 T',过点 P 的法线分别交实轴、虚轴于 N 和 N',求证

$$|PT|\cdot|PT'|=|PN|\cdot|PN'|=|PF|\cdot|PF'|$$

30. 双曲线的中心为 O,任一切线交渐近线于 A 和 B,求证: $|OA|\cdot|OB|$ 是定值.

31. 若双曲线上过点 P 的切线交共轭双曲线于 A, B,求证

$$|PA|=|PB|$$

32. 双曲线的焦点为 F 和 F',从双曲线上任意一点 P 引切线 PT,从 F 引 PT 的垂线交 PF' 于 H,求证: $F'H$ 的长等于双曲线的实轴长.

33. 双曲线的焦点为 F 和 F'，一任意切线与过两顶点的切线交于 P 和 P'，求证：$\angle PFP'$ 与 $\angle PF'P'$ 都是直角.

34. 双曲线的一焦点为 F，过这焦点引通径，其一端为 P，再过 P 引切线 PT，在双曲线上任取一点 Q，过 Q 作实轴的垂线分别交实轴和切线于 M,N，求证：$|FQ|=|MN|$.

35. 求证：在双曲线一直径两端点的切线互相平行，并且平行于它的共轭直径.

36. 求证：在两共轭双曲线的共轭直径的端点的切线所成的四边形的面积是一个定值.

37. 过双曲线上任意一弦的两端点各引切线，求证：这两条切线相交于平分这条弦的直径的延长线上.

38. 求证：斜率为 k 并与抛物线 $y^2=2px$ 相切的直线的方程是

$$y=kx+\frac{p}{2k}$$

39. 图 39 中，过抛物线上一点 P 引切线交 X 轴于 T，并交准线于 L，过点 P 的法线交 X 轴于 N，过点 P 引 X 轴的平行线交准线于 Q，过焦点 F 引 X 轴的垂线交切线于 E，求证：

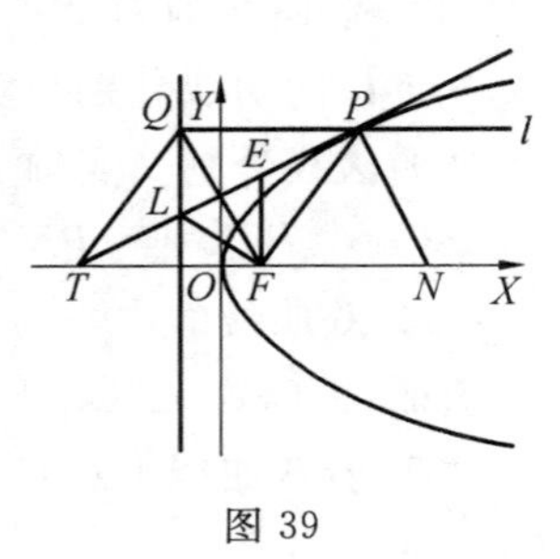

图 39

(1) 四边形 $PQTF$ 是菱形；

(2) 四边形 $PQFN$ 是平行四边形；

(3) $\triangle LFE$ 是等腰三角形.

40. 抛物线上任意一点 P 的切线交准线于 L，求证：焦点半径 PF 垂直于 LF.

41. 抛物线上任意一点 P 的切线与过顶点 O 的切线及准线分别相交于 T 和 L，求证：焦点半径 $|PF|$ 是 $|PT|$ 与 $|PL|$ 的比例中项.

42. 从抛物线的准线上的任意一点引抛物线的两条切线，求证：这两条切线互相垂直.

43. 求抛物线上互相垂直的两切线交点的轨迹.

44. P,Q,R 为抛物线 $y^2=2px$ 上的三点，它们的纵坐标成等比数列，过 R,P 两点各引抛物线的切线相交于 M，求证：MQ 垂直于这条抛物线的轴.

45. P,Q 为抛物线上的任意两点，过 P,Q 各引切线相交于 T，求证：自 P,T,Q 至抛物线上任意一条切线的距离成等比数列.

46. 证明：以抛物线的任一焦点半径为直径的圆与过抛物线顶点的切线相切.

47. 证明：以抛物线的任一焦点弦为直径的圆与抛物线的准线相切.

48. 从抛物线的轴上任取与焦点的距离相等的两点，求证：这两点到抛物线任一切线的距离的平方差是定值.

49. 抛物线的任一切线交它的轴于 M，而交过顶点 O 的切线于 N，以 OM,ON 为邻边作矩形 $MONP$，求证：点 P 的轨迹也是抛物线.

50. 抛物线与两条平行于它的轴的直线相交于 A，B，过 A,B 各引抛物线的切线相交于 P，若两平行线间的距离为定长 m，求证：$\triangle APB$ 的面积为定值.

圆锥曲线的作图

第六章

关于曲线和方程有两类基本的问题：

(1) 已知曲线，求它的方程；

(2) 已知方程，画它的曲线.

前面我们已经介绍了已知圆锥曲线怎样求它的方程，并从方程中探讨了圆锥曲线的性质. 本章将介绍圆锥曲线的画图问题，并着重介绍几何作图（尺规作图）的方法，至于描点法，因为中学课本已有介绍，这里就省略了.

（一）作圆锥曲线上的点

1. 根据圆锥曲线的定义.

例 1 已知：线段 a 和 $c(a>c)$.

求作：一个椭圆，使它的长轴长为 $2a$，焦距为 $2c$.

作法 (1) 作线段 $F'F=2c$；

(2) 分别以 F,F' 为圆心，以 $t(a-c\leqslant t\leqslant a+c)$ 和 $2a-t$ 为半径画弧，交于 P_1,P_2 两点；

(3) 逐渐改变 t 的长度，用同样的方

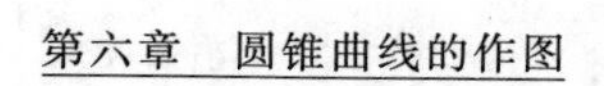

法画出 $P_3, P_4, \cdots$ 等点；

（4）用光滑的曲线联结各点，就得所求的椭圆.

即如图 40 所示.

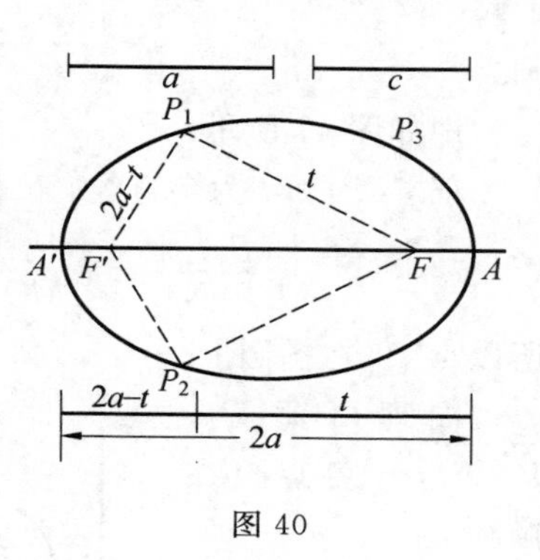

图 40

证　因为 F' 和 F 是两个定点，且 $|P_1F'|+|P_1F|=2a$，所以点 P_1 在椭圆上.

同理可证 $P_2, P_3, P_4, \cdots$ 各点也在椭圆上.

又因为 $|F'F|=2c$，且 $|A'A|=|A'F'|+|A'F|=2a$，故这个椭圆即为所求.

例 2　已知：一条定直线 l 和 l 外的一个定点 F，两线段 a 和 $c(a>c)$.

求作：一个椭圆，使它以 l 为准线，以 F 为焦点并且它的离心率为 $\frac{c}{a}$.

作法　（1）过 F 作 l 的垂线，交 l 于 M；

（2）内分 FM 成定比 $\frac{c}{a}$ 得分点 A，外分 FM 成定比 $\frac{c}{a}$ 得分点 A'；

（3）在线段 AA' 上取一点 Q_1，使 $MQ_1=k_1a$，过点 Q_1 作直线 l_1 平行于 l，再以 F 为圆心，以 k_1c 为半径作弧交 l_1 于 P_1 和 P_2；

（4）改变 k_1 的数值，用同样的方法画出 $P_3, P_4, P_5, P_6, \cdots$ 等点；

（5）用光滑的曲线顺势联结各点，就得所求的椭圆.

即如图 41 所示.

证 因为 l 为定直线，F 为定点，且

$$\frac{|P_1F|}{|P_1N|}=\frac{|P_1F|}{|MQ_1|}=\frac{c}{a}$$

所以点 P_1 在椭圆上.

同理可证 P_2，P_3，P_4，… 各点也在椭圆上.

故这个椭圆即为所求.

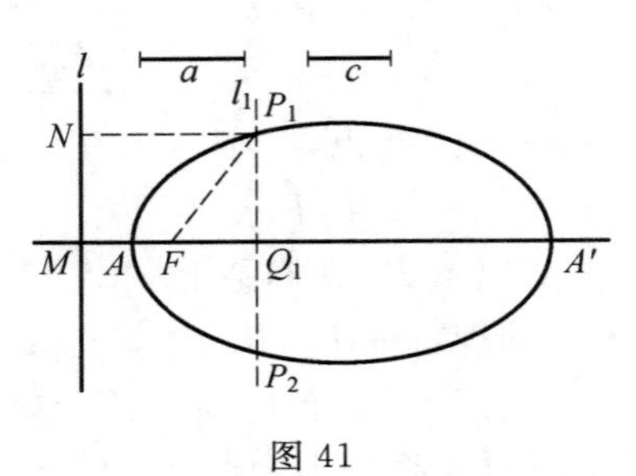

图 41

2. 根据圆锥曲线的参数方程.

例 3 已知：线段 a 和 b.

求作：一双曲线，使它的实轴长和虚轴长分别为 $2a$ 和 $2b$.

作法 (1) 任意画一条射线 OX，在 OX 上截取 $OA=a$，$OB=b$；

(2) 以 O 为圆心、OA 和 OB 为半径分别画两个同心圆圆 A 和圆 B；

(3) 过点 O 任意作离心角 $\angle XOM$，它的终边交圆 A 于 M_1；

(4) 过点 B 引圆 B 的切线交 OM 于 E，过 M_1 作圆 A 的切线交 OX 于 H；

(5) 过 E 和 H 分别作 OX 的平行线和垂线相交于 P_1，则 P_1 是双曲线上的一点；

(6) 改变 $\angle XOM$ 的大小，用同样的方法求双曲线

上的其他点 $P_2, P_3, \cdots$；

(7) 用光滑的曲线顺势联结各点，就得所求的双曲线.

即如图 42 所示.

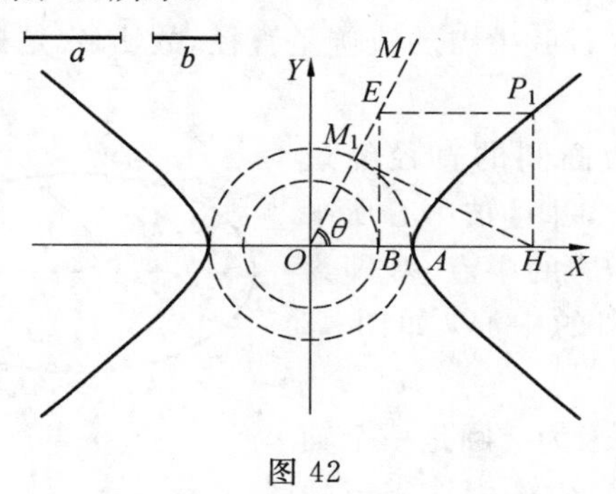

图 42

证　以 O 为原点，OX 为 X 轴作直角坐标系，设点 P_1 的坐标为 (x, y)，$\angle XOM = \theta$，则

$$x = OH = |OM_1| \sec\theta = a\sec\theta \quad (1)$$

$$y = HP_1 = |BE| = |OB| \tan\theta = b\tan\theta \quad (2)$$

由式(1) 和式(2) 消去 θ，得

$$\frac{x^2}{a^2} - \frac{y^2}{b^2} = 1$$

它是以 $2a$ 为实轴长、$2b$ 为虚轴长的双曲线，故即为所求.

(二) 作圆锥曲线的中心、轴线、焦点和准线

前面我们通过圆锥曲线的方程可以研究它的中心和焦点的位置、轴线和准线的方程，那么已知一条圆锥曲线能否利用几何作图的方法画出它的中心、轴线、焦点和准线呢？下面来介绍它们的作法.

例 4　已知：椭圆 (c).

求作:这个椭圆的中心、轴线、焦点和准线.

作法与证明

(1) 引椭圆的任意两条平行弦 DD' 和 EE',并引直线通过它们的中点 M,N,且交椭圆于 P,P'. 因为圆锥曲线平行弦中点的轨迹是直径,故 PP' 是椭圆的一条直径.

因为椭圆的直径经过它的中心,并且被中心所平分,故 PP' 的中点 O,即为所求椭圆的中心,如图 43 所示.

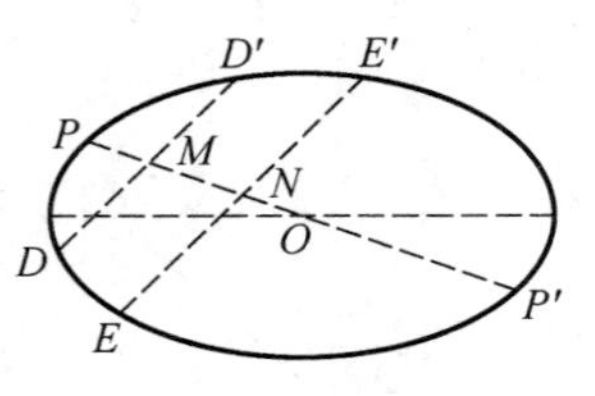

图 43

(2) 因为椭圆是一个轴对称图形,它的内接矩形的两邻边分别平行于椭圆的长轴和短轴,所以以中心 O 为圆心,以适宜的长为半径画圆与椭圆相交于 P_1,P_2,P_3,P_4,则四边形 $P_1P_2P_3P_4$ 是椭圆的内接矩形. 因此,过中心 O 引平行于 P_1P_2 的直径是椭圆的长轴,引平行于 P_2P_3 的直径是椭圆的短轴,如图 44 所示.

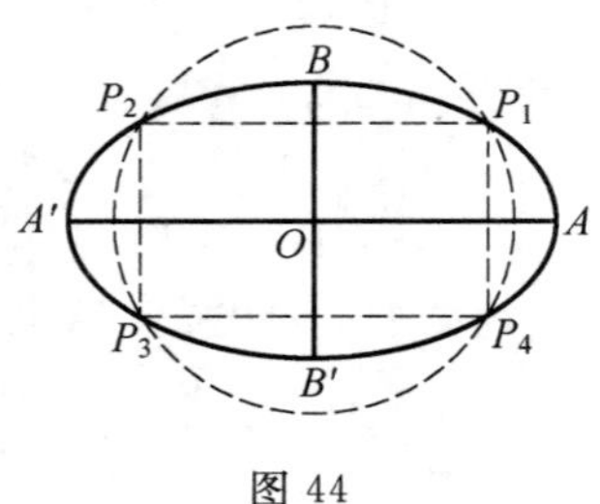

图 44

(3) 以椭圆的顶点 B 为圆心、半长轴 a 为半径画弧交长轴于 F' 和 F, 因为 $|OF'|=|OF|=\sqrt{|BF|^2-|OB|^2}=\sqrt{a^2-b^2}=c$.

所以 F' 和 F 是所求的焦点,如图 45 所示.

(4) 从焦点 F 作长轴的垂线 l_1,以 O 为圆心、a 为半径画弧,交垂线 l_1 于 D,过 D 作 OD 的垂线交 $A'A$ 于

G. 在 $\mathrm{Rt}\triangle ODG$ 中,DF 为弦上的高,故 $|OD|^2=|OF|\cdot|OG|$,因此 $|OG|=\frac{|OD|^2}{|OF|}=\frac{a^2}{c}$,过 G 作直线 l 垂直于 AA',则 l 是所求的准线,如图 46 所示.

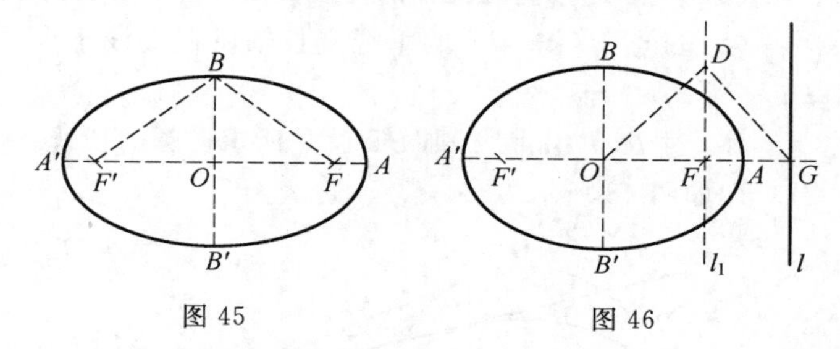

图 45　　　　图 46

(三)作圆锥曲线的切线

1. 过圆锥曲线上的已知点作切线.

例 5　已知:P 为椭圆上的一点.

求作:过点 P 的椭圆的切线.

作法 1　(1) 作椭圆的两个焦点 F',F,联结 PF' 与 PF;

(2) 作 $\angle F'PF$ 的平分线 PN;

(3) 过点 P 作 PN 的垂线 PT,则 PT 就是所求过点 P 的切线.

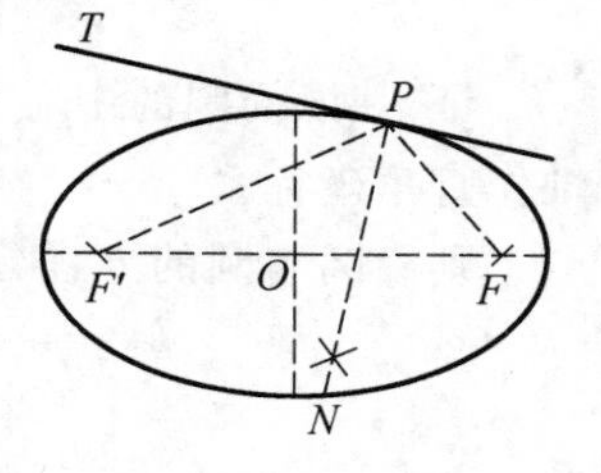

图 47

即如图 47 所示.

证　因为椭圆的法线平分过这点的两焦点半径的夹角,所以 PN 是椭圆上过点 P 的法线.

又因为 $PT\perp PN$,故 PT 是椭圆上过点 P 的切线.

作法 2 (1) 作椭圆的中心 O 及长轴 $A'A$；

(2) 以椭圆的中心 O 为圆心、半长轴 a 为半径作圆；

(3) 从点 P 作椭圆长轴的垂线交圆于点 P'；

(4) 过点 P' 作 OP' 的垂线交长轴所在直线于点 T；

(5) 过 P,T 引直线，则 PT 就是所求椭圆的切线.

即如图 48 所示.

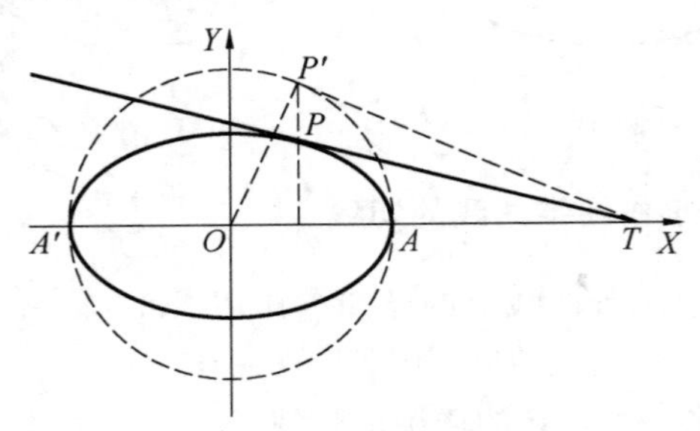

图 48

证 以椭圆的中心 O 为原点，长轴所在直线为 X 轴作直角坐标系.

则椭圆与圆的方程分别是

$$b^2x^2+a^2y^2=a^2b^2$$

$$x^2+y^2=a^2$$

设点 P 的坐标为 (x_1,y_1)，则点 P' 的坐标为 $\left(x_1,\frac{b}{a}y_1\right)$.

经过点 P' 的圆的切线 $P'T$ 的方程是

$$x_1x+\frac{b}{a}y_1y=a^2$$

因此点 T 的坐标是 $\left(\frac{a^2}{x_1},0\right)$.

则经过 P,T 的直线方程是

$$\frac{y}{x-\frac{a^2}{x_1}}=\frac{y_1}{x_1-\frac{a^2}{x_1}}$$

即 $x_1^2y_1x+(a^2-x_1^2)x_1y=a^2x_1y_1$.

方程两边同乘以$\frac{b^2}{x_1y_1}$,得

$$b^2x_1x+\frac{(a^2b^2-b^2x_1^2)}{y_1}y=a^2b^2$$

故 $b^2x_1x+a^2y_1y=a^2b^2$.

因此,PT 是椭圆的切线.

2.过圆锥曲线外一已知点作切线.

例 6　已知:P 为椭圆外一点.

求作:过点 P 的椭圆的切线.

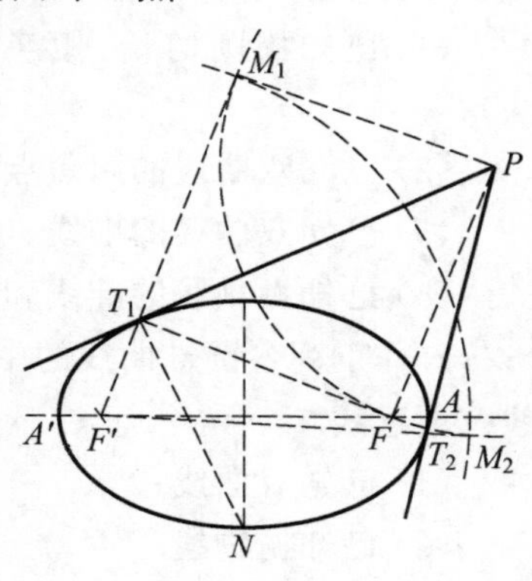

图 49

作法　(1) 作椭圆的焦点 F' 和 F 及长轴 $A'A$;

(2) 以点 P 为圆心,PF 为半径画圆 P;

(3) 以 F' 为圆心,以长轴 AA' 为半径画弧交圆 P 于 M_1 和 M_2;

(4) 联结 $F'M_1$ 和 $F'M_2$ 分别交椭圆于 T_1 和 T_2;

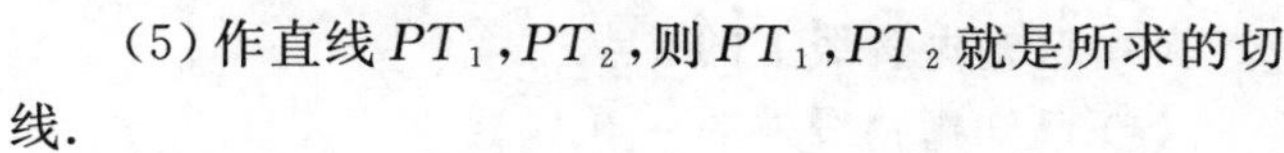

(5) 作直线 PT_1,PT_2,则 PT_1,PT_2 就是所求的切线.

即如图 49 所示.

证　联结 PM_1,PF 和 T_1F,再作 $\angle F'T_1F$ 的平

分线 T_1N，则 T_1N 是椭圆上过点 T_1 的法线.

因为 $\triangle PT_1M_1 \cong \triangle PT_1F(PM_1 = PF, PT_1 = PT_1, T_1M_1 = T_1F)$，所以 $\angle PT_1F = \angle PT_1M_1$，又因为 $\angle F'T_1N = \angle FT_1N$，故 $\angle NT_1P = 90°$，从而 $PT_1 \perp T_1N$.

故 PT_1 是椭圆的切线，同理可证 PT_2 也是椭圆的切线.

习　题　四

1. 作下列各圆锥曲线.

(1) 已知椭圆的长、短半轴长（与例 1 不同的方法）；

(2) 已知双曲线的两焦点和实轴；

(3) 已知双曲线的准线、焦点和离心率；

(4) 已知抛物线的准线和焦点.

2. 作下列各圆锥曲线的中心、顶点、轴线、焦点、准线及渐近线.

(1) 已知双曲线；

(2) 已知抛物线.

3. 作下列各圆锥曲线的切线.

(1) 已知双曲线上的一点；

(2) 已知双曲线外的一点；

(3) 已知抛物线上的一点；

(4) 已知抛物线外的一点.

4. 解下列各题.

(1) 已知两定点 F' 和 F，以 F' 为圆心，$2a$ 长为半

径作圆($2a > F'F$),在圆上任取一点 Q,作 FQ 的垂直平分线交 $F'Q$ 于 P,求证:点 P 在以 F' 和 F 为焦点且长轴长等于 $2a$ 的椭圆上,并用这个方法画出椭圆.

(2) 已知两定点 F' 和 F,以 F' 为圆心,$2a$ 长为半径作圆($2a < F'F$),在圆上任取一点 Q,作 FQ 的垂直平分线交 $F'Q$ 于 P,求证:点 P 在以 F' 和 F 为焦点且实轴长为 $2a$ 的双曲线上,并用这个方法画出双曲线.

(3) 已知一定直线 l 和 l 外一定点 F,在 l 上任取一点 Q,作 FQ 的垂直平分线交过点 Q 且垂直于 l 的直线于点 P,求证:点 P 在以点 F 为焦点、以 l 为准线的抛物线上,并用这个方法画出抛物线.

圆锥曲线通论

第七章

在前几章中我们知道，善于选择坐标系可以使曲线方程的推导变得容易，形式变得简单.然而，事物常常受到多种条件的制约，因此，有时已经选定的坐标系却不便用来研究某些轨迹，这样就必须探讨一下当坐标系变换时曲线方程是怎样变化的.由于曲线都是符合某种规律的动点的轨迹，因此首先应当研究点的坐标是如何变换的，我们把表达任意点的新旧坐标间关系的公式叫作坐标变换公式.

(一) 坐标变换公式

1. 平移公式.

我们先来观察一种特殊情形：当新的直角坐标系 $X'O'Y'$ 与原坐标系 XOY 的对应坐标轴都是同向平行时，坐标系 $X'O'Y'$ 可以由 XOY 经过平行移动而得到，因此这种坐标变换叫作平移.下面介绍平移公式.

设 P 为平面上任意一点，它在坐标

系 XOY 中的坐标为 (x,y)，在坐标系 $X'O'Y'$ 中的坐标为 (x',y')，新坐标系的原点在原坐标系中的坐标是 (x_0,y_0). 过 P 作 $PM\perp OX$，垂足为 M，而交 $O'X'$ 于 M'，如图 50 所示. 则

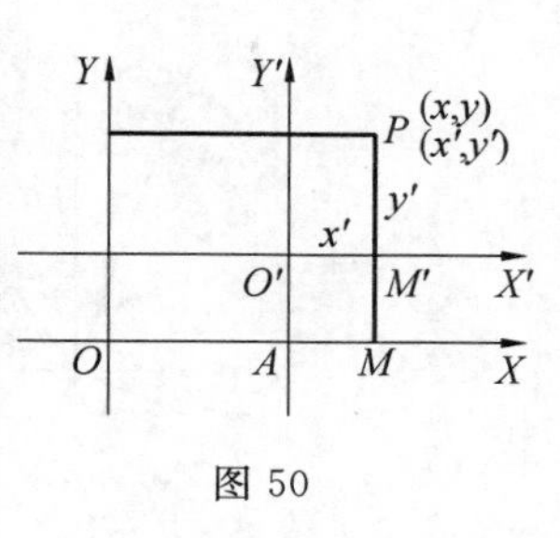

图 50

$$x=OM=OA+AM=OA+O'M'=x_0+x'$$

$$y=MP=MM'+M'P=AO'+M'P=y_0+y'$$

所以

$$\begin{cases}x=x'+x_0\\y=y'+y_0\end{cases}\tag{1}$$

或

$$\begin{cases}x'=x-x_0\\y'=y-y_0\end{cases}\tag{2}$$

2. 转轴公式.

坐标变换除了平移外，还有一种重要的情形，就是新坐标系的原点 O' 合于原坐标系的原点 O，并且 X' 和 Y' 两个坐标轴的转向是相同的. 这时一个坐标系可以由另一个坐标系绕着它们的公共原点旋转而得到，因此这种坐标变换叫作转轴. 下面介绍转轴公式.

设 P 为平面上任意一点，它在坐标系 XOY 中的坐标为 (x,y)，在坐标系 $X'O'Y'$ 中的坐标为 (x',y')，新坐标系是由原坐标系依逆时针的方向绕着原点旋转一个角度 α 而得到的，如图 51 所示. 又设 $OP=r$，则

$$x=r\cos\theta,y=r\sin\theta$$

$$x'=r\cos\theta',y'=r\sin\theta'$$

因为　　$\theta=\theta'+\alpha$

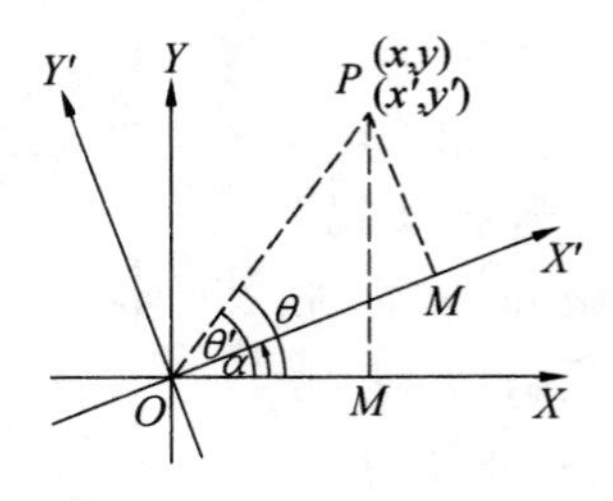

图 51

所以

$$x=r\cos(\theta'+\alpha)=r(\cos\theta'\cos\alpha-\sin\theta'\sin\alpha)$$
$$=x'\cos\alpha-y'\sin\alpha$$
$$y=r\sin(\theta'+\alpha)=r(\sin\theta'\cos\alpha+\cos\theta'\sin\alpha)$$
$$=x'\sin\alpha+y'\cos\alpha$$

所以

$$\begin{cases}x=x'\cos\alpha-y'\sin\alpha\\y=x'\sin\alpha+y'\cos\alpha\end{cases}\tag{1}$$

由式(1) 可解得

$$\begin{cases}x'=x\cos\alpha+y\sin\alpha\\y'=-x\sin\alpha+y\cos\alpha\end{cases}\tag{2}$$

公式(1) 与(2) 可利用表 5 帮助记忆,这表横读便是公式(1),竖读便是公式(2).

表 5

	x'	y'
x	$\cos\alpha$	$-\sin\alpha$
y	$\sin\alpha$	$\cos\alpha$

3. 坐标变换的一般公式.

现在来看坐标变换的一般情形,设 XOY,$X''O'Y''$ 是两个坐标系. 新坐标系 $X''O'Y''$ 的原点在旧坐标系中

的坐标为(x_0,y_0)，X 轴到 X'' 轴的转角为θ.

这样一个坐标系的变换可以看成是由两步达到的：第一步作平移，把坐标系原点移到(x_0,y_0)处；第二步再作转轴，把坐标系绕新原点旋转θ角.设平移后的坐标系为$O'X'Y'$，转轴后的坐标系为$X''O'Y''$，如图52所示.而(x,y)，(x',y')，(x'',y'')分别是点M在坐标系XOY，$X'O'Y'$，$X''O'Y''$的坐标，则

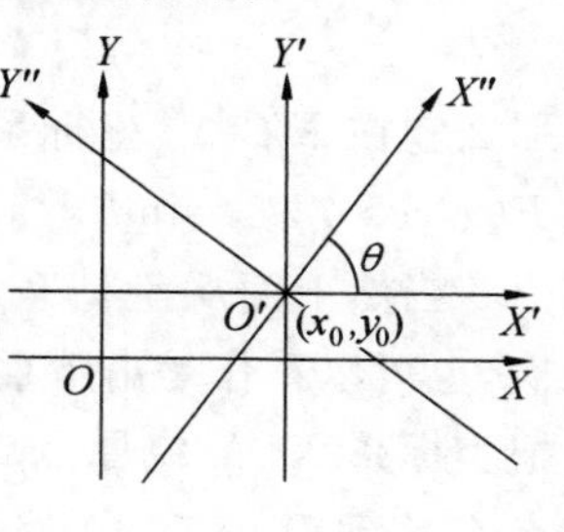

图 52

$$\begin{cases}x=x'+x_0\\y=y'+y_0\end{cases}$$

又
$$\begin{cases}x'=x''\cos\theta-y''\sin\theta\\y'=x''\sin\theta+y''\cos\theta\end{cases}$$

于是有

$$\begin{cases}x=x''\cos\theta-y''\sin\theta+x_0\\y=x''\sin\theta+y''\cos\theta+y_0\end{cases}$$

这是用新坐标表示旧坐标的公式，反过来有

$$\begin{cases}x'=x-x_0\\y'=y-y_0\end{cases}$$

又
$$\begin{cases}x''=x'\cos\theta+y'\sin\theta\\y''=-x'\sin\theta+y'\cos\theta\end{cases}$$

于是有

$$\begin{cases}x''=(x-x_0)\cos\theta+(y-y_0)\sin\theta\\y''=-(x-x_0)\sin\theta+(y-y_0)\cos\theta\end{cases}$$

这是用旧坐标来表示新坐标的公式.

从上面坐标变换的一般公式中可知：若一曲线在

XOY 坐标系中的方程是

$$F(x,y)=0$$

那么它在 $X''O'Y''$ 坐标系中的方程是

$$F(x''\cos\theta-y''\sin\theta+x_0,x''\sin\theta+y''\cos\theta+y_0)=0$$

当然上面从坐标系 XOY 到坐标系 $X''O'Y''$ 的变换，也可以看作是由下面两步达到的：第一步作转轴，把坐标系 XOY 绕原点旋转 θ 角；第二步作平移，把原点 O 移到 $O'(x_0,y_0)$ 处，并使 $O'X''$ 轴平行于 OX' 轴，$O'Y''$ 轴平行 OY' 轴. 读者可练习推导它的新旧坐标间的变换公式.

(二) 一般二次方程的化简

我们研究坐标变换的主要目的，是把一般二元二次方程

$$F(x,y)=Ax^2+Bxy+Cy^2+Dx+Ey+F=0$$

化为圆锥曲线的标准形式，便于研究它的性质和作图.

下面介绍两个定理.

定理一 要消去一般二元二次方程

$$F(x,y)=Ax^2+Bxy+Cy^2+Dx+Ey+F=0$$

的 xy 项，可以把坐标轴旋转一个角 θ，使适合

$$\cot 2\theta=\frac{A-C}{B}$$

证 把转轴公式

$$\begin{cases}x=x'\cos\theta-y'\sin\theta\\y=x'\sin\theta+y'\cos\theta\end{cases}$$

代入方程 $F(x,y)=0$，得

$A(x'\cos\theta-y'\sin\theta)^2+B(x'\cos\theta-y'\sin\theta)(x'\sin\theta+y'\cos\theta)+C(x'\sin\theta+y'\cos\theta)^2+$

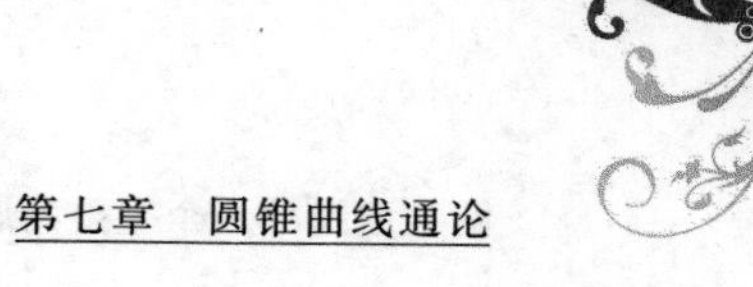

$D(x'\cos\theta - y'\sin\theta) + E(x'\sin\theta + y'\cos\theta) + F = 0$

经整理后，设所得新方程为

$$F'(x'y') = A'x'^2 + B'x'y' + C'y'^2 + D'x' + E'y' + F' = 0$$

这里

$$A' = A\cos^2\theta + B\sin\theta\cos\theta + C\sin^2\theta \tag{1}$$

$$B' = -2(A-C)\sin\theta\cos\theta + B(\cos^2\theta - \sin^2\theta) \tag{2}$$

$$C' = A\sin^2\theta - B\sin\theta\cos\theta + C\cos^2\theta \tag{3}$$

$$D' = D\cos\theta + E\sin\theta \tag{4}$$

$$E' = -D\sin\theta + E\cos\theta \tag{5}$$

$$F' = F \tag{6}$$

要消去 $x'y'$ 项，可令 $B' = 0$，即

$$-2(A-C)\sin\theta\cos\theta + B(\cos^2\theta - \sin^2\theta) = 0$$

所以 $$B\cos 2\theta = (A-C)\sin 2\theta$$

所以 $$\cot 2\theta = \frac{A-C}{B}$$

定理二　要消去一般二元二次方程

$$F(x,y) = Ax^2 + Bxy + Cy^2 + Dx + Ey + F = 0$$

的一次项，可把坐标轴平移，使新原点为

$$\left(\frac{2CD-BE}{B^2-4AC}, \frac{2AE-BD}{B^2-4AC}\right) \quad (B^2 - 4AC \neq 0)$$

证　把平移公式

$$\begin{cases} x = x' + x_0 \\ y = y' + y_0 \end{cases}$$

代入方程 $F(x,y) = 0$，得

$A(x'+x_0)^2 + B(x'+x_0)(y'+y_0) + C(y'+y_0)^2 + D(x'+x_0) + E(y'+y_0) + F = 0$

经整理后，设所得新方程为

$$A'x'^2 + B'x'y' + C'y'^2 + D'x' + E'y' + F' = 0$$

这里

$$A'=A,B'=B,C'=C \tag{7}$$

$$D'=2Ax_0+By_0+D \tag{8}$$

$$E'=Bx_0+2Cy_0+E \tag{9}$$

$$F'=Ax_0^2+Bx_0y_0+Cy_0^2+Dx_0+Ey_0+F \tag{10}$$

要消去一次项,可令 $D'=0,E'=0$,即

$$\begin{cases}2Ax_0+By_0+D=0\\ Bx_0+2Cy_0+E=0\end{cases}$$

解这个关于 x_0,y_0 的一次方程组,在 $B^2-4AC\neq 0$ 的条件下,得

$$x_0=\frac{2CD-BE}{B^2-4AC},y_0=\frac{2AE-BD}{B^2-4AC}$$

故新原点的坐标为$\left(\frac{2CD-BE}{B^2-4AC},\frac{2AE-BD}{B^2-4AC}\right)$.

从前面定理一的证明过程中所得到的关系式容易推知,转轴时有三个不变式,它们是

(1)+(3),得

$$A'+C'=A+C \tag{11}$$

$(2)^2-4(1)\cdot(3)$,得

$$B'^2-4A'C'=B^2-4AC\quad(其中\ B'=0) \tag{12}$$

$$F'=F \tag{6}$$

为了更便利地求出 A' 和 C',我们准备再导出 $A'-C'$ 的公式.

由(1)-(3) 得

$$\begin{aligned}A'-C'&=(A-C)\cos 2\theta+B\sin 2\theta\\&=(A-C)\cdot\frac{A-C}{\pm\sqrt{(A-C)^2+B^2}}+\\&\quad B\cdot\frac{B}{\pm\sqrt{(A-C)^2+B^2}}\end{aligned}$$

$$=\pm\sqrt{(A-C)^2+B^2}$$

如果我们规定转轴时，旋转一个正锐角θ，那么

$$\sin 2\theta=\frac{B}{\pm\sqrt{(A-C)^2+B^2}}>0$$

于是$A'-C'=\pm\sqrt{(A-C)^2+B^2}$中的“$\pm$”取与$B$同号.

从定理二的证明过程中所得到的关系式可知，平移时也有四个不变式，它们是

$$A'=A, B'=B, C'=C$$

和

$$B'^2-4A'C'=B^2-4AC$$

并且为了更便利地求出F'，我们作如下的推导：

把(8)·x_0＋(9)·y_0－2(10)，得

$$2F'=Dx_0+Ey_0+2F$$

并把x_0，y_0的值代入上式，化简整理得

$$F'=-\frac{4ACF-B^2F-AE^2-CD^2+BDE}{B^2-4AC}=-\frac{\Theta}{\Delta}$$

其中，$\Theta=\frac{1}{2}\begin{vmatrix}2A & B & D\\ B & 2C & E\\ D & E & 2F\end{vmatrix}$，$\Delta=B^2-4AC$.

我们把Θ称为大判别式，Δ称为小判别式.

对于Θ的三阶行列式可按下述方法记忆：

(1) 把二元二次方程的系数A,B,C,D,E,F按照1个、2个、3个的次序照阶梯形式排成三行，如

$$\begin{vmatrix}A & & \\ B & C & \\ D & E & F\end{vmatrix}$$

(2) 以主对角线ACF为对称轴，对称地补出其他三元素，如

$$\begin{vmatrix} A & B & D \\ B & C & F \\ C & E & F \end{vmatrix}$$

(3) 把主对角线上各元素均乘以 2,即得

$$\Theta=\frac{1}{2}\begin{vmatrix} 2A & B & D \\ B & 2C & E \\ D & E & 2F \end{vmatrix}$$

利用这个三阶行列式,可以帮助我们掌握求 x_0,y_0 的公式,因为方程组

$$\begin{cases}2Ax_0+By_0+D=0 \\ Bx_0+2Cy_0+E=0\end{cases}$$

的系数,依序恰与 Θ 的第一、第二行的元素相同. 而

$$F'=\frac{1}{2}(Dx_0+Ey_0+2F)$$

的系数,恰与 Θ 的第三行元素相同.

值得注意的是,应用上面的关系式时,要在 $B^2-4AC\neq 0$ 的前提下,否则这些关系式都无效. 因此,我们在对一般二元二次方程化简时,应先计算小判别式,以便确定移轴与转轴的前后顺序.

由于把平移公式代入二元二次方程与把转轴公式代入二元二次方程的恒等变形过程中,前者比后者要简单些. 从这一角度上着眼,化简一般二元二次方程时,应先进行坐标轴的平移变换,然后再进行坐标轴旋转的变换. 但因为平移坐标轴时,新原点(x_0,y_0) 的计算公式在 $B^2-4AC=0$ 时不存在. 因此,我们得出移轴与转轴顺序如下:

当 $B^2-4AC\neq 0$ 时,可先平移而后转轴;

当 $B^2-4AC=0$ 时,应先转轴而后平移.

例 1　作曲线 $5x^2+6xy+5y^2+22x-6y+21=0$,并求它的顶点与焦点的坐标及准线的方程.

解　这里 $A=5,B=6,C=5,D=22,E=-6,F=21$.

$$\Delta=B^2-4AC=6^2-4\cdot5\cdot5=-64<0$$

$$\Theta=\frac{1}{2}\begin{vmatrix}10 & 6 & 22\\ 6 & 10 & -6\\ 22 & -6 & 42\end{vmatrix}$$

把坐标轴平移,将新原点移到 $O'(x_0,y_0)$,并使 x_0,y_0 满足方程组

$$\begin{cases}10x_0+6y_0+22=0\\ 6x_0+10y_0-6=0\end{cases}$$

解这个方程组,得 $x_0=-4,y_0=3$.

于是 $F'=\frac{1}{2}(22x_0-6y_0+42)=\frac{1}{2}(-88-18+42)=-32$.

故平移后的方程为

$$5x'^2+6x'y'+5y'^2-32=0$$

再把坐标轴旋转正锐角 θ,使 θ 满足

$$\cot 2\theta=\frac{A-C}{B}=\frac{5-5}{6}=0$$

所以　$$2\theta=90^\circ,\theta=45^\circ$$

又　$$A''+C''=A'+C'=10$$

$$A''-C''=\sqrt{(A-C)^2+B^2}=\sqrt{0+36}=6$$

所以　$$A''=8,C''=2$$

故转轴后的方程为

$$8x''^2+2y''^2-32=0$$

即　$$\frac{x''^2}{4}+\frac{y''^2}{16}=1$$

这是椭圆的方程,曲线如图 53 所示.

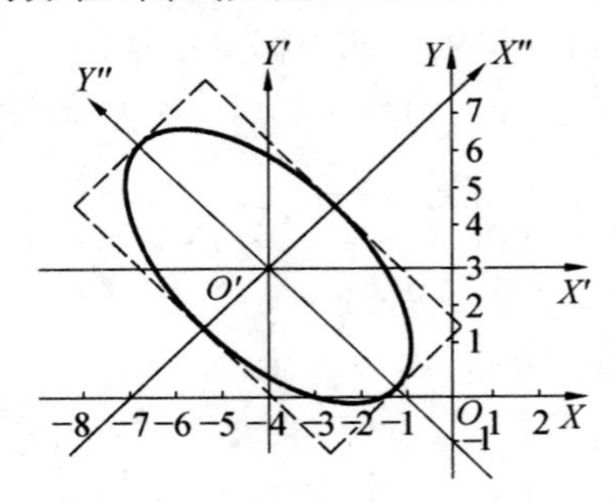

图 53

在坐标系 $X''O'Y''$ 下,椭圆的顶点为 $A(0,4)$,$A'(0,-4)$ 和 $B(2,0)$,$B'(-2,0)$,焦点为 $F(0,2\sqrt{3})$,$F'(0,-2\sqrt{3})$,把它们分别代入坐标变换关系式,得

$$\begin{cases} x=x'-4=x''\cos 45^\circ-y''\sin 45^\circ=\dfrac{\sqrt{2}}{2}(x''-y'')-4 \\ y=y'+3=x''\sin 45^\circ+y''\cos 45^\circ=\dfrac{\sqrt{2}}{2}(x''+y'')+3 \end{cases}$$

得在坐标系 XOY 下,椭圆的顶点及焦点坐标分别为

$$A(-4-2\sqrt{2},3+2\sqrt{2})$$

$$A'(-4+2\sqrt{2},3-2\sqrt{2})$$

$$B(-4+\sqrt{2},3+\sqrt{2}),B'(-4-\sqrt{2},3-\sqrt{2})$$

$$F(-4-\sqrt{6},3+\sqrt{6}),F'(-4+\sqrt{6},3-\sqrt{6})$$

又在坐标系 $X''O'Y''$ 下,椭圆的准线方程分别为

$$l:y''=\frac{16}{2\sqrt{3}}=\frac{8}{\sqrt{3}},l':y''=-\frac{16}{2\sqrt{3}}=-\frac{8}{\sqrt{3}}$$

把它们分别代入坐标变换关系式

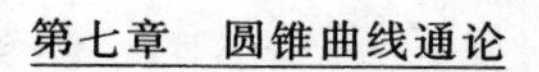

$$\begin{cases} x''=x'\cos 45^\circ+y'\sin 45^\circ=\dfrac{\sqrt{2}}{2}(x+4)+ \\ \qquad \dfrac{\sqrt{2}}{2}(y-3)=\dfrac{\sqrt{2}}{2}(x+y+1) \\ y''=-x'\sin 45^\circ+y'\cos 45^\circ=-\dfrac{\sqrt{2}}{2}(x+4)+ \\ \qquad \dfrac{\sqrt{2}}{2}(y-3)=\dfrac{\sqrt{2}}{2}(-x+y-7) \end{cases}$$

得在坐标系 OXY 下，准线方程分别为

$$l:\frac{\sqrt{2}}{2}(-x+y-7)=\frac{8}{\sqrt{3}}$$

$$l':\frac{\sqrt{2}}{2}(-x+y-7)=-\frac{8}{\sqrt{3}}$$

即

$$l:3x-3y+(21+8\sqrt{6})=0$$

$$l':3x-3y+(21-8\sqrt{6})=0$$

例 2　作曲线 $5x^2+12xy-22x-12y-19=0$，并求它的顶点、焦点的坐标及准线和渐近线的方程.

解　因为 $B^2-4AC=12^2-0=144>0$，所以先平移、后旋转来化简方程.

平移坐标轴，使新原点为 $O'(x_0,y_0)$ 并满足方程组

$$\begin{cases} 10x_0+12y_0-22=0 \\ 12x_0-12=0 \end{cases}$$

解这个方程组，得

$$x_0=1,y_0=1$$

于是

$$F'=\frac{1}{2}(-22x_0-12y_0-38)$$

$$=\frac{1}{2}(-22-12-38)=-36$$

故平移后的新方程为

$$5x'^2+12x'y'-36=0$$

再旋转坐标轴，使 $\cot 2\theta=\frac{A-C}{B}=\frac{5-0}{12}=\frac{5}{12}$，所以

$$\cos 2\theta=\frac{5}{13}$$

所以

$$\sin\theta=\sqrt{\frac{1-\cos 2\theta}{2}}=\sqrt{\frac{1-\frac{5}{13}}{2}}=\frac{2}{\sqrt{13}}$$

$$\cos\theta=\frac{3}{\sqrt{13}}$$

又 $$A''+C''=A'+C'=5$$

$$A''-C''=\sqrt{(A-C)^2+B^2}=\sqrt{5^2+12^2}=13$$

所以 $A''=9, C''=-4$

故转轴后的方程为

$$9x''^2-4y''^2-36=0$$

即 $$\frac{x''^2}{4}-\frac{y''^2}{9}=1$$

这是双曲线的方程，它的曲线如图 54 所示.

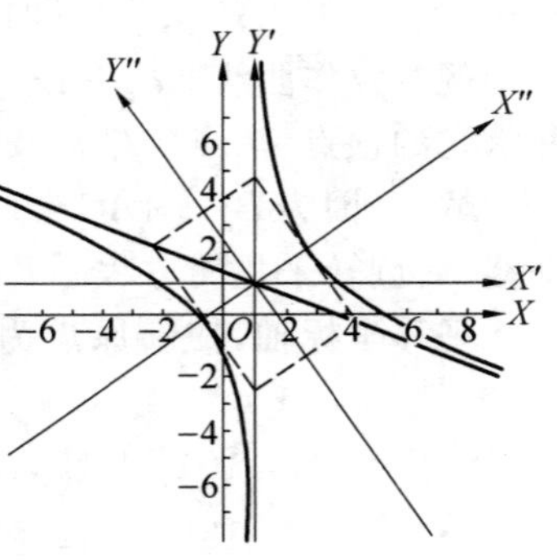

图 54

在坐标系 $X''O'Y''$ 下，双曲线的顶点为 $A(2,0)$，$A'(-2,0)$，焦点为 $F(\sqrt{13},0)$，$F'(-\sqrt{13},0)$. 把它们分别代入坐标变换关系式

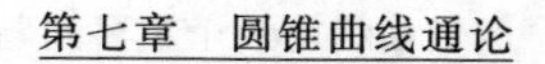

$$\begin{cases} x=x'+1=x''\cdot\dfrac{3}{\sqrt{13}}-y''\cdot\dfrac{2}{\sqrt{13}}+1 \\ \quad=\dfrac{1}{\sqrt{13}}(3x''-2y'')+1 \\ y=y'+1=x''\cdot\dfrac{2}{\sqrt{13}}+y''\cdot\dfrac{3}{\sqrt{13}}+1 \\ \quad=\dfrac{1}{\sqrt{13}}(2x''+3y'')+1 \end{cases}$$

得在坐标系 XOY 下，双曲线的顶点及焦点的坐标分别为

$$A\left(\frac{6}{13}\sqrt{13}+1,\frac{4}{13}\sqrt{13}+1\right)$$

$$A'\left(-\frac{6}{13}\sqrt{13}+1,-\frac{4}{13}\sqrt{13}+1\right)$$

$$F(4,3),F'(-2,-1)$$

又在坐标系 $X''O'Y''$ 下，双曲线的准线及渐近线方程为

$$l:x''=\frac{16}{\sqrt{13}},l':x''=-\frac{16}{\sqrt{13}}$$

$$t:3x''-2y''=0,t':3x''+2y''=0$$

把坐标变关系式

$$\begin{cases} x''=x'\cdot\dfrac{3}{\sqrt{13}}+y'\cdot\dfrac{2}{\sqrt{13}}=(x-1)\dfrac{3}{\sqrt{13}}+ \\ \qquad(y-1)\dfrac{2}{\sqrt{13}}=\dfrac{1}{\sqrt{13}}(3x+2y-5) \\ y''=-x'\cdot\dfrac{2}{\sqrt{13}}+y'\cdot\dfrac{3}{\sqrt{13}}=-(x-1)\dfrac{2}{\sqrt{13}}+ \\ \qquad(y-1)\dfrac{3}{\sqrt{13}}=\dfrac{1}{\sqrt{13}}(-2x+3y-1) \end{cases}$$

分别代入上述各方程，得在坐标系 OXY 下，双曲线的准线及渐近线的方程分别为

$$l:3x+2y-21=0,l':3x+2y+11=0$$

$$t:x-1=0,t':5x+12y-17=0$$

例 3 作曲线 $16x^2+24xy+9y^2-10x-70y-75=0$，并求它的顶点和焦点的坐标及准线的方程.

解 $\Delta=B^2-4AC=24^2-4\cdot16\cdot9=0$，故先转轴后平移.

把坐标轴旋转正锐角 θ，使 θ 满足

$$\cot 2\theta=\frac{A-C}{B}=\frac{16-9}{24}=\frac{7}{24}$$

所以

$$\cos 2\theta=\frac{7}{25}$$

所以

$$\sin\theta=\sqrt{\frac{1-\cos 2\theta}{2}}=\sqrt{\frac{1}{2}\left(1-\frac{7}{25}\right)}=\frac{3}{5}$$

$$\cos\theta=\frac{4}{5}$$

又

$$A'+C'=A+C=25$$

$$A'-C'=\sqrt{(A-C)^2+B^2}=\sqrt{7^2+24^2}=25$$

所以

$$A'=25,C'=0$$

而

$$D'=D\cos\theta+E\sin\theta=(-10)\frac{4}{5}+(-70)\frac{3}{5}=-50$$

$$E'=-D\sin\theta+E\cos\theta=10\cdot\frac{3}{5}+(-70)\frac{4}{5}=-50$$

故转轴后的方程为

$$25x'^2-50x'-50y'-75=0$$

即
$$x'^2-2x'-2y'-3=0$$

再经配方，得

$$(x'-1)^2=2(y'+2)$$

令 $x''=x'-1,y''=y'+2$.

故移轴后的方程为

$$x''^2=2y''$$

这是抛物线方程，曲线如图 55 所示.

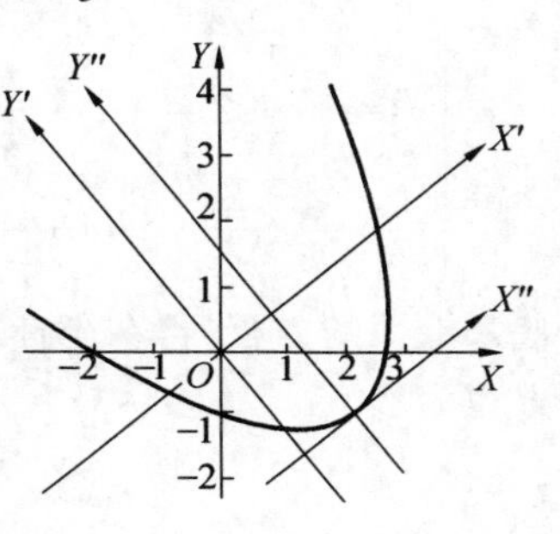

图 55

在坐标系 $X''O'Y''$ 下，抛物线的顶点及焦点坐标分别为

$$A(0,0),F\left(0,\frac{1}{2}\right)$$

把它们分别代入坐标变换关系式

$$\begin{cases}x=x'\cdot\dfrac{4}{5}-y'\cdot\dfrac{3}{5}=(x''+1)\cdot\dfrac{4}{5}-(y''-2)\cdot\dfrac{3}{5}\\ \quad=\dfrac{1}{5}(4x''-3y''+10)\\ y=x'\cdot\dfrac{3}{5}+y'\cdot\dfrac{4}{5}=(x''+1)\cdot\dfrac{3}{5}+(y''-2)\cdot\dfrac{4}{5}\\ \quad=\dfrac{1}{5}(3x''+4y''-5)\end{cases}$$

得在坐标系 XOY 下抛物线的顶点及焦点坐标分别为

$$A(2,-1),F\left(\frac{17}{10},-\frac{3}{5}\right)$$

又在坐标 $O'X''Y''$ 下，抛物线的准线方程为

$$y''=-\frac{1}{2}$$

把坐标变换关系式

$$\begin{cases} x''=x'-1=x\cdot\dfrac{4}{5}+y\cdot\dfrac{3}{5}-1 \\ \quad =\dfrac{1}{5}(4x+3y-5) \\ y''=y'+2=-x\cdot\dfrac{3}{5}+y\cdot\dfrac{4}{5}+2 \\ \quad =\dfrac{1}{5}(-3x+4y+10) \end{cases}$$

代入上面的方程，得在坐标系 OXY 下，抛物线的准线方程为

$$6x-8y-25=0$$

（三）二次曲线类型和形状的判别

前面我们讨论了化简二元二次曲线方程的步骤，经过适当的移轴和转轴，可以把方程化成标准形式，由此来确定曲线的形状和位置. 但是在有些问题中，只要求我们判别曲线的类型，或者确定曲线的主要特征，并不需要把曲线的位置和形状都详细地指出，因而我们必须掌握直接由方程的系数来判别曲线的类型和形状的方法.

下面我们利用第六章中所提出的不变式来进行二次曲线的类型和形状的讨论.

对于二元二次方程

$$F(x,y)=Ax^2+Bxy+Cy^2+Dx+Ey+F=0 \tag{1}$$

若把坐标轴绕着原点旋转一个正锐角 θ，使 $\cot 2\theta=\dfrac{A-C}{B}$，则可消去 xy 项，变为

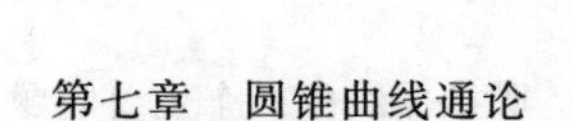

$$A'x'^2 + C'y'^2 + D'x' + E'y' + F' = 0 \quad (2)$$

再把新坐标系平移到适当的位置，方程(2)又可以再化简，现在分别讨论如下：

(1) 若 $A' = 0$(或 $C' = 0$)，而 $D' \neq 0$(或 $E' \neq 0$)，则可平移坐标轴，使新原点移到

$O'\left(\dfrac{E'^2 - 4C'F'}{4C'D'}, -\dfrac{E'}{2C'}\right)\left(\text{或}\left(-\dfrac{D'}{2A'}, -\dfrac{D'^2 - 4A'F'}{4A'E'}\right)\right)$，

方程变为

$$y''^2 = 2px''(\text{或 } x''^2 = 2py'')$$

它的曲线是抛物线.

又若 $A' = 0$ 且 $D' = 0$(或 $C' = 0$ 且 $E' = 0$)，则方程(2)为

$$C'y'^2 + E'y' + F' = 0(\text{或 } A'x'^2 + D'x' + F' = 0)$$

当这个方程有两个相异实根时，则方程的曲线为平行于坐标轴的两条直线；

当这个方程有两个相等实根时，则方程的曲线为平行于坐标轴的两条重合直线；

当这个方程没有实根时，则方程的曲线为两条虚直线(即没有轨迹).

(2) 若 $AC \neq 0$，则可平移坐标轴，使原点移到 $O'\left(-\dfrac{D'}{2A'}, -\dfrac{E'}{2C'}\right)$，方程(2)可变为

$$A'x''^2 + C'y''^2 + F' = 0$$

(i) $A'C' > 0$，即 A'，C' 同号：

当 F' 与 A'(或 C')异号时，则方程的曲线为一椭圆；

当 F' 与 A'(或 C')同号时，则方程的曲线为一虚椭圆(即没有轨迹)；

当 $F' = 0$ 时，则方程表示一个点 $x'' = 0, y'' = 0$，即

点椭圆.

(ii)$A'C'<0$,即 A',C' 异号:

当 $F'\neq 0$ 时,则方程的曲线为一双曲线;

当 $F'=0$ 时,则方程的曲线为两条相交直线.

上述相交、平行、重合的直线和点椭圆都是从圆锥曲线退缩变化的,因此我们把它们称为变态锥线.这样二次曲线就包括了常态锥线(椭圆、双曲线、抛物线)、变态锥线和虚轨迹.

如果我们按 $A'C'=0$ 或 $A'C'\neq 0$ 来分类,那么二次曲线可分为两大类,即无心圆锥曲线和有心圆锥曲线.

(1) 无心圆锥曲线(即抛物线型):

根据不变式 $B^2-4AC=-4A'C'$,当 $A'C'=0$ 时

$$B^2-4AC=0$$

这时方程所表示的曲线叫作抛物线型的二次曲线.

(2) 有心圆锥曲线:

当 $A'C'>0$ 时,$B^2-4AC<0$,这时方程所表示的曲线叫作椭圆型的二次曲线.

当 $A'C'<0$ 时,$B^2-4AC>0$,这时方程所表示的曲线叫作双曲线型的二次曲线.

根据上面讨论的结果以及 $F'=-\dfrac{\Theta}{\Delta}$ 的关系,我们可以推出根据二次曲线方程里的系数来判别二次曲线的类型和形状的方法如表 6 所示:

表 6

Δ	曲线类型	Θ	曲线形状
$\Delta<0$	椭圆型	$\Theta\neq 0$	$A\Theta$ 和 $C\Theta<0$,椭圆 (其中 $A=C,B=0$,圆)
			$A\Theta$ 和 $C\Theta>0$,虚椭圆 (其中 $A=C,B=0$,虚圆)
		$\Theta=0$	点椭圆 (其中 $A=C,B=0$,点圆)
$\Delta>0$	双曲线型	$\Theta\neq 0$	双曲线
		$\Theta=0$	两条相交直线
$\Delta=0$	抛物线型	$\Theta\neq 0$	抛物线
		$\Theta=0$	两条平行线 两条重合直线 两条虚直线

例 4　判别下列各二次曲线的形状,如果是变态锥线并求出它的方程或点的坐标.

(1)$x^2+4xy+y^2+6x-7=0$;

(2)$2x^2+xy-y^2+3y-2=0$;

(3)$2x^2+4xy+5y^2+4x+16y+14=0$;

(4)$9x^2-12xy+4y^2+36x-24y+36=0$.

解　(1) 因为 $\Delta=B^2-4AC=16-4=12>0$,所以它是双曲线型的二次曲线.

又因为

$$\Theta=\frac{1}{2}\begin{vmatrix}2&4&6\\4&2&0\\6&0&-14\end{vmatrix}=4\begin{vmatrix}1&2&3\\2&1&0\\3&0&-7\end{vmatrix}$$

$$=4(-7-9+28)=48\neq 0$$

故它是双曲线.

(2) 因为

$$\Delta=B^2-4AC=1+8=9>0$$

所以它是双曲线型的二次曲线.

又因为

$$\Theta=\frac{1}{2}\begin{vmatrix}4&1&0\\1&-2&3\\0&3&-4\end{vmatrix}=\frac{1}{2}(32-36+4)=0$$

故它是两条相交直线.

把原方程因式分解,得

$$(2x-y+2)(x+y-1)=0$$

故这两条相交直线的方程是

$$2x-y+2=0$$

$$x+y-1=0$$

(3) 因为

$$\Delta=B^2-4AC=16-40=-24<0$$

所以它是椭圆型的二次曲线.

又因为

$$\Theta=\frac{1}{2}\begin{vmatrix}4&4&4\\4&10&16\\4&16&28\end{vmatrix}=16\begin{vmatrix}1&2&1\\1&5&4\\1&8&7\end{vmatrix}$$

$$=16(35+8+8-5-32-14)=0$$

故它是一个点.

因为

$$x_0=\frac{2CD-BE}{B^2-4AC}=\frac{40-64}{-24}=1$$

$$y_0=\frac{2AE-BD}{B^2-4AC}=\frac{64-16}{-24}=-2$$

故这个点的坐标是$(1,-2)$.

(4) 因为$\Delta=B^2-4AC=144-144=0$,所以它是抛物线型的二次曲线.

又因为

$$\Theta=\frac{1}{2}\begin{vmatrix}18 & -12 & 36\\ -12 & 8 & -24\\ 36 & -24 & 72\end{vmatrix}=0$$

故它是变态的抛物线.

把原方程因式分解,得

$$(3x-2y+6)^2=0$$

故它是两条重合的直线,它们的方程是

$$3x-2y+6=0$$

例 5　求圆锥曲线$5x^2+4xy+2y^2-22x-4y+7=0$内经过点$A(-1,2)$的直径方程.

解　因为$\Delta=B^2-4AC=16-40=-24<0$所以它是椭圆型的二次曲线.

又因为

$$\Theta=\frac{1}{2}\begin{vmatrix}10 & 4 & -22\\ 4 & 4 & -4\\ -22 & -4 & 14\end{vmatrix}$$

$$=8\begin{vmatrix}5 & 1 & -11\\ 2 & 1 & -2\\ -11 & -1 & 7\end{vmatrix}$$

$$=8(35+22+22-121-10-14)\neq 0$$

且$A\Theta<0,C\Theta<0$.

故它是一个椭圆.

因为

$$x_0=\frac{2CD-BE}{B^2-4AC}=\frac{-88+16}{-24}=3$$

$$y_0=\frac{2AE-BD}{B^2-4AC}=\frac{-40+88}{-24}=-2$$

所以椭圆的中心为 $O'(3,-2)$.

因为椭圆的直径经过椭圆的中心,所以所求直径方程是

$$x+y-1=0$$

(四) 圆锥曲线系

在一个 x,y 的二次方程中,如果它含有一个(或几个)任意常数,那么给这个常数以一个值,就可以得到一条圆锥曲线.如果给这个常数以一系列的不同的数值,那么就可以得到一系列的具有某种共同性质的圆锥曲线,它们的全体叫作圆锥曲线系.

下面举例说明常见的几种圆锥曲线系.

例 6 讨论 $4x^2-9y^2=36k$ 所表示的圆锥曲线系,并且画出它的图形.

解 (1) 当 $k\neq 0$ 时,原方程为

$$\frac{x^2}{9k}-\frac{y^2}{4k}=1$$

它是双曲线型的二次曲线,中心在(0,0),对称轴是两坐标轴,其中:

当 $k>0$ 时,它的曲线是双曲线,焦点在 X 轴上;

当 $k<0$ 时,它的曲线是双曲线,焦点在 Y 轴上.

(2) 当 $k=0$ 时,原方程为

$$(2x+3y)(2x-3y)=0$$

它是两条相交直线，就是上述各双曲线的公共渐近线

$$2x \pm 3y = 0$$

所以这方程所表示的曲线是具有同一中心，相同对称轴和相同渐近线的双曲线系.

对于 $k=9,4,1,0,-1,-4,-9$ 等值的方程所表示的曲线如图 56 所示.

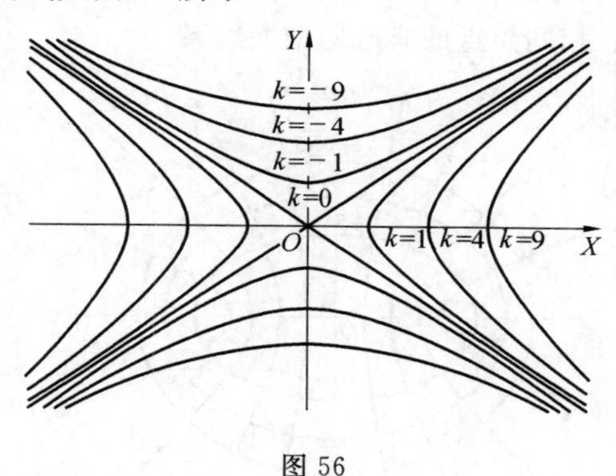

图 56

例 7　讨论方程 $\frac{x^2}{25-k}+\frac{y^2}{9-k}=1$ 的曲线.

解　由所给方程知 $k \neq 25$ 且 $k \neq 9$ 时，原方程化为

$$(9-k)x^2+(25-k)y^2=(25-k)(9-k)$$

它是有心圆锥曲线，中心在(0,0)，对称轴是两坐标轴，并且当：

(1)$k<9$ 时，它的曲线是椭圆，因为 $c^2=a^2-b^2=(25-k)-(9-k)=16$，所以焦点是$(\pm 4,0)$；

(2)$k=9$ 时，方程变为 $y^2=0$，曲线退化为一条直线，即 X 轴；

(3)$9<k<25$ 时，它的曲线是双曲线，因为 $25-k>0$，$9-k<0$，故 $c^2=a^2+b^2=(25-k)+(k-$

9)＝16，所以焦点是$(\pm 4,0)$；

(4)$k=25$时，方程变为$x^2=0$，曲线退化为一条直线，即Y轴；

(5)$k>25$时，因为$25-k<0$，$9-k<0$，方程无实数解，所以方程没有轨迹.

所以原方程所表示的曲线是具有同一中心、相同对称轴、相同焦点的有心圆锥曲线系.

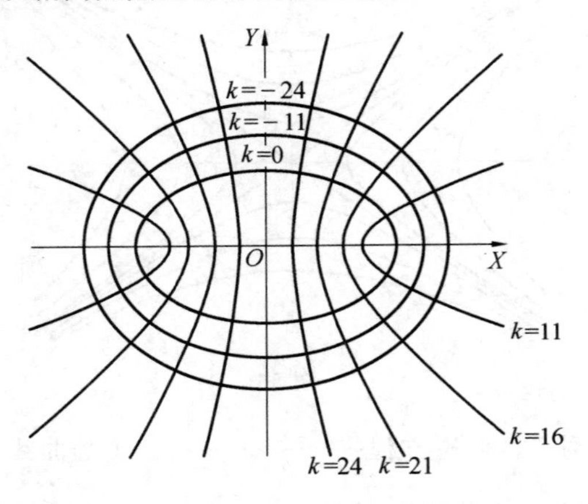

图 57

对于$k=24,21,16,11,0,-11,-24$等值的方程曲线如图 57 所示.

例 8 画图并讨论$kx^2+2y^2-8x=0$所表示的圆锥曲线系.

解 (1) 当$k>0$时，它的曲线是椭圆(其中$k=2$时是圆)；

(2) 当$k=0$时，它的曲线是抛物线；

(3) 当$k<0$时，它的曲线是双曲线.

对于$k=2,1,\frac{2}{3},\frac{1}{2},0,-\frac{1}{2},-1\cdots$，方程的曲线

如图 58 所示.

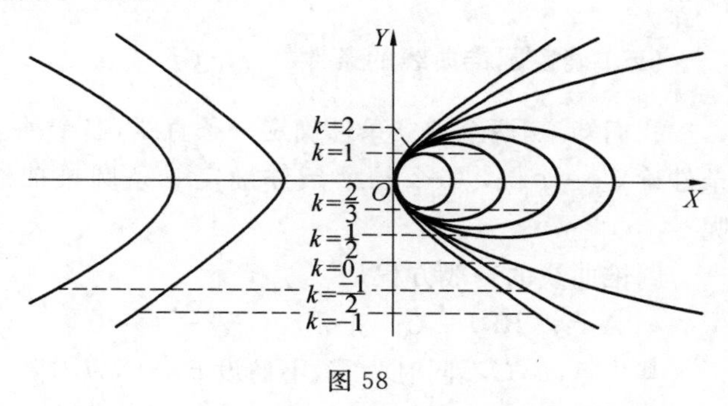

图 58

从图 58 中可以看出：当 k 由正数逐渐接近于零时，椭圆和抛物线逐渐接近；当 k 由负值接近于零时，双曲线的左支逐渐远离原点，右支与抛物线逐渐趋近，而抛物线 $y^2=4x$ 是椭圆与双曲线的极限情形.

例 9　讨论圆系方程 $x^2+y^2-(4m+2)x-2my+(2m+1)^2=0$ 所表示的圆具有哪些共同性质.

解　因为圆的圆心为 $(2m+1,m)$，半径 $r=|m|$，所以显然圆心到 X 轴的距离等于圆的半径.

因此这些圆都与 X 轴相切.

又因为当 $m=0$ 时，圆退缩为一点 $(1,0)$，其他圆的圆心都在直线 $x-2y-1=0$ 上.

根据对称性可知，这些圆必有另一条公切线，它经过 $(1,0)$ 点并且倾斜角 2θ 满足 $\tan 2\theta=\dfrac{2\cdot\dfrac{1}{2}}{1-\dfrac{1}{4}}=\dfrac{4}{3}$，故另一条公切线的方程为 $4x-3y-4=0$.

故这圆系方程所表示的圆，圆心在直线 $x-2y-1=0$ 上，并且和两条相交直线 $4x-3y-4=0$ 和 $y=0$

都相切.

(五) 确定圆锥曲线的条件

我们知道,两个独立条件确定一条直线,三个独立条件确定一个圆,那么几个条件确定一条圆锥曲线呢?

圆锥曲线的一般方程是

$$Ax^2+Bxy+Cy^2+Dx+Ey+F=0$$

其中A,B,C不同时为零,不妨设$B\neq 0$,以B除方程两边,得

$$\frac{A}{B}x^2+xy+\frac{C}{B}y^2+\frac{D}{B}x+\frac{E}{B}y+\frac{F}{B}=0$$

因此在A,B,C,D,E,F六个系数中五个是独立的,这就是说,要确定一条圆锥曲线一般需要五个独立条件.

要确定这六个系数,经常只需定出$A:B:C:D:E:F$的值,为此需要知道A,B,C,D,E,F间的五个关系式,但若已知曲线是抛物线,因为已有关系式$B^2-4AC=0$,故只需四个条件.现在举例说明如下.

例 10 已知一圆锥曲线经过$A(0,2)$,$B(-2,0)$,$C(2,-8)$三个点,并且关于原点对称,求这个圆锥曲线的方程.

解 设圆锥曲线的方程为

$$Ax^2+Bxy+Cy^2+Dx+Ey+F=0$$

因为它关于原点对称,所以

$$D=0,E=0 \tag{1}$$

又因为它经过A,B,C三点,所以

$$4C+F=0 \tag{2}$$

$$4A+F=0 \tag{3}$$

$$4A-16B+64C+F=0 \qquad (4)$$

把 F 看作常数,解式(2) ～ (4) 得

$$C=-\frac{1}{4}F, A=-\frac{1}{4}F, B=-F$$

所以

$$A:B:C:F=\left(-\frac{1}{4}F\right):(-F):\left(-\frac{1}{4}F\right):F$$
$$=1:4:1:(-4)$$

故所求圆锥曲线的方程为

$$x^2+4xy+y^2-4=0$$

在这里 $\Delta=12>0, \Theta=48\neq 0$.

故所求曲线是双曲线.

例 11　求经过 $A(0,0), B(1,4), C(1,-4), D(4,8)$ 四个点的抛物线方程.

解 1　设抛物线的方程为

$$Ax^2+Bxy+Cy^2+Dx+Ey+F=0$$

因为它是抛物线,所以

$$B^2-4AC=0 \qquad (1)$$

又因为它经过 A,B,C,D 各点,所以

$$F=0 \qquad (2)$$

$$A+4B+16C+D+4E+F=0 \qquad (3)$$

$$A-4B+16C+D-4E+F=0 \qquad (4)$$

$$16A+32B+64C+4D+8E+F=0 \qquad (5)$$

解式(1) ～ (5),得

$$A=B=E=F=0, C:D=1:(-16)$$

或

$$F=0, A:B:C:D:E$$
$$=16:(-8):1:(-32):8$$

故所求方程为

$$y^2=16x \text{ 或 } (4x-y)(4x-y-8)=0$$

其中 $16x^2-8xy+y^2-32x+8y=0$ 是退化的抛物线.

解 2 经过 A,B 两点的直线方程为

$$4x-y=0 \tag{1}$$

经过 C,D 两点的直线方程为

$$4x-y-8=0 \tag{2}$$

经过 B,C 两点的直线方程为

$$x-1=0 \tag{3}$$

经过 A,D 两点的直线方程为

$$2x-y=0 \tag{4}$$

由(1)·(2)+λ(3)·(4)得

$$(4x-y)(4x-y-8)+\lambda(x-1)(2x-y)=0 \tag{5}$$

即

$$(2\lambda+16)x^2-(\lambda+8)xy+y^2-(2\lambda+32)x+(\lambda+8)y=0 \tag{6}$$

显然 A,B,C,D 各点坐标满足方程(5),又因为方程(5)是二次方程,故方程(5)或(6)是表示经过 A,B,C,D 各点的圆锥曲线系.

依题意它是抛物线,所以

$$(\lambda+8)^2-4(2\lambda+16)=0$$

所以
$$\lambda=-8 \text{ 或 } \lambda=0$$

故所求抛物线方程为

$$y^2=16x$$

或退化的抛物线

$$(4x-y-8)(4x-y)=0$$

例 12 求经过 $A(1,-1)$,$B(3,-1)$,$C(1,1)$,$D(3,3)$,$E(5,1)$ 五点的圆锥曲线.

解　经过 A,B 两点的直线方程为

$$y+1=0$$

经过 C,D 两点的直线方程为

$$x-y=0$$

经过 A,C 两点的直线方程为

$$x-1=0$$

经过 B,D 两点的直线方程为

$$x-3=0$$

则经过 A,B,C,D 各点的圆锥曲线系的方程为

$$(y+1)(x-y)+\lambda(x-1)(x-3)=0$$

因为它经过点 E，所以

$$8+8\lambda=0$$

所以
$$\lambda=-1$$

则所求方程是 $x^2-xy+y^2-5x+y+3=0$

在这里 $\Delta=-3<0,\Theta=-12\neq0$，故它是一个椭圆.

习　题　五

1. 判别下列各方程的曲线.

(1) $2x^2+3xy-2y^2-11x-2y+12=0$；

(2) $3x^2+2xy+y^2-8x-4y-6=0$；

(3) $9x^2-24xy+16y^2+3x-4y-6=0$；

(4) $25x^2+30xy+9y^2+10x+6y+1=0$；

(5) $4x^2+12xy+9y^2+2x+3y+2=0$；

(6) $5x^2-5xy-7y^2-165x+1\,320=0$；

(7) $16x^2-24xy+9y^2-60x-80y+400=0$；

(8)$x^2-2xy+4y^2-4x=0$.

2.画出下列各方程的曲线.

(1)$4x^2+4xy+y^2+8x-16y=0$;

(2)$5x^2-6xy+5y^2-4x-4y-4=0$;

(3)$7x^2-8xy+y^2+14x-8y-2=0$.

3.求下列各圆锥曲线的焦点坐标和准线方程.

(1)$2x^2+4xy+5y^2+4x-8y-8=0$;

(2)$x^2+4xy+y^2-4x+4y-12=0$;

(3)$x^2-4xy+4y^2-6\sqrt{5}x-8\sqrt{5}y-35=0$.

4.讨论下列各曲线的性质,并按照给出的 k 值作图.

(1)$(x-k)^2+(y-|k|)^2=k^2(k=-2,-1,0,1,2)$;

(2) $\dfrac{x^2}{k-2}+\dfrac{y^2}{4-|k|}=1(k=-2,\dfrac{5}{2},3,3\dfrac{1}{2},6)$;

(3) $|k|x^2+(2-k)y^2-4x=0(k=-2,-1,0,\dfrac{1}{2},1,\dfrac{3}{2},2,4)$;

(4)$x^2+y^2-16+k(x^2-y^2-4)=0(k=-5,-4,-3,-1,-\dfrac{1}{2},0,\dfrac{1}{2},1)$.

5.证明下列各题.

(1) 从原点作圆$(x-a)^2+(y-b)^2=r^2$ 的切线,也必定有切圆系$(x-ka)^2+(y-kb)^2=(kr)^2$(k 为任意常数).

(2) 已知 $f_1(x,y)=0$ 和 $f_2(x,y)=0$ 为不同心的两个圆,k 为任意常数,则圆系 $f_1(x,y)+kf_2(x,y)=0$ 的圆心在 $f_1(x,y)=0$ 与 $f_2(x,y)=0$ 两圆的联心线

上，并且与两圆的圆心距成定比 k.

(3) 不论 k 取任何值，圆系 $x^2+y^2-2kx-4ky+4k^2=0$，必和 Y 轴及直线 $3x-4y=0$ 相切.

(4) 一直线交椭圆系 $b^2x^2+a^2y^2=ka^2b^2$ 中的任意两个，则这条直线被这两椭圆所截的两线段相等.

(5) 在椭圆系 $b^2x^2+a^2y^2=ka^2b^2$ 中，若大椭圆的弦切于小椭圆，则这弦被切点平分.

6. k 为何值时，下列圆锥曲线系成为变态曲线，并求出这曲线.

(1) $2x^2+kxy-y^2-kx+5y-6=0$；

(2) $x^2+2xy+2y^2+k(x-6y-25)=0$.

7. 求下列各圆锥曲线的方程.

(1) 椭圆：长轴的两端是 $(k,-k)$，$(-3k,-k)$，一个焦点为 $(\sqrt{3}k-k,-k)$；

(2) 双曲线：它的中心是 $(-1,2)$，离心率为 $\frac{3}{2}$，实轴平行于 X 轴，长度为 k；

(3) 抛物线：它的焦点在原点，准线方程是 $x+k=0$.

8. 求下列各圆锥曲线的方程.

(1) 经过 $A(3,1)$，$B(5,1)$，$C(3,3)$，$D(5,5)$，$E(7,3)$；

(2) 经过 $A(1,3)$，$B(2,2)$，$C(1,4)$，$D(0,3)$，$E(3,3)$；

(3) 经过 $A(0,0)$，$B(4,2)$，$C(9,-3)$，$D(1,1)$ 的抛物线；

(4) 经过 $A(1,3)$，$B(-1,1)$，$C(3,-7)$ 且以 $M(1,1)$ 为对称中心；

(5) 经过$A\left(-\frac{3}{5},-\frac{4}{5}\right)$,$B(-1,2)$,$C\left(-\frac{47}{5},\frac{4}{5}\right)$且以$3x+4y+5=0$为对称轴.

圆锥曲线的应用举例

第八章

(一)圆锥曲线在拱结构中的应用

在物理学里,凡在竖向荷载作用下能产生水平反力(即推力)的结构叫作拱结构.

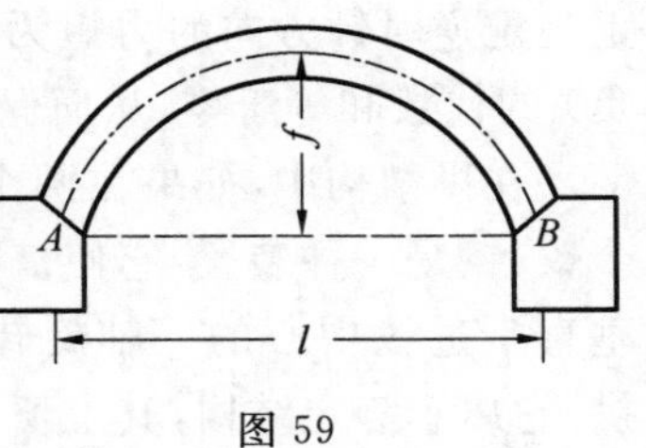

图 59

设图59是一种拱结构的断面,其中心轴线称为拱轴线,拱的两端支座 A 和 B 处称为拱脚,中间最高的一点称为拱顶,拱顶至拱脚连线(假定是水平的)的竖直距离 f 叫作拱高,两拱脚间的距离 l 叫作跨度.

由于这种结构的两脚对于支座,除了竖直的下压力外,还有水平的横推力.而支座对于拱脚又有大小相等、方向相反的反作用力,它们分别称为竖直反力和水平反力.因为水平反力产生的力矩,可以部分或全部地代替拱圈内的弯矩所起平衡竖向力而产生力矩的作用，因而在具有相同荷载和跨度的情况下，拱内的弯矩要比无推力的结构来得小些，所以拱结构在建筑工程中有广泛的应用.

拱结构在建筑工程中常有下列三个问题.

(1) 合理拱轴线.

在设计一个建筑物时，必须考虑到建筑在受外力作用下保持平衡的问题，因为失去平衡，建筑物就要毁坏，因此必须考虑下列两种平衡条件.

(i) 作用在建筑物上的所有力的合力等于零，从而保证建筑物不会移动；

(ii) 所有力对于建筑物上的任意点的力矩(习惯上规定逆时针方向的力矩为正，顺时针方向的力矩为负)的代数和等于零，从而保证建筑物不会转动.

在拱结构中，如果在两个支座和拱顶处各安装一个铰(铰是一种装置，它使被联结的两个部分只能绕着垂直于过铰中心的一轴旋转)，这种拱结构称为三铰拱. 它属于静定结构，其上所有的反力和内力，都可以由这结构及其个别部分的静力平衡条件计算出来，并且可作为其他拱结构计算的依据. 因此，我们下面所讨论的拱结构仅限于这种三铰拱.

根据上面的两个平衡条件，如果拱结构在支座和拱顶处的总力矩都等于零，且拱轴线上任何一点处的横截面上的弯矩也都等于零，那么这种拱轴线称为合理拱轴线.

下面通过例题说明合理拱轴线的求法.

例 1 屋架或桥梁的合理拱轴线是抛物线.

解 设有一屋架或桥梁，如图 60 建立直角坐标系，$P(x,y)$ 为拱轴线上的任意一点. 取拱圈的一段隔

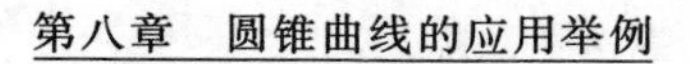

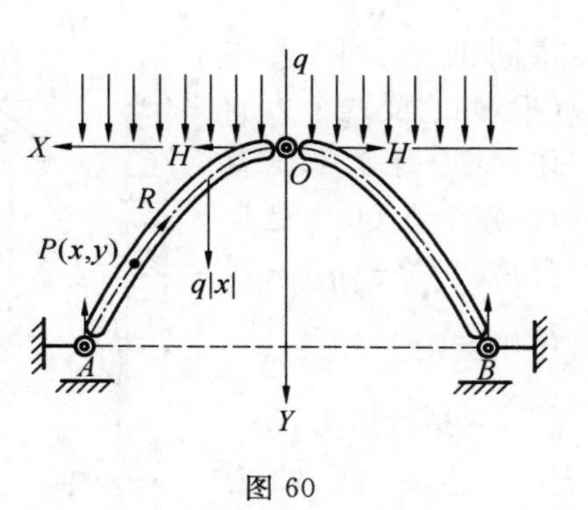

图 60

离体 OP，则它受三个力的作用：一是水平压力 H，施于点 O；二是竖直荷载，等于 $q|x|$，作用点距 Y 轴为 $\frac{1}{2}|x|$；三是过点 P 而沿着轴线的切线方向的压力 R.

由于在点 P 处的弯矩等于零，这三个力对于点 P 的力矩总和应为零，才能得到平衡. 因此有

$$Hy+R\cdot 0-q|x|\cdot\frac{1}{2}|x|=0$$

所以
$$x^2=\frac{2H}{q}y$$

因为 q,H 是常数，故上式表示顶点在拱顶、轴取竖直方向的抛物线.

这个例题告诉我们：在建筑上对于抗压性能良好，而抗拉性差的材料（如砖、石、混凝土等）用来建筑屋架或桥梁，为了增大强度应采用抛物线的拱结构.

用石料建桥在我国具有悠久的历史，我国有许多桥在世界上有超时代、创造性的结构. 例如，至今还巍然挺立在河北省赵县的洨河上的赵州桥，已经历了一千四百多年的风雨洪流，是闻名世界的一座宏大的石拱桥.

例 2　隧道的合理拱轴线是椭圆弧.

解　设有隧道，它的断面为三铰拱衬砌. 如图 61 建立直角坐标系，$P(x,y)$ 为拱轴线上的任意一点，取

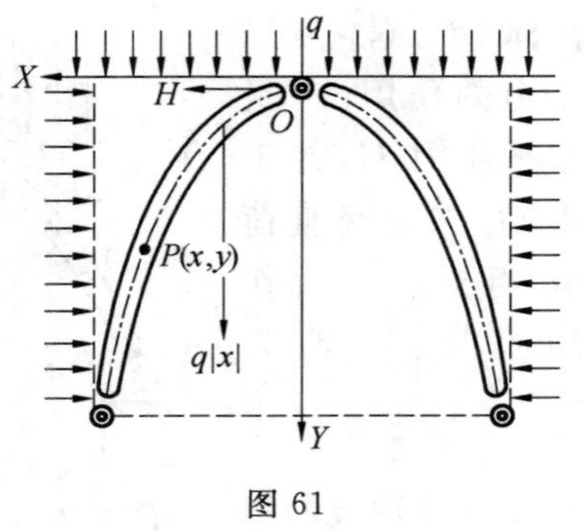

图 61

拱圈的一段隔离体 OP，则它受四个力的作用：一是水平压力 H，施于点 O；二是竖直荷载，等于 $q|x|$，作用点距 Y 轴为 $\frac{1}{2}|x|$；三是侧压力 μqy，作用点距 X 轴为 $\frac{1}{2}y$；四是过点 P 而沿着轴线的切线方向的压力 R.

由于在点 P 的弯矩等于零，这四个力对于点 P 的力矩总和应为零，才能得到平衡，因此有

$$H\cdot y+R\cdot 0-q|x|\cdot\frac{1}{2}|x|-\mu qy\cdot\frac{1}{2}y=0$$

所以
$$qx^2+\mu q\left(y-\frac{H}{\mu q}\right)^2=\frac{H^2}{\mu q}$$

所以
$$\frac{x^2}{\mu\left(\frac{H}{\mu q}\right)^2}+\frac{\left(y-\frac{H}{\mu q}\right)^2}{\left(\frac{H}{\mu q}\right)^2}=1$$

因为 H,μ,q 是常数，故上式表示以过拱顶的竖直线为长轴，中心距拱顶为 $\frac{H}{\mu q}$，半长轴长和半短轴长分别为 $\frac{H}{\mu q}$，$\frac{H}{\sqrt{\mu}q}$ 的椭圆.

(2) 以跨度和拱高表示坐标系数.

在拱结构中，拱高为 f，拱的跨度为 l，如果把半跨各 m 等分，分点 $x_n=\pm\frac{nl}{2m}$ 处的拱高为 y_n，那么 $a_n=\frac{y_n}{f}$

叫作坐标系数(当拱轴线是圆弧时,$a_n=\frac{y_n}{r}$,其中 r 为圆的半径).在工程上坐标系数表已预先制便,因此由公式 $y_n=a_n f$ 容易计算出 y_n.

例 3　已知圆弧拱的跨度为 l,拱高为 f,求坐标系数 a_n.

解　如图 62 建立直角坐标系,则 A,C 的坐标分别是 $\left(\frac{1}{2}l,0\right)$,$(0,f-r)$,圆的方程是

$$x^2+(y-f+r)^2=r^2 \tag{1}$$

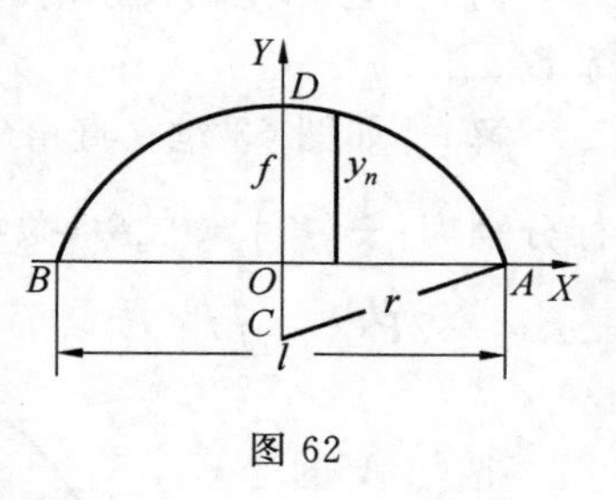

图 62

把点 A 的坐标代入,得

$$\left(\frac{1}{2}l\right)^2+(r-f)^2=r^2 \tag{2}$$

解 r 的方程,得

$$r=\frac{l^2+4f^2}{8f}=\frac{l^2}{8f}+\frac{f}{2} \tag{3}$$

以 $x=x_n=\frac{nl}{2m}$,$y=y_n$ 代入方程(1),得

$$\left(\frac{nl}{2m}\right)^2+(y_n-f+r)^2=r^2$$

所以

$$y_n=\sqrt{r^2-\frac{n^2l^2}{4m^2}}-r+f \tag{4}$$

又由式(2)得

$$r-f=\sqrt{r^2-\left(\frac{l}{2}\right)^2}$$

代入式(4),得

$$y_n=\sqrt{r^2-\frac{n^2l^2}{4m^2}}-\sqrt{r^2-\left(\frac{l}{2}\right)^2}$$

所以 $a_n=\frac{y_n}{r}=\sqrt{1-\frac{n^2}{m^2}\left(\frac{l}{2r}\right)^2}-\sqrt{1-\left(\frac{l}{2r}\right)^2}$

例 4　已知抛物线拱的跨度为 l,拱高为 f,求坐标系数 a_n.

解　如图 63 建立直角坐标系,则 A,C 两点的坐标分别为 $\left(\frac{1}{2}l,0\right)$,$(0,f)$,抛物线的方程是

$$x^2=-2P(y-f)\tag{1}$$

把点 A 的坐标代入,得

$$\frac{l^2}{4}=2Pf$$

图 63

所以

$$2P=\frac{l^2}{4f}\tag{2}$$

由式(1)(2),得

$$x^2=\frac{l^2}{4f}(f-y)\tag{3}$$

以 $x=x_0=\frac{nl}{2m}$,$y=y_n$ 代入式(3),得

$$y_n=f-\frac{4f}{l^2}\left(\frac{nl}{2m}\right)^2=f-\frac{n^2}{m^2}f$$

所以 $$a_n=\frac{y_n}{f}=1-\left(\frac{n}{m}\right)^2$$

3. 按给定的拱高和跨度画拱形.

在建筑工程上常常给定了拱高和跨度,要求我们

画出拱形. 特别是抛物线拱形用得更多,为此介绍下面的画法.

作矩形 $ABCD$ 使 AB 等于拱形的跨度 l,BC 等于拱形的高 f(图 64(a)),取 AB 的中点 H,等分线段 AH 和 AD 成同数目的线段(图上都是 4 等分). 从点 A 开始,AH 上的分点顺次是 $A_1,A_2,A_3,\cdots$,AD 上的分点顺次是 $B_1,B_2,B_3,\cdots$,通过 $H,A_1,A_2,A_3,\cdots$ 各点作直线 $HV,A_1A_1',A_2A_2',A_3A_3'\cdots$ 平行于 AD. 联结 V 和 $B_1,B_2,B_3\cdots$ 各点,VB_1 和 $A_1A'_1$,VB_2 和 $A_2A'_2$,VB_3 和 A_3A_3',…… 分别相交于 $p_1,p_2,p_3,\cdots$ 各点. 用光滑的曲线顺次联结 $A,p_1,p_2,p_3,\cdots$ 各点,就得到拱形的一半. 利用拱形的对称性,可以画出另外的一半.

现在来证明,这样画得的曲线是抛物线.

取直线 DC 为 X 轴,直线 HV 为 Y 轴(图 64(b)),那么点 A 的坐标是 $\left(-\frac{1}{2}l,-f\right)$. 设 p_1 的坐标是 (x_1,y_1).

因为 $\triangle VA_1'P_1 \backsim \triangle VDB_1$,所以

$$\frac{|A_1'P_1|}{|DB_1|}=\frac{|VA_1'|}{|VD|}$$

也就是

$$-y_1=\frac{-x_1\ |DB_1|}{\frac{1}{2}l} \tag{1}$$

由作图知道

$$\frac{|DB_1|}{|DA|}=\frac{|A_1H|}{|AH|}$$

所以
$$|DB_1|=\frac{f\cdot(-x_1)}{\frac{1}{2}l}$$

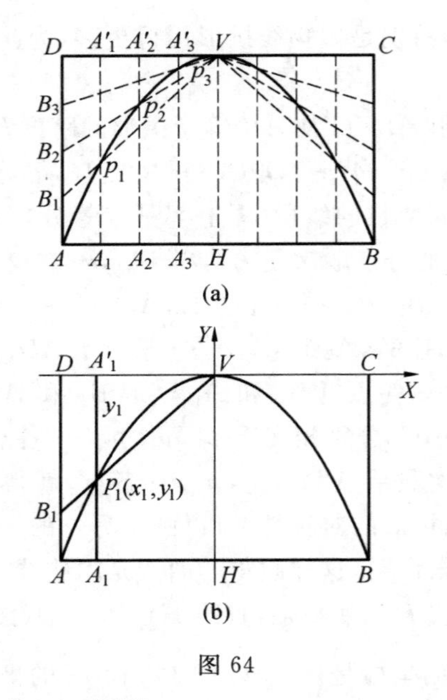

图 64

代入式(1),则得

$$-y_1=\frac{-x_1 f\cdot(-x_1)}{\left(\frac{1}{2}l\right)^2}$$

也就是 $$x_1^2=-\frac{l^2}{4f}y_1$$

这就是说,点 $p_1(x_1,y_1)$ 在抛物线 $x^2=-\frac{l^2}{4f}y_1$ 上.同理可证用上面的方法画得的其他各点也在这个抛物线上,所以所画得的图形是抛物线拱形.

(二)圆锥曲线与人造星体的轨道

1.人造星体的轨道和宇宙速度:

开枪的人会有这样的感觉:当你瞄准靶子扣动扳

机的时候,"砰"的一声,子弹出膛了;同时,你也感到肩膀上,给枪托重重地推击了一下.在开炮的时候,这情形就更明显了.当炮弹发射出去的一刹那,炮身会猛烈地向后座.这些都是枪弹和炮弹的反冲作用形成的.气体同样也有反冲作用,火箭就是靠燃料燃烧时,向后高速喷射强大气体的反冲作用而前进的.人造星体靠火箭的燃气被带到宇宙空间后,它的运动轨道是由总能量来决定的,但和发射速度也是密切相关的.

很明显,在地面上发射一个物体,如果发射速度 V_0 太小,由于地球引力的作用,这个物体就会被吸引回到地上来.只有当发射速度 V_0 等于或超过 $V_1=\sqrt{gR}=\sqrt{9.8\times 6\ 378\times 10^3}=7.91(\mathrm{km/s})$ 时(式中 g 为地球表面重力加速度 $9.8\ \mathrm{m/s^2}$,R 为地球半径 $6\ 378\ \mathrm{km}$),物体才会保持在空中运行不回到地面.这个速度 V_1 叫作环绕地球速度,也叫作第一宇宙速度.

当 $V_0=V_1$ 时,发射体的轨道是一个以 R 为半径的圆.

当 $V_0>V_1$ 时,发射体的轨道是一条圆锥曲线,它以地心为焦点.以

$$e=\sqrt{\left(\frac{V_0^2}{gR}-1\right)\cos^2\alpha+\sin^2\alpha}$$

为离心率(这个公式的证明要用到微积分,这里从略),其中 α 表示发射方向与过发射点的水平面的交角.又发射速度增大为 $V_2=\sqrt{2gR}=\sqrt{2}V_1=1.41\times 7.91(\mathrm{km/s})=11.2(\mathrm{km/s})$.

当 $V_1<V_0<V_2$ 时,则 $0<e<1$,发射体的轨道是一个椭圆.随着 e 的增大,轨道越来越扁平,长轴越拉越长,但发射体仍旧绕地运动,成为人造卫星.

当 $V_0=V_2$ 时，则 $e=1$，发射体的轨道是抛物线(的一半).

当 $V_0>V_2$ 时，则 $e>1$，发射体的轨道是双曲线(一支的一半).

因为 $V_0>V_2$ 时，发射体将走向无穷远，不再回到地球附近，所以 V_2 叫作脱离地球速度，也叫作第二宇宙速度.

但是实际上发射体也受其他星球(主要是太阳)引力的作用，其轨道只是近似的圆锥曲线. 当 $V_0\geqslant V_2$ 时，发射体远离地球后，太阳引力的作用成为决定因素，发射体的轨道成为以太阳为焦点的圆锥曲线.

当 $V_2<V_0<V_3=16.7(\text{km/s})$ 时，轨道是一个椭圆，发射体成为一个人造行星.

当 $V_0>V_3$ 时，发射体飞出太阳系，所以 V_3 叫作脱离太阳系的速度，也叫作第三宇宙速度.

上述人造卫星的发射速度与轨道形状的关系，作图解如图 65 所示：

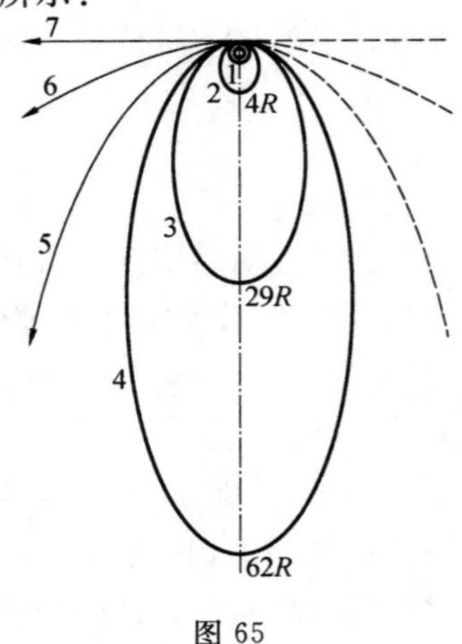

图 65

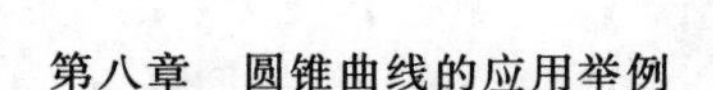

1—— 圆周 $V_0=7.91\ \text{km/s}$；

2—— 椭圆 $V_0=10.0\ \text{km/s}$；

3—— 椭圆 $V_0=11.0\ \text{km/s}$；

4—— 椭圆 $V_0=11.1\ \text{km/s}$；

5—— 抛物线 $V_0=11.2\ \text{km/s}$；

6—— 双曲线 $V_0=12.0\ \text{km/s}$；

7—— 直线 $V_0\to\infty$.

2.三种宇宙速度的计算.

(1) 第一宇宙速度：根据牛顿万有引力定律，质量为 m 的物体在地面上受到的地心引力是

$$f=\frac{KMm}{R^2}$$

这里 R 表示地球半径，M 表示地球质量，K 是万有引力的常数.

如果这个物体以速度 V 作圆周运动，就产生离心力

$$f'=\frac{mV^2}{R}$$

当离心力小于引力时，物体就向地心靠近，落于地面；当离心力等于引力时，物体失去重量，开始绕地运行. 所以当 $V=V_1$ 时，有

$$\frac{KMm}{R^2}=f=f'=\frac{mV_1^2}{R}$$

则

$$V_1^2=\frac{KM}{R}$$

因为地面的重力加速度为 g，由牛顿运动第二定律，可知质量为 m 的物体所受的重力为 mg，又由于物体在地球表面所受到的重力就是它所受到的地心引力，所以

$$mg=f=\frac{KMm}{R^2}$$

即
$$\frac{KM}{R}=gR$$

故 $V_1=\sqrt{\frac{KM}{R}}=\sqrt{gR}=7.91(\mathrm{km/s})$.

(2) 第二宇宙速度：设物体的发射速度为 V_0，它在发射时就具有动能 $E=\frac{1}{2}mV_0^2$. 在离开地心时，因为克服地心引力而做功，发射时贮存在物体上的动能逐渐被消耗. 到动能耗尽时，它就不能继续克服地心引力；这时，它到达了最远点(远地点)，开始被地心引力拉回来.

现在求这个物体从地面到地心 R' 处，为克服地心引力所要做的功 W'_R. 如图 66 所示，设 A 为地面上一点，$OA=R$，$OB=R'$. 分 AB 为 n 等分，分点为

图 66

则 $x_0=R<x_1<\cdots<x_i<x_{i+1}<\cdots<x_n=R'$.

而物体在点 x_i 与 x_{i+1} 所受到的引力分别是

$$f_i=\frac{KMm}{x_i^2},f_{i+1}=\frac{KMm}{x_{i+1}^2}$$

当 n 很大时，x_i 与 x_{i+1} 很接近，接近于它们的等比中项 $\sqrt{x_ix_{i+1}}$. 所以在 x_i 到 x_{i+1} 这一段物体所受的引力近似于

$$\frac{KMm}{x_ix_{i+1}}$$

又在这一段内物体要克服的功近似于

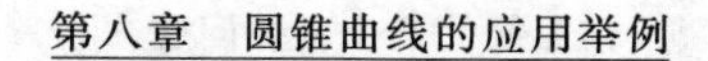

$$\frac{KMm}{x_i x_{i+1}}(x_{i+1}-x_i)=KMm\left(\frac{1}{x_i}-\frac{1}{x_{i+1}}\right)$$

因此,

$$W'_R \approx KMm\left[(\frac{1}{R}-\frac{1}{x_1})+(\frac{1}{x_1}-\frac{1}{x_2})+\cdots+(\frac{1}{x_n}-\frac{1}{R'})\right]$$

$$=KMm\left(\frac{1}{R}-\frac{1}{R'}\right)$$

令 $n\to\infty$,求它的极限,则误差趋近于零,于是

$$W'_R=KMm\left(\frac{1}{R}-\frac{1}{R'}\right)$$

但 $W'_R<\frac{KMm}{R}$,且 $\lim\limits_{R'\to\infty}\frac{1}{R'}=0$, $\lim\limits_{R'\to\infty}W'_R=\frac{KMm}{R}$.

故当 R' 充分大时,W'_R 可以任意地接近于$\frac{KMm}{R}$.

因此要使发射体脱离地心引力的作用,不再回头,发射时给它的动能 E 就必须大于一切可能的W'_R(不论 R' 有多大),所以

$$\frac{1}{2}mV_0^2=E\geqslant\frac{KMm}{R}$$

所以 $$V_0^2\geqslant\frac{2KM}{R}=2gR$$

所以 $$V_0\geqslant\sqrt{2gR}$$

故 $$V_2=\sqrt{2gR}=11.2(\text{km/s})$$

(3) 第三宇宙速度:如果以 M' 表示太阳的质量,S 表示地球到太阳的距离,根据与(2) 相同的推理,可证:物体要脱离太阳引力的作用,它的速度就必须不小于

$$V=\sqrt{\frac{2KM'}{S}}$$

已知太阳质量是 1.989×10^{33} g,地球绕太阳的轨道半

径的平均值是 1.496×10^{8} km(叫作一个天文单位),即 1.496×10^{13} 厘米. 于是得

$$V=\sqrt{\frac{2\times6.685\times10^{-8}\times1.989\times10^{33}}{1.496\times10^{13}}}$$
$$\approx42.2(\mathrm{km/s})$$

但是,脱离太阳系的发射速度并不需要这样大,因为地球以约 29.8 km/s 的速度绕太阳公转,所以当发射方向与地球公转的方向一致时,它克服太阳引力所需要的相对于地球的速度是

$$V'=42.2-29.8=12.4(\mathrm{km/s})$$

又从地球上看来,发射体为了脱离太阳系,应该付出能量 $\frac{1}{2}mV'^2$,而为了克服地心引力,又应该付出 $\frac{1}{2}mV_2^2$ 的能量. 因此,在发射时至少要贮存的总能量是 $\frac{1}{2}mV'^2+\frac{1}{2}mV_2^2$,于是

$$\frac{1}{2}mV_3^2=\frac{1}{2}mV'^2+\frac{1}{2}mV_2^2$$

所以
$$V_3^2=V'^2+V_2^2$$

故
$$V_3=\sqrt{V'^2+V_2^2}=\sqrt{12.4^2+11.2^2}$$
$$\approx16.7(\mathrm{km/s})$$

(三) 圆锥曲线光学性质的应用

圆锥曲线的切线和法线的性质被称为光学性质. 它在科学技术上有很多的应用,下面做一些介绍.

1. 抛物镜面:根据抛物线法线的性质:经过抛物线上一点作一直线平行于抛物线的轴,那么经过这一点的法线平分这条直线和这一点的焦点半径的夹角. 因

此，如果把光源放在抛物镜的焦点 F 处（图 67），由于反射角（就是反射光线和法线所成的角）等于入射角（就是入射光线和法线所成的角）．那么射出的光线经过抛物镜的反射，都变成平行的光线．汽车前灯和探照灯的反光曲面，都是抛物线绕轴旋转而成的抛物镜面，就是抛物线法线性质的实际应用（图 68）．

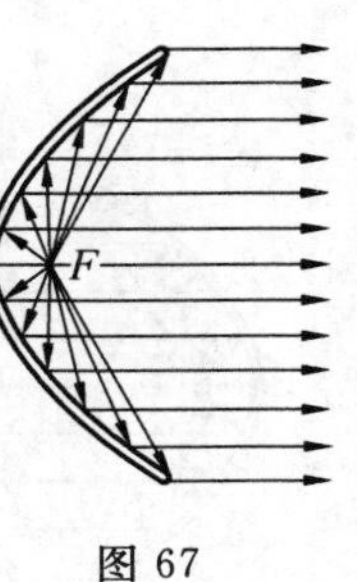

图 67

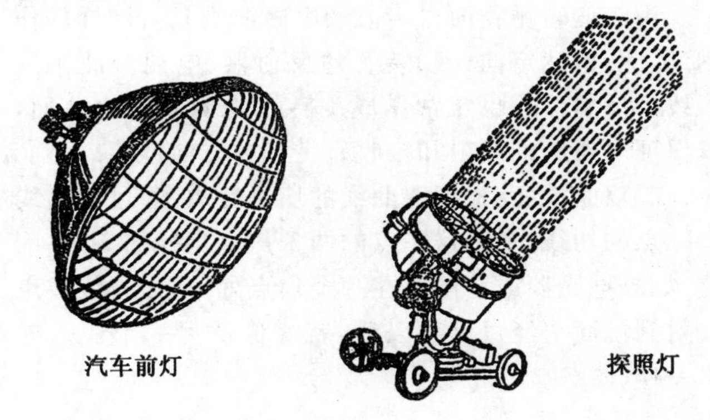

图 68

反过来，我们也可以利用抛物线法线的这个性质，把平行光线集中于焦点（图 69），太阳灶就是利用这个原理设计的（图 70）．

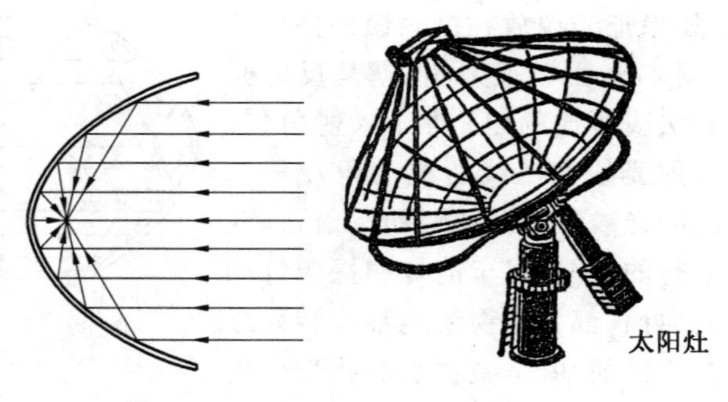

图 69　　　　图 70

由于旋转抛物面对声波和电磁波也具有同样的作用.因此,雷达定向天线装置的反射器、电视微波中继天线的反射器等也常常做成旋转抛物面或抛物柱面,以保证电磁波的发射和接收有良好的方向性能.

2.双曲镜面:根据双曲线的切线性质:经过双曲线上一点的切线,平分这一点的两条焦点半径的夹角.因此,如果把光源或声源放在一个焦点处,那么光线或声波射到镜面上经过反射以后,就好像从另一个焦点射出一样(图 71).

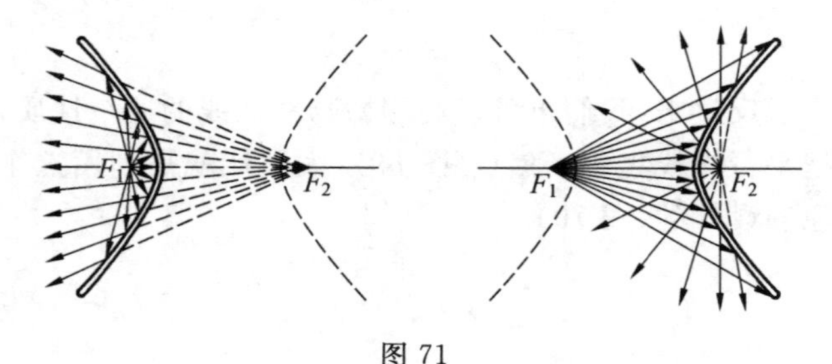

图 71

双曲线切线的这一性质,经常用于望远镜上,望远镜是观察远而大的物体的光学仪器,有折射式和反射式两种.折射式望远镜是由透镜所制的物镜和目镜组

成. 物镜一定是会聚透镜, 目镜可以是会聚透镜, 也可以是发散透镜. 如果望远镜的物镜不用透镜而用凹镜, 这种望远镜就是反射式望远镜. 下面介绍南京天文仪器厂制造的 60 厘米反射式天文望远镜, 它的示意图如图 72 所示.

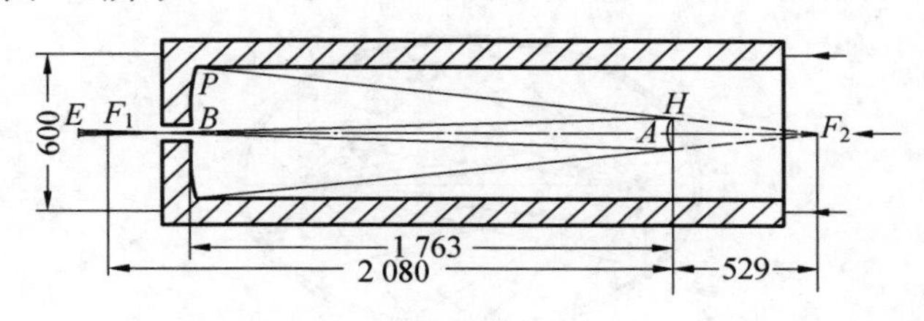

图 72

图 72 中, P 为旋转抛物面的反射镜(物镜), 它的焦点在 F_2, H 为旋转双叶双曲面(双曲线绕其实轴旋转而成的曲面)的一叶的反射镜(副镜), 它的两个焦点分别为 F_1 和 F_2, E 为目镜.

当光线射入望远镜筒后, 首先经过抛物镜面 P 的反射向其焦点 F_2 集中; 其中射到双曲镜面 H 时, 就又被反射转向焦点 F_1 集中, 最后射到目镜 E.

望远镜的放大率约等于物镜焦距和目镜焦距的比, 用望远镜增加像的照度的倍数等于物镜面积跟目镜面积的比. 望远镜的物镜所造的像比原物体为小, 但因视角放大, 看物体有缩短距离的感觉, 放大率为 K 倍时, 物体到我们的距离就好像缩短到 $\frac{1}{K}$. 南京天文仪器厂制造的这种反射式天文望远镜的优点在于望远镜的镜筒短, 体积小, 便于移动. 同时像的照度的倍数大, 视角增大数千倍以上, 因而是一种良好的天文望远镜.

3. 椭球镜面: 根据椭圆法线的性质: 经过椭圆上一

点的法线，平分这一点的两条焦点半径的夹角. 因此如果把光源放在椭球镜面的一个焦点处，那么经过反射，都集中到另一个焦点上(图 73). 许多聚光灯泡是椭球形就是根据这个性质设计的. 下面介绍一种电影放映机的聚光灯泡. 它的构造如图 74 所示.

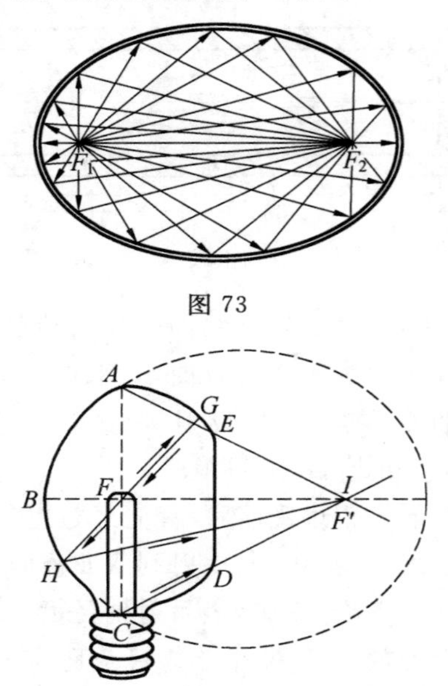

图 73

图 74

椭圆弧 ABC 绕轴 FF' 旋转成椭球面，以 F 为焦点；圆弧 AE 和 CD 旋转成一球带. 以 F 为球心，AC 为直径，这两曲面组成反射面，DE 表示透明的光窗，灯丝在 F 处，片门装在 F 与另一焦点 F' 间紧靠于 F' 的 I 处，这样从灯丝发出的光，或经椭球面反射后集中于 F'. 所以灯丝发出的光，除射到光窗和灯头处以外，全部透过片门集中到 F'，再经放射镜头，将影片上的画

面放大并投射到银幕上.

片门如放在 F' 处,本来可以得到最多的光照射其上,但 F' 处光线集中,照在影片上,难免中间特别明亮而周围较暗.将使银幕上的画面出现照度不均匀的现象.因此片门从 F' 移后一些.

这种灯泡的优点是体积小,且减少了光源后面的反光镜和光源与片门间的聚光透镜组,使放映机结构简单,体积较小,便于移动,但更主要的是光源发出的光能够充分地被利用.例如 DE 在点 F 所张的角 $\angle DFE$ 约为 $60°$,如以 $60°$ 计算,则球半径 $R=FA$.于是

$$\text{光透过光窗的损失率}=\frac{\overset{\frown}{DE}\ \text{旋转成的球冠面积}}{\text{球面面积}}$$

$$=\frac{2\pi R\cdot R(1-\cos 30°)}{4\pi R^2}$$

$$\approx 0.067$$

即损失仅 6.7%,虽然还有灯头处不反光,反射面反光也不完全,但光的利用率仍然较大.这种聚光灯泡的发光亮度要比旧式的灯泡提高三倍多.

(四)圆锥曲线在航海与航空中的应用

1.时差定位法:在平面内如果有不在同一直线上的三个定点 A,B,C,要求作一点 P,使 $PA-PB=2a_1$,$PC-PB=2a_2$,那么这个作图是可能的.因为点 P 既在以 A,B 为焦点,而以 $2a_1$ 为实轴长的双曲线的一支上;同时点 P 也在以 B,C 为焦点,而以 $2a_2$ 为实轴上的双曲线的一支上.因此点 P 就是这两支双曲线的交点,如图 75 所示.

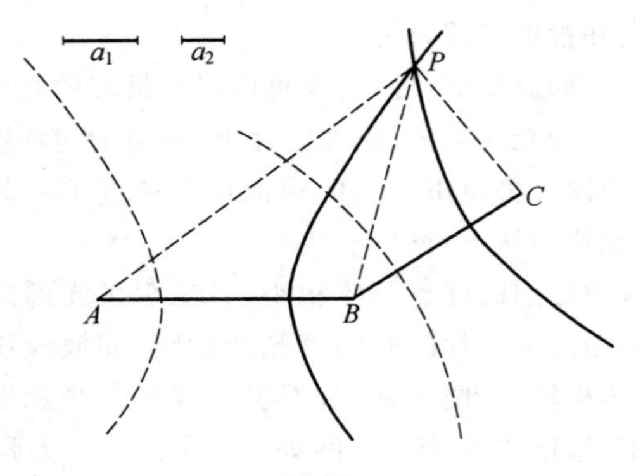

图 75

从这个作图题启示我们，在航海与航空中可以利用“时差定位法”进行无线电导航. 以航海来说，可以在沿海或岛屿上选择三个适当的地点 A,B,C 建立导航台，海轮上装有定位仪，就能接受从三个导航台发来的无线电的信号. 由于海轮到各导航台的距离不等，因而三个导航台同时发出的信号，到达海轮上的时间就有先后的不同. 如果确定以 B 为主导航台，那么在定位仪的读数装置上，就可以得到从 B 和 A 以及从 B 和 C 的发来信号到达海轮上的时间差. 有了时间差，也就可以知道海轮和各导航台瞬时的距离差，于是根据这些时差，在预先准备的时差定位图上，从以 A,B 为焦点的一族双曲线中找出相应时差的一条双曲线. 同样从以 B,C 为焦点的一族双曲线也找出相应时差的一条双曲线，那么在这两支双曲线的交点处就确定了海轮这时的位置.

时差定位图的制作也比较方便的. 它只要在一幅详尽的海洋地图上，用两种不同的颜色，加印上以 A，B 为焦点的一系列双曲线，和以 B,C 为焦点的一系列

双曲线，并在各条双曲线上标明 A(或 C) 的信号到海轮的时间减去 B 的信号到达海轮的时间之时差. 由于时差有正、负的规定，因而两支双曲线的交点就唯一地被确定了.

由于时差定位图已预先制好，因此它使用方便，测定迅速，定位也较为准确，一般可精确到 0.2 ～ 0.3 海里(1 海里 =1.852 千米).

时差定位法，不仅应用于航海、航空中的无线电导航，在炮兵部队中也经常用设置的三个听音站以测定敌方炮兵阵地的位置. 在没有预先制便时差定位图的情况下，炮兵经常按照地图的比例尺，迅速地分别画出这两支双曲线，再用度量的方法来确定敌方炮兵阵地的位置. 有时炮兵为了加快测定的速度，用它们的渐近线的交点来代替两双曲线的交点，在敌我距离相当远的情况下，它的误差也不很大.

2. 空投物资的定向：飞机在空中飞行，怎样才能把物资准确地投掷到指定的目标呢？

设飞机在准备空投时作水平飞行，这时高度为 h 米，飞行的速度为 V km/h，当飞机发现空投目标后，要准确地投掷物资，关键在于确定飞机上观察目标的俯角 θ.

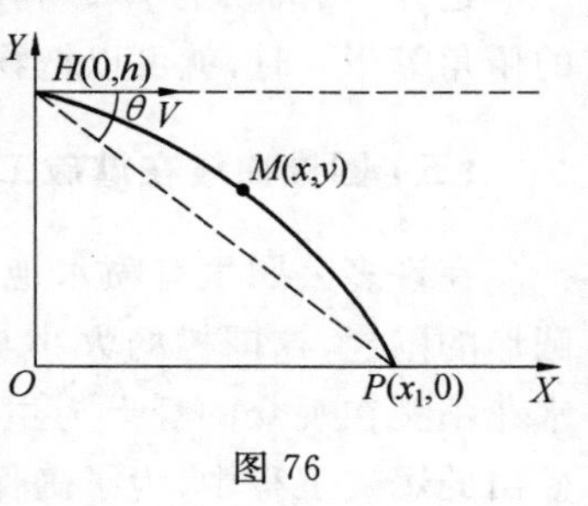

图 76

如图 76 建立直角坐标系，设物资投出 t 秒钟末的位置为 $M(x, y)$，则

$$\begin{cases} x = Vt \\ y = h - \dfrac{1}{2}gt^2 \end{cases}$$

式中 g 为重力加速度，消去参数 t 得

$$y = -\frac{g}{2V^2}x^2 + h$$

这就是空掷物资的轨道方程，这轨道显然是抛物线.

因为点 P 在这抛物线上，设它的坐标为$(x_1,0)$. 于是有

$$-\frac{g}{2V^2}x_1^2 + h = 0$$

解之，得 $$x_1 = \sqrt{\frac{2V^2h}{g}}$$

从而 $$\tan\theta = \frac{h}{x_1} = h\sqrt{\frac{g}{2V^2h}} = \frac{\sqrt{2gh}}{2V}$$

所以 $$\theta = \arctan\frac{\sqrt{2gh}}{2V}$$

这样，飞机在空中飞行，在航向上当发现指定目标的俯角等于 θ 时，就可以把物资投掷下去了.

（五）圆锥曲线在爆破工程上的应用

在许多公园里有喷水池的建筑，喷水池的周围有圆形的围栏，这围栏的大小与高度一般是根据喷出的水花不溅在观众的身上为主要要求而设计的. 联系到矿山的爆破工程中，为了确保爆破的质量和安全，更有必要确定安全区和危险区了.

当然在爆破工程中要确定安全区和危险区，要比喷水池确定围栏来得复杂. 它必须根据地质、地形及炸药的性能等因素划分，但是爆破点处炸开的矿石的运

动轨道却是和喷水池喷出水花运动的轨道一样是一系列不同的抛物线. 它们构成一个抛物线系(图 77). 这些抛物线不会越出一定的范围. 因此在这样范围以外可以是安全区,这个范围的边界是一条抛物线,我们把它叫作安全抛物线. 下面介绍安全抛物线方程的求法.

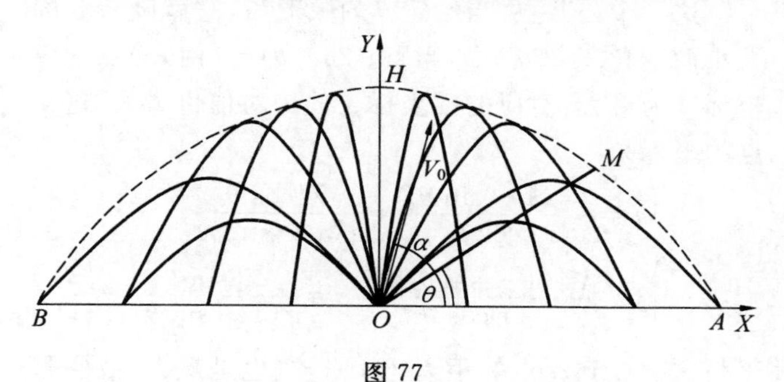

图 77

在爆破点的一个铅垂面内,以爆破点为原点,水平方向为 X 轴,建立直角坐标系.

设抛射角为 α,抛射速度为 V_0,以时间 t 为参数,则抛射体的运动轨道的参数方程是

$$\begin{cases} x=V_0+\cos\alpha \\ y=V_0t\sin\alpha-\dfrac{1}{2}gt^2 \end{cases}$$

消去参数 t,得轨道的普通方程是

$$y=-\frac{g}{2V_0^2\cos^2\alpha}x^2+\frac{\sin\alpha}{\cos\alpha}x \quad (1)$$

由于 α 可以在 0 到 π 的范围内取值,因此方程(1) 是表示经过原点的抛物线系.

过原点作直线系

$$y=x\tan\theta(0\leqslant\theta<\pi) \quad (2)$$

解方程(1) 和(2),得这两个曲线系的公共点,除

原点外另一交点是

$$\begin{cases} x=\dfrac{2V_0^2\sin(\alpha-\theta)\cos\alpha}{g\cos\theta}=\dfrac{V_0^2(\sin(2\alpha-\theta)-\sin\theta)}{g\cos\theta} \\ y=\dfrac{V_0^2(\sin(2\alpha-\theta)-\sin\theta)\sin\theta}{g\cos\theta} \end{cases}$$

这一个公共点，当给定 θ 的数值后，它就随着 α 的大小而变化. 不难看出，当 $\sin(2\alpha-\theta)=1$ 时，交点的纵坐标 y 为最大，对应的横坐标 x 的绝对值也最大. 这交点的坐标是

$$\begin{cases} x=\dfrac{V_0^2(1-\sin\theta)}{g\cos\theta}=\dfrac{V_0^2\cos\theta}{g(1+\sin\theta)} & (3) \\ y=\dfrac{V_0^2(1-\sin\theta)\sin\theta}{g\cos\theta}=\dfrac{V_0^2\sin\theta}{g(1+\sin\theta)} & (4) \end{cases}$$

于是这交点到原点的距离$\sqrt{x^2+y^2}$ 也是最大. 故它是安全边界上的一点的坐标. 在 θ 的允许值范围内取不同值，它就是安全边界上不同的点. 因而以 θ 为参数，它就是安全边界线的参数方程.

为了消去参数 θ，把$(3)^2+\dfrac{2V_0^2}{g}(4)$ 得

$$x^2+\frac{2V_0^2}{g}y=\frac{V_0^4\cos^2\theta}{g^2(1+\sin\theta)^2}+\frac{2V_0^2}{g}\cdot\frac{V_0^2\sin\theta}{g(1+\sin\theta)}$$

所以
$$x^2+\frac{2V_0^2}{g}y=\frac{V_0^4}{g^2}$$

故
$$x^2=-\frac{2V_0^2}{g}\left(y-\frac{V_0^2}{2g}\right)$$

这方程所表示的曲线是以 $H\left(0,\dfrac{V_0^2}{2g}\right)$ 为顶点，以原点为焦点，以 Y 轴为对称轴，开口向下的抛物线. 因此它是安全抛物线的方程.

以安全抛物线绕着它的对称轴旋转，得到一个旋

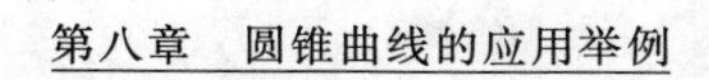

转抛物面.这抛物面的高为$\frac{V_0^2}{2g}$,它的底面是以爆破点为中心、$\frac{V_0^2}{g}$为半径的圆.因此在这抛物面内的空间是危险区,在抛物面外的空间是安全区.

习题解答

附录

习　题　一

1. 求证下列各圆锥曲线的方程.

(1) 设 $P(x,y)$ 是圆上的任意一点，则

$$|PC|=r$$

所以 $\sqrt{(x-a)^2+(y-b)^2}=r$

故

$$(x-a)^2+(y-b)^2=r^2$$

(2) 设 $P(x,y)$ 是圆上的任意一点，因为 $\angle APB=90°$，所以

$$k_{AP}\cdot k_{BP}=-1$$

所以 $$\frac{y-y_1}{x-x_1}\cdot\frac{y-y_2}{x-x_2}=-1$$

故

$$(x-x_1)(x-x_2)+(y-y_1)(y-y_2)=0$$

(3) 设 $P(x,y)$ 为椭圆上的任意一点，则

$$|PF_1|+|PF_2|=2a$$

所以

$$\sqrt{x^2+(y+c)^2}+\sqrt{x^2+(y-c)^2}=2a$$

所以

$$a^2x^2+(a^2-c^2)y^2=a^2(a^2-c^2)$$

令 $a^2-c^2=b^2$,则得

$$\frac{x^2}{b^2}+\frac{y^2}{a^2}=1$$

(4) 设椭圆$\frac{x^2}{a^2}+\frac{y^2}{b^2}=1$与椭圆$\frac{x^2}{a^2+K}+\frac{y^2}{b^2+K}=1$的焦点分别为$(\pm c,0)$ 和$(\pm c',0)$,则

$$c=\sqrt{a^2-b^2}$$

$$c'=\sqrt{(a^2+K)-(b^2+K)}=\sqrt{a^2-b^2}$$

所以

$$c=c'$$

故椭圆$\frac{x^2}{a^2+K}+\frac{y^2}{b^2+K}=1$与椭圆$\frac{x^2}{a^2}+\frac{y^2}{b^2}=1$有共同的焦点.

这就是说,和椭圆$\frac{x^2}{a^2}+\frac{y^2}{b^2}=1$有共同焦点的椭圆方程都具有$\frac{x^2}{a^2+K}+\frac{y^2}{b^2+K}=1(K>-b^2)$的形式.

(5) 设椭圆$\frac{x^2}{a^2}+\frac{y^2}{b^2}=1$和椭圆$\frac{x^2}{a^2K}+\frac{y^2}{b^2K}=1$的离心率分别为 e 和 e',则

$$e=\frac{c}{a}=\frac{\sqrt{a^2-b^2}}{a},e'=\frac{\sqrt{a^2K-b^2K}}{a\sqrt{K}}=\frac{\sqrt{a^2-b^2}}{a}$$

所以

$$e=e'$$

故椭圆$\frac{x^2}{a^2}+\frac{y^2}{b^2}=1$和椭圆$\frac{x^2}{a^2K}+\frac{y^2}{b^2K}=1$有相同的离心率.

这就是说,和椭圆$\frac{x^2}{a^2}+\frac{y^2}{b^2}=1$有相同离心率的椭

圆的方程都具有$\frac{x^2}{a^2}+\frac{y^2}{b^2}=K(K>0)$的形式.

(6) 设$P(x,y)$为双曲线上任意一点,则

$$|PF_1|-|PF_2|=\pm 2a$$

所以 $\sqrt{x^2+(y+c)^2}-\sqrt{x^2+(y-c)^2}=\pm 2a$

所以

$$a^2x^2-(c^2-a^2)y^2=-a^2(c^2-a^2)$$

令$c^2-a^2=b^2$,则得

$$\frac{x^2}{b^2}-\frac{y^2}{a^2}=-1$$

(7) 设双曲线$\frac{x^2}{a^2}-\frac{y^2}{b^2}=1$和双曲线$\frac{x^2}{a^2+K}-\frac{y^2}{b^2-K}=1$的焦点分别为$(\pm c,0)$和$(\pm c',0)$,则

$$c=\sqrt{a^2+b^2}$$

$$c'=\sqrt{(a^2+K)+(b^2-K)}=\sqrt{a^2+b^2}$$

所以

$$c=c'$$

故双曲线$\frac{x^2}{a^2}-\frac{y^2}{b^2}=1$与$\frac{x^2}{a^2+K}-\frac{y^2}{b^2-K}=1$有共同的焦点.

这就是说,和双曲线$\frac{x^2}{a^2}-\frac{y^2}{b^2}=1$有共同焦点的双曲线的方程都具有$\frac{x^2}{a^2+K}-\frac{y^2}{b^2-K}=1$的形式.

(8) 因为双曲线$\frac{x^2}{a^2}-\frac{y^2}{b^2}=1$的渐近线为$bx\pm ay=0$,而双曲线$\frac{x^2}{a^2K}-\frac{y^2}{b^2K}=1$的渐近线为$b\sqrt{K}x\pm a\sqrt{K}y=0$,即$bx\pm ay=0$.

故双曲线$\frac{x^2}{a^2}-\frac{y^2}{b^2}=1$与$\frac{x^2}{a^2K}-\frac{y^2}{b^2K}=1$有共同的渐近线.

这就是说，和双曲线$\frac{x^2}{a^2}-\frac{y^2}{b^2}=1$有共同渐近线的双曲线方程都具有$\frac{x^2}{a^2}-\frac{y^2}{b^2}=K(K\neq 0)$的形式.

(9) 设$P(x,y)$为抛物线上的任意一点，则点P到焦点的距离等于点P到准线的距离，所以

$$\sqrt{x^2+\left(y+\frac{p}{2}\right)^2}=\frac{|2y-p|}{2}$$

所以
$$x^2=-2py$$

(10) 设$P(\rho,\theta)$是圆锥曲线上的任意一点，联结PF，作$PQ\perp l$，$PM\perp FX$，那么

$$\frac{|PF|}{|PQ|}=e$$

若通径的一个端点为D，作$DE\perp l$，那么

$$\frac{|DF|}{|DE|}=e$$

图 78

所以
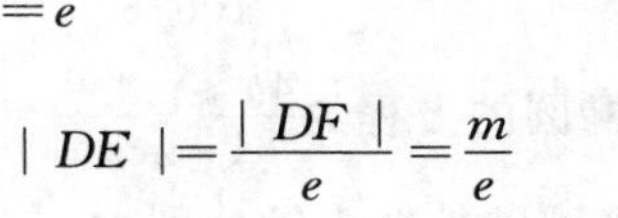
$$|DE|=\frac{|DF|}{e}=\frac{m}{e}$$

因为

$$|PF|=\rho$$

$$|PQ|=|NM|=|NF|+|FM|=\frac{m}{e}+\rho\cos\theta$$

所以
$$\frac{\rho}{\frac{m}{e}+\rho\cos\theta}=e$$

即
$$\rho=\frac{m}{1-e\cos\theta}$$

2. 求适合下列条件的圆锥曲线的方程.

(1) 设椭圆的方程为$\frac{x^2}{200+K}+\frac{y^2}{56+K}=1$.

因为它的准线方程为 $x=\frac{169}{12}$,所以
$$\frac{200+K}{\sqrt{(200+K)-(56+K)}}=\frac{169}{12}$$

所以
$$K=-31$$

故所求椭圆的方程为$\frac{x^2}{169}+\frac{y^2}{25}=1$.

(2) 设椭圆的方程为$\frac{x^2}{225K}+\frac{y^2}{125K}=1$.

因为通径长$\frac{2b^2}{a}$ 等于 5,所以
$$\frac{2\cdot 125K}{\sqrt{225K}}=5$$

所以
$$K=\frac{9}{100}$$

故所求椭圆的方程为$\frac{4x^2}{81}+\frac{4y^2}{45}=1$.

(3) 设椭圆的长短半轴分别为 a,b.

因为短轴的两端点与一焦点组成一个直角三角形,所以
$$a^2+a^2=(2b)^2 \tag{1}$$

因为相邻两顶点间的距离为 $6\sqrt{6}$,所以
$$a^2+b^2=(6\sqrt{6})^2 \tag{2}$$

解(1) 和(2),得

$$a^2=144,b^2=72$$

故所求椭圆的方程为$\frac{x^2}{144}+\frac{y^2}{72}=1$或$\frac{x^2}{72}+\frac{y^2}{144}=1$.

(4) 设椭圆的方程为$\frac{x^2}{a^2}+\frac{y^2}{b^2}=1$.

因为两准线间的距离等于焦距的 3 倍,所以

$$\frac{2a^2}{c}=3\cdot 2c \tag{1}$$

因为椭圆上某一点到两焦点的距离分别为 4 和 2,所以

$$2a=4+2 \tag{2}$$

$$a^2=b^2+c^2 \tag{3}$$

解(1)(2)(3),得 $a=3,b^2=6$.

故所求椭圆的方程为$\frac{x^2}{9}+\frac{y^2}{6}=1$.

(5) 设双曲线的方程为$\frac{x^2}{a^2}-\frac{y^2}{b^2}=1$.

因为它的通径长等于实轴的长,所以

$$\frac{2b^2}{a}=2a \tag{1}$$

因为它的一条准线为 $x=4$,所以

$$\frac{a^2}{c}=4 \tag{2}$$

但

$$c^2=a^2+b^2 \tag{3}$$

解(1)(2)(3),得

$$a^2=b^2=32$$

故所求双曲线的方程为$\frac{x^2}{32}-\frac{y^2}{32}=1$.

(6) 设双曲线的方程为$\frac{x^2}{9K}-\frac{y^2}{16K}=1$.

因为它经过点$(-3,2\sqrt{3})$,所以

$$\frac{9}{9K}-\frac{12}{16K}=1$$

所以 $$K=\frac{1}{4}$$

故所求双曲线方程为$\frac{4x^2}{9}-\frac{y^2}{4}=1$.

(7) 设双曲线的方程为$\frac{x^2}{a^2}-\frac{y^2}{a^2}=1$.

经过焦点$F(\sqrt{2}a,0)$且斜率为 7 的弦所在的直线方程为

$$7x-y-7\sqrt{2}a=0$$

为了求这弦与双曲线的交点,解方程组

$$\begin{cases}y=7x-7\sqrt{2}a\\x^2-y^2=a^2\end{cases}$$

得两个交点为

$$A\left(\frac{9}{8}\sqrt{2}a,\frac{7}{8}\sqrt{2}a\right),B\left(\frac{11}{12}\sqrt{2}a,-\frac{7}{12}\sqrt{2}a\right)$$

因为 $$|AB|=25\sqrt{2}$$

所以

$$\sqrt{\left(\frac{9}{8}\sqrt{2}a-\frac{11}{12}\sqrt{2}a\right)^2+\left(\frac{7}{8}\sqrt{2}a+\frac{7}{12}\sqrt{2}a\right)^2}=25\sqrt{2}$$

所以 $$a^2=288$$

故所求双曲线的方程为

$$x^2-y^2=288$$

(8) 因为抛物线的焦点在直线$2x-3y+6=0$上,所以焦点的坐标为$(-3,0)$或$(0,2)$,则

$$-\frac{1}{2}p_1=-3,\frac{1}{2}p_2=2$$

所以 $$p_1=6,p_2=4$$

故所求抛物线方程为 $y^2=-12x$ 或 $x^2=8y$.

(9) 设抛物线的方程为 $y^2=\pm 2px$.

因为它的通径一端为 $M\left(\frac{p}{2},p\right)$,与顶点 O 的距离为 $5\sqrt{5}$,所以

$$\sqrt{\left(\frac{p}{2}\right)^2+p^2}=5\sqrt{5}$$

所以 $$p=10$$

故所求抛物线的方程为 $y^2=\pm 20x$.

(10) 设抛物线的方程为 $x^2=-2py$.

因为以它的顶点及通径两端点为顶点的三角形的面积等于 8 平方单位,所以

$$\frac{1}{2}\cdot 2p\cdot\frac{1}{2}p=8$$

所以 $$p=4$$

故所求抛物线的方程为 $x^2=-8y$.

3. 求下列各题的轨迹方程.

(1) 设 $P(x,y)$ 为轨迹上的任意一点.

因为 $$|AP|=e|BP|$$

所以 $$\sqrt{x^2+y^2}=e\sqrt{(x-a)^2+y^2}$$

所以 $$x^2+y^2-\frac{2e^2a}{e^2-1}x+\frac{e^2a^2}{e^2-1}=0$$

所以 $$\left(x-\frac{e^2a}{e^2-1}\right)^2+y^2=\left(\frac{ea}{e^2-1}\right)^2$$

这方程所表示的曲线是一个圆.

(2) 设 $P(x,y)$ 为轨迹上的任意一点,因为

$$k_{AP}\cdot k_{BP}=k$$

所以 $$\frac{y}{x+a}\cdot\frac{y}{x-a}=k$$

所以 $$kx^2-y^2=a^2k$$

当 $k>0$ 时，轨迹是双曲线（其中 $k=1$ 是等边双曲线）；

当 $k=0$ 时，轨迹是两条重合的直线（即 x 轴）；

当 $k<0$ 时，轨迹是椭圆（其中 $k=-1$ 是圆）.

(3) 设椭圆的短轴的端点为 $B(0,b)$，$P(x,y)$ 为轨迹上任意一点，则动弦 BP 的另一端点为 $C(2x,2y-b)$.

因为点 C 在椭圆 $b^2x^2+a^2y^2=a^2b^2$ 上，所以

$$b^2(2x)^2+a^2(2y-b)^2=a^2b^2$$

故所求轨迹是椭圆 $\dfrac{x^2}{\left(\dfrac{a}{2}\right)^2}+\dfrac{\left(y-\dfrac{b}{2}\right)^2}{\left(\dfrac{b}{2}\right)^2}=1$.

同理，若动弦是经过椭圆短轴的另一端点 $B'(0,-b)$，则所求轨迹是椭圆

$$\frac{x^2}{\left(\dfrac{a}{2}\right)^2}+\frac{\left(y+\dfrac{b}{2}\right)^2}{\left(\dfrac{b}{2}\right)^2}=1$$

(4) 设 $P(x,y)$ 为轨迹上任意一点.

因为 $$|PA|\cdot|PB|=|PC|\cdot|PD|$$

所以 $$\sqrt{(x+a)^2+y^2}\cdot\sqrt{(x-a)^2+y^2}=\sqrt{x^2+(y-b)^2}\cdot\sqrt{x^2+(y+b)^2}$$

两边平方化简整理，得所求轨迹方程为

$$x^2-y^2=\frac{a^2-b^2}{2}$$

这方程所表示的曲线是等边双曲线.

当 $|a|>|b|$ 时，它的焦点在 x 轴上；

当 $|a|<|b|$ 时，它的焦点在 y 轴上；

当 $|a|=|b|$ 时，它退化为两条相交直线 $x\pm y=0$.

(5) 以直线 l 为 y 轴，过点 Q 而垂直于 l 的直线为 x 轴，建立直角坐标系. 设点 Q 的坐标为 $(a,0)$，点 P 的坐标为 (x,y)，则点 R 的坐标为 $(0,y)$.

因为
$$|RP|=|RQ|$$
所以
$$x=\sqrt{(-a)^2+y^2}$$

故所求的轨迹方程为
$$x^2-y^2=a^2$$

(6) 在轨迹上任取一点 $P(x,y)$.

因为点 P 到 l_1 与 l_2 的距离的乘积等于5.76，所以
$$\frac{|3x-4y|}{\sqrt{3^2+4^2}}\cdot\frac{|3x+4y|}{\sqrt{3^2+4^2}}=5.76$$

故所求轨迹方程为
$$\frac{x^2}{16}-\frac{y^2}{9}=\pm 1$$
这方程所表示的曲线是两条共轭双曲线.

(7) 设动圆的圆心为 $M(x,y)$.

因为它到定直线的距离等于它到定点 A 的距离，所以
$$x+\frac{p}{2}=\sqrt{\left(x-\frac{p}{2}\right)^2+y^2}$$
所以
$$y^2=2px$$

这方程所表示的曲线是抛物线.

(8) 设动圆的圆心为 $P(x,y)$，动圆与 y 轴的切点

为$A(0,y)$；又定圆$x^2+y^2=r^2$的圆心为$O(0,0)$，半径为r.

(i) 动圆与定圆外切.

因为两圆外切，两圆的圆心距等于两圆半径之和，所以

$$|PO|=|PA|+r$$

所以
$$\sqrt{x^2+y^2}=|x|+r$$

两边平方，整理化简得

$$y^2=2r\left(|x|+\frac{r}{2}\right)$$

也就是

$$y^2=\begin{cases}2r\left(x+\frac{r}{2}\right)\ (x\geqslant 0)\\-2r\left(x-\frac{r}{2}\right)\ (x<0)\end{cases}$$

(ii) 动圆与定圆内切.

因为两圆内切，两圆的圆心距等于两圆半径之差，所以

$$|PO|=r-|PA|$$

所以
$$\sqrt{x^2+y^2}=r-|x|$$

两边平方，整理化简得

$$y^2=-2r\left(|x|-\frac{r}{2}\right)$$

也就是

$$y^2=\begin{cases}-2r\left(x-\frac{r}{2}\right)\ (x\geqslant 0)\\2r\left(x+\frac{r}{2}\right)\ (x<0)\end{cases}$$

由(i)(ii) 可知，动圆的圆心轨迹是两条抛物线

$$y^2=2r\left(x+\frac{r}{2}\right)$$

$$y^2=-2r\left(x-\frac{r}{2}\right)$$

(9) 在图 79 中，设 $P(x,y)$ 为轨迹上的任意一点，则 B,C 两点的坐标分别为 $(x,0)$，$(0,y)$.

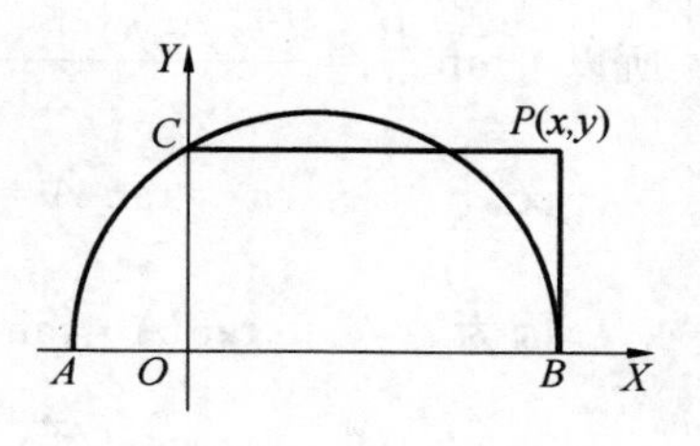

图 79

因为以 AB 为直径的圆中，$OC\perp AB$，所以

$$|OC|^2=|OA|\cdot|OB|$$

即
$$y^2=2px$$

这方程表示的曲线是抛物线.

(10) 在图 80 中，设点 C 坐标为 (x,y)，则

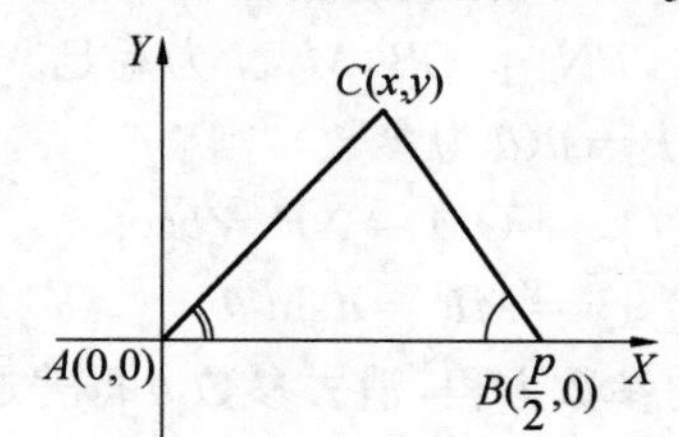

图 80

$$\tan(\pi-B)=\frac{y}{x-\frac{p}{2}}=\frac{2y}{2x-p}$$

所以
$$\tan B=\frac{2y}{p-2x}$$

所以 $$\frac{2\tan\frac{B}{2}}{1-\tan^2\frac{B}{2}}=\frac{2y}{p-2x}$$

所以 $$\tan\frac{B}{2}=\frac{(2x-p)\pm\sqrt{(p-2x)^2+4y^2}}{2y}$$

又 $$\tan A=\frac{y}{x}$$

因为 $$\tan A\cdot\tan\frac{B}{2}=2$$

所以 $$\frac{y}{x}\cdot\frac{(2x-p)\pm\sqrt{(p-2x)^2+4y^2}}{2y}=2$$

化简整理得轨迹方程为

$$y^2=2px$$

4.求下列各题的轨迹方程.

(1)在图81中,在轨迹上任取一点 $P(x,y)$,过 P 作 $PM\perp OX$,$PN\perp OB$,M,N 为垂足.

设 $\angle OAB=\theta$(θ 为参数),则

$$\begin{cases}x=OM=NP=b\cos\theta\\ y=MP=a\sin\theta\end{cases}$$

这就是轨迹的参数方程,消去参数 θ 得普通方程为

$$\frac{x^2}{b^2}+\frac{y^2}{a^2}=1$$

当 $b>a$ 时,是焦点在 X 轴上的椭圆;

当 $b<a$ 时,是焦点在 Y 轴上的椭圆;

当 $b=a$ 时,它是一个圆,以原点为圆心,以 a(或 b)为半径.

(2)在图82中,设点 P 的坐标为(x,y),过 B 作 $BD\perp OX$,D 为垂足;过 P 作 $PM\perp OX$,$PC\perp BD$,M,C 为垂足.

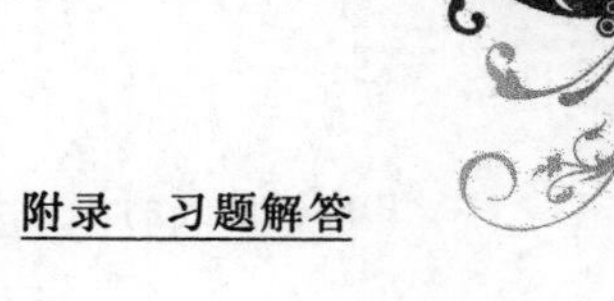

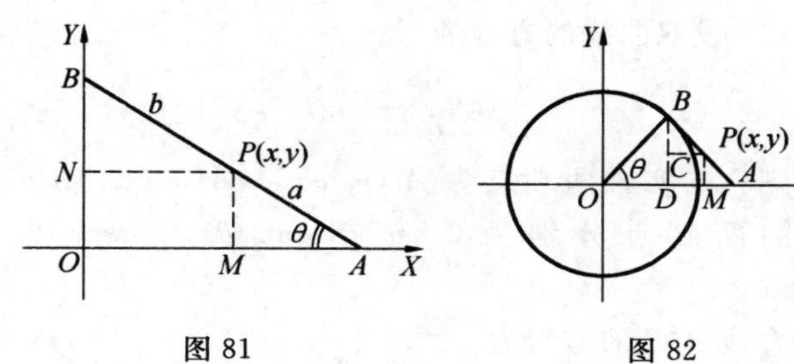

图 81　　　　图 82

设 $\angle AOB=\theta$（θ 为参数），则 $\angle OAB=\theta$，于是

$$\begin{cases}x=OM=OD+DM=r\cos\theta+(r-a)\cos\theta\\ \quad=(2r-a)\cos\theta\\ y=MP=a\sin\theta\end{cases}$$

这就是所求轨迹的参数方程，消去参数 θ 得普通方程为

$$\frac{x^2}{(2r-a)^2}+\frac{y^2}{a^2}=1$$

（3）设椭圆的方程为

$$\frac{x^2}{a^2}+\frac{y^2}{b^2}=1$$

则它的长轴两端点为 $A(-a,0)$，$A'(a,0)$，动弦 CD 的两端点分别为 $(a\cos\theta,b\sin\theta)$，$(a\cos\theta,-b\sin\theta)$．

直线 AC 的方程为

$$b\sin\theta\cdot x-a(\cos\theta+1)y+ab\sin\theta=0$$

直线 $A'D$ 的方程为

$$b\sin\theta\cdot x+a(\cos\theta-1)y-ab\sin\theta=0$$

设直线 AC 与 $A'D$ 的交点为 $P(x,y)$，则

$$\begin{cases}x=a\sec\theta\\ y=b\tan\theta\end{cases}$$

(4) 设双曲线的方程为

$$\frac{x^2}{a^2}-\frac{y^2}{b^2}=1$$

则它的实轴两端点为 $A'(-a,0)$,$A(a,0)$,动弦 CD 的两端点分别为 $(a\sec\theta, b\tan\theta)$,$(a\sec\theta, -b\tan\theta)$.

直线 $A'C$ 的方程为

$$b\sin\theta\cdot x-(a+a\cos\theta)y+ab\sin\theta=0$$

直线 AD 的方程为

$$b\sin\theta\cdot x+(a\cos\theta)y-ab\sin\theta=0$$

设直线 $A'C$ 与 AD 的交点为 $P(x,y)$,则

$$\begin{cases}x=a\cos\theta\\y=b\sin\theta\end{cases}$$

(5) 设抛物线的方程为 $y^2=2px$,则有顶点 $A(0,0)$,焦点 $F\left(\frac{p}{2},0\right)$,准线方程为 $x=-\frac{p}{2}$.

设动点 P 的坐标为 (x_1,y_1),则点 Q 的坐标为 $\left(-\frac{-p}{2},y_1\right)$,从而 AP 及 FQ 的方程分别为

$$y=\frac{2p}{y_1}x \qquad (1)$$

$$y=-\frac{y_1}{p}\left(x-\frac{p}{2}\right) \qquad (2)$$

解(1) 和(2) 得交点 R 的坐标为

$$x=\frac{y_1^2p}{2(2p^2+y_1^2)},y=\frac{y_1p^2}{2p^2+y_1^2}$$

消去参数 y_1,得点 R 的轨迹方程为

$$2x^2+y^2-px=0$$

这方程所表示的曲线是椭圆,它以 AF 为短轴(但 A,F 是极限点).

(6) 取坐标系如图 83 所示，设 $\angle BOM=t$（t 为参数），$OM=a$，并设 OM 与 BL 交点 P 的坐标为 (x,y). 则点 M 的坐标为 $(a\cos t, a\sin t)$、点 L 为 $(0, a\sin t)$.

直线 OM 的方程为

$$y=x\tan t \qquad (1)$$

直线 BL 的方程为

$$y=(a-x)\sin t \qquad (2)$$

解(1) 和(2) 得

$$\begin{cases} x=\dfrac{a\cos t}{1+\cos t} \\ y=\dfrac{a\sin t}{1+\cos t} \end{cases}$$

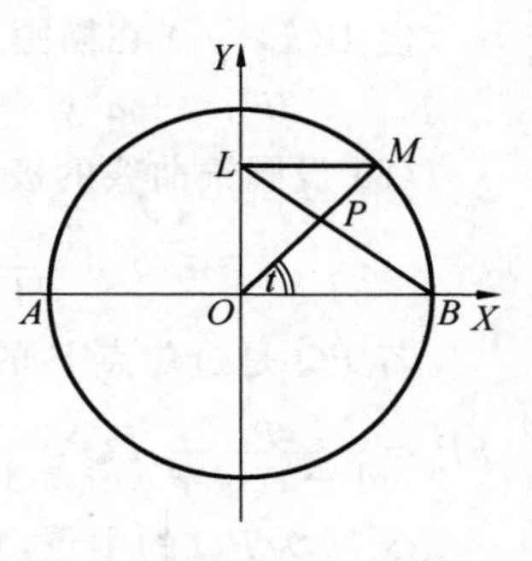

图 83

这就是点 P 的轨迹的参数方程，消去参数 t，得

$$y^2=-2a\left(x-\frac{a}{2}\right)$$

它是抛物线，但所求轨迹是这抛物线在已知圆内的部分.

(7) 设椭圆的方程为

$$\frac{x^2}{a^2}+\frac{y^2}{b^2}=1$$

则 A,A' 的坐标为 $(-a,0)$，$(a,0)$，又设 B 的坐标为 (x_0,y_0)，则 M 的坐标为 $(0,y_0)$，于是直线 MA 方程为

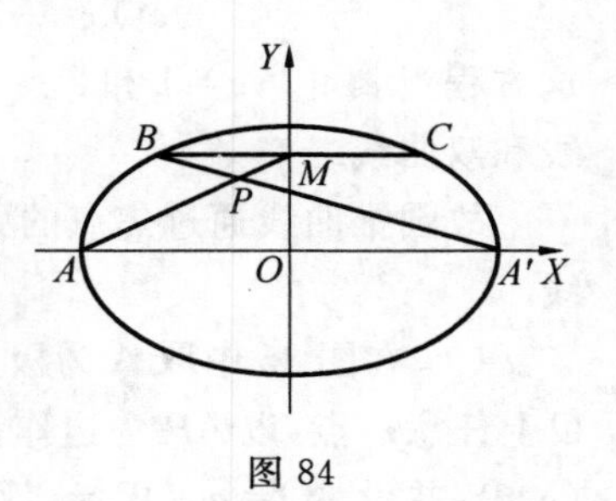

图 84

$$xy_0-ay+ay_0=0$$

直线 BA' 方程为

$$xy_0-x_0y+ay-ay_0=0$$

解这两个方程得交点 P 的坐标与 B 的坐标 x_0,y_0 的关系为

$$x_0=\frac{2ax}{x+a},y_0=\frac{ay}{x+a}$$

但 $B(x_0,y_0)$ 在椭圆上，代入得点 P 轨迹方程为

$$3b^2x^2+a^2y^2-2ab^2x-a^2b^2=0$$

(8) 设圆锥曲线的极坐标方程是

$$\rho=\frac{ep}{1-e\cos\theta}$$

若 PQ 是过焦点 F 的弦，则

$$FP=\frac{ep}{1-e\cos\theta},FQ=\frac{ep}{1-e\cos(\pi+\theta)}=\frac{ep}{1+e\cos\theta}$$

令 M 为 PQ 的中点，它的极坐标为 (ρ_1,θ_1)，则 $\theta_1=\theta$，而

$$\rho_1=FM=FP-MP=FP-\frac{FQ+FP}{2}=\frac{FP-FQ}{2}$$

$$=\frac{1}{2}\left(\frac{ep}{1-e\cos\theta}-\frac{ep}{1+e\cos\theta}\right)=\frac{e^2p\cos\theta_1}{1-e^2\cos^2\theta_1}$$

它的直角坐标方程为

$$(1-e^2)x^2+y^2=e^2px$$

这方程当 $e<1$，$e=1$ 和 $e>1$ 时，分别表示椭圆、抛物线和双曲线.

故圆锥曲线通过焦点的弦的中点轨迹也是圆锥曲线.

(9) 在图 85 中取 A 为极点，AO 为极轴，设 P 为圆 O 上任意一点，以 AP 为边作正 $\triangle APQ$，点 Q 的坐标为 (ρ,θ)，并设 $AO=a$，$OP=r$，则 $AP=AQ=\rho$，$\angle PAO=\theta-\frac{\pi}{3}$，即点 P 坐标为 $(\rho,\theta-\frac{\pi}{3})$.

在 $\triangle APO$ 中，根据余弦定理得

$$OP^2 = AP^2 + AO^2 - 2AP \cdot AO \cdot \cos\angle PAO$$

所以
$$r^2 = \rho^2 + a^2 - 2a\rho\cos(\theta - \frac{\pi}{3})$$

它的直角坐标方程为

$$(x - \frac{a}{2})^2 + (y - \frac{\sqrt{3}}{2}a)^2 = r^2$$

在 AP 的另一侧也有正 $\triangle APQ'$，同理可求点 Q' 轨迹的极坐标方程为

$$\rho^2 + \alpha^2 - 2a\rho\cos(\theta - \frac{5}{3}\pi) = r^2$$

它的直角坐标方程为

$$(x - \frac{a}{2})^2 + (y + \frac{\sqrt{3}}{2}a)^2 = r^2$$

(10) 以 AB 为 X 轴，AB 的中点为原点，建立直角坐标系(图 86)，则单位圆的方程是

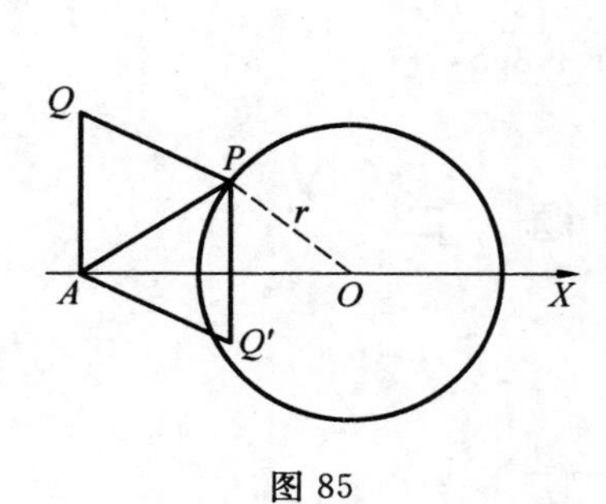

图 85

图 86

$$x^2 + y^2 = 1$$

经过其上一点 $M(\cos\alpha, \sin\alpha)$ 的切线方程是

$$x\cos\alpha + y\sin\alpha = 1$$

它与过 $A(-1,0)$ 的切线 $x+1=0$ 的交点为

$D(-1,\frac{1+\cos\alpha}{\sin\alpha})$,

它与过 $B(1,0)$ 的切线 $x-1=0$ 的交点为 $C(1,\frac{1-\cos\alpha}{\sin\alpha})$.

于是直线 AC 与 BD 的方程分别是

$$(1-\cos\alpha)x-2\sin\alpha\cdot y+(1-\cos\alpha)=0 \quad (1)$$

$$(1-\cos\alpha)x+2\sin\alpha\cdot y-(1+\cos\alpha)=0 \quad (2)$$

解(1) 和(2) 得交点 M 的坐标为$(\cos\alpha,\frac{1}{2}\sin\alpha)$.

因此,$\begin{cases}x=\cos\alpha\\ y=\frac{1}{2}\sin\alpha\end{cases}$ 就是梯形对角线交点的轨迹的参数方程,消去参数 α,得轨迹的普通方程是

$$x^2+4y^2=1$$

这是一个椭圆,它的极坐标方程是

$$\rho^2=\frac{1}{1+3\cos^2\theta}$$

习　题　二

1. 设椭圆的方程为

$$\frac{x^2}{a^2}+\frac{y^2}{b^2}=1$$

则它的两个焦点为 $F'(-c,0)$,$F(c,0)$,取椭圆长轴的一端点 $A(a,0)$.

因为 $|AF'|\cdot|AF|=|a+c|\cdot|a-c|=|a^2-c^2|=b^2$,所以椭圆的半短轴是两个焦点到长轴的同一端点的距离的比例中项.

2.设椭圆的方程为

$$b^2x^2+a^2y^2=a^2b^2$$

它的长轴为AA',短轴为BB',通径为DD',则

$$|AA'|\cdot|DD'|=2a\cdot\frac{2b^2}{a}=4b^2=|BB'|^2$$

故椭圆的短轴是它的长轴和通径的比例中项.

3.设椭圆的方程为

$$b^2x^2+a^2y^2=a^2b^2$$

则它的短轴的两端点分别为$B(0,b)$,$B'(0,-b)$,设椭圆上的任意一点为$P\left(x_1,\pm\sqrt{\frac{b^2}{a^2}(a^2-x_1^2)}\right)$,于是直线$BP$的方程为

$$(ab\pm b\sqrt{a^2-x_1^2})x+ax_1y-abx_1=0$$

直线$B'P$的方程为

$$(-ab\pm b\sqrt{a^2-x_1^2})x+ax_1y+abx_1=0$$

设直线BP与$B'P$在X轴上的截距分别为m和m',则

$$m\cdot m'=\frac{abx_1}{ab\pm b\sqrt{a^2-x_1^2}}\cdot\frac{-abx_1}{-ab\pm b\sqrt{a^2-x_1^2}}$$

$$=a^2(\text{定值})$$

4.设椭圆的方程为

$$b^2x^2+a^2y^2=a^2b^2$$

它的极坐标方程为

$$\rho^2=\frac{a^2b^2}{b^2\cos^2\theta+a^2\sin^2\theta}$$

设P,Q两点的坐标为(ρ_1,θ_1),(ρ_2,θ_2),则

$$|OP|^2=\rho_1^2=\frac{a^2b^2}{b^2\cos^2\theta_1+a^2\sin^2\theta_1}$$

$$|OQ|^2=\rho_2^2=\frac{a^2b^2}{b^2\cos^2\theta_2+a^2\sin^2\theta_2}$$

于是

$$\frac{1}{|OP|^2}+\frac{1}{|OQ|^2}$$

$$=\frac{a^2(\sin^2\theta_1+\sin^2\theta_2)+b^2(\cos^2\theta_1+\cos^2\theta_2)}{a^2b^2}$$

因为 $\angle POQ=90°$，所以 $\theta_2=90°+\theta_1$，故

$$\frac{1}{|OP|^2}+\frac{1}{|OQ|^2}$$

$$=\frac{a^2(\sin^2\theta_1+\cos^2\theta_1)+b^2(\sin^2\theta_1+\cos^2\theta_1)}{a^2b^2}$$

$$=\frac{a^2+b^2}{a^2b^2}\text{（定值）}$$

5. 设椭圆方程为

$$b^2x^2+a^2y^2=a^2b^2$$

点 M 的坐标为 $(aK,\pm b\sqrt{1-K^2})$，因为直线 OM 的倾斜角为 α，所以

$$\tan\alpha=\frac{\pm b\sqrt{1-K^2}}{aK}$$

所以

$$K^2=\frac{b^2}{a^2\tan^2\alpha+b^2}=\frac{b^2}{a^2\tan^2\alpha+(a^2-c^2)}=\frac{b^2\cos^2\alpha}{a^2-c^2\cos^2\alpha}$$

于是 $|OM|=\sqrt{a^2K^2+b^2(1-K^2)}=\sqrt{c^2K^2+b^2}$

$$=\sqrt{\frac{b^2c^2\cos^2\alpha+b^2(a^2-c^2\cos^2\alpha)}{a^2-c^2\cos^2\alpha}}$$

$$=\sqrt{\frac{a^2b^2}{a^2-c^2\cos^2\alpha}}$$

$$=\sqrt{\frac{b^2}{1-e^2\cos^2\alpha}}=\frac{b}{\sqrt{1-e^2\cos^2\alpha}}$$

6. 设双曲线方程为

$$b^2x^2-a^2y^2=a^2b^2$$

则它的渐近线方程为

$$b^2x^2-a^2y^2=0 \tag{1}$$

又因为它的准线方程为

$$x=\pm\frac{a^2}{c} \tag{2}$$

故解(1) 和(2) 得它们交点为

$$A\left(\frac{a^2}{c},\frac{ab}{c}\right),B\left(\frac{a^2}{c},-\frac{ab}{c}\right)$$

$$C\left(-\frac{a^2}{c},\frac{ab}{c}\right),D\left(-\frac{a^2}{c},-\frac{ab}{c}\right)$$

它们与中心 O 的距离

$$d=\sqrt{\left(\pm\frac{a^2}{c}\right)^2+\left(\pm\frac{ab}{c}\right)^2}=\sqrt{\frac{a^2(a^2+b^2)}{c^2}}=a$$

7. 设两双曲线方程分别为

$$b_1^2x^2-a^2y^2=a^2b_1^2,b_2^2x^2-a^2y^2=a^2b_2^2$$

过它们的实轴上一点 $M(x_1,0)$ 作实轴的垂线 l,则:

l 与双曲线 $b_1^2x^2-a^2y^2=a^2b_1^2$ 的交点为 $A(x_1,\pm\frac{b_1}{a}\sqrt{x_1^2-a^2})$;

l 与双曲线 $b_2^2x^2-a^2y^2=a^2b_2^2$ 的交点为 $B(x_1,\pm\frac{b_2}{a}\sqrt{x_1^2-a^2})$.

于是 $\frac{|MA|}{|MB|}=\frac{\frac{b_1}{a}\sqrt{x_1^2-a^2}}{\frac{b_2}{a}\sqrt{x_1^2-a^2}}=\frac{b_1}{b_2}$.

8. 设有共同焦点的两双曲线方程为

$$\frac{x^2}{a^2}-\frac{y^2}{b^2}=1,\frac{x^2}{a^2+K}-\frac{y^2}{b^2-K}=1$$

它们的离心率分别为 e_1 和 e_2，且 $e_1 > e_2$，所以

$$\frac{c}{a} > \frac{c}{\sqrt{a^2+K}}$$

所以
$$a < \sqrt{a^2+K}$$

故离心率较大的一个顶点较近于它的中心.

9. 设两双曲线方程分别为

$$\frac{x^2}{a_1^2}-\frac{y^2}{b_1^2}=1, \frac{x^2}{a_2^2}-\frac{y^2}{b_2^2}=1$$

它们的离心率分别为 e_1 和 e_2.

因为它们的渐近线 $b_1^2x^2-a_1^2y^2=0$ 与 $b_2^2x^2-a_2^2y^2=0$ 相同，所以

$$\frac{b_1}{b_2}=\frac{a_1}{a_2}$$

所以
$$\frac{\sqrt{c_1^2-a_1^2}}{a_1}=\frac{\sqrt{c_2^2-a_2^2}}{a_2}$$

所以
$$\sqrt{e_1^2-1}=\sqrt{e_2^2-1}$$

故
$$e_1=e_2$$

10. 设双曲线方程为

$$b^2x^2-a^2y^2=a^2b^2$$

它的两条渐近线为 $y=\pm\frac{b}{a}x$，其斜率是 $k_1=\frac{b}{a}$ 和 $k_2=-\frac{b}{a}$.

若 2θ 表示它们的夹角时，可得

$$\tan\theta=k_1=\frac{b}{a}, \tan(-\theta)=k_2=-\frac{b}{a}\left(0<\theta<\frac{\pi}{2}\right)$$

则

$$\tan 2\theta=\tan[\theta-(-\theta)]=\frac{\tan\theta-\tan(-\theta)}{1+\tan\theta\tan(-\theta)}$$

$$=\frac{2(\frac{b}{a})}{1-(\frac{b}{a})^2}=\frac{2\sqrt{(\frac{c}{a})^2-1}}{1-(\frac{c^2}{a^2}-1)}=\frac{2\sqrt{e^2-1}}{2-e^2}$$

11. 设离心率相同的两双曲线方程分别为

$$\frac{x^2}{a^2}-\frac{y^2}{b^2}=1,\frac{x^2}{a^2K}-\frac{y^2}{b^2K}=1$$

它们的渐近线分别为

$$l_1:bx+ay=0,l_2:bx-ay=0$$

及

$$l'_1:b\sqrt{K}x+a\sqrt{K}y=0,l'_2:b\sqrt{K}x-a\sqrt{K}y=0$$

因为$\frac{b}{b\sqrt{K}}=\frac{a}{a\sqrt{K}}$,所以 l_1 与 l'_1 重合,l_2 与 l'_2 重合.

故它们的渐近线所夹的角相等.

12. 设双曲线方程为

$$b^2x^2-a^2y^2=a^2b^2$$

它的两条渐近线方程为 $b^2x^2-a^2y^2=0$,过顶点 $A(a,0)$ 与 $A'(-a,0)$ 引实轴的垂线的方程为 $x=\pm a$,这四条直线的交点有 $M_1(a,b)$,$M_2(a,-b)$,$M_3(-a,b)$,$M_4(-a,-b)$.

以两焦点 $F_1(-c,0)$,$F(c,0)$ 联结线段为直径的圆的方程为

$$x^2+y^2=c^2$$

即

$$x^2+y^2=a^2+b^2$$

因此把 M_1,M_2,M_3,M_4 各点坐标代入都适合,故 M_1,M_2,M_3,M_4 都在这个圆上.

13. 设两双曲线方程分别为

$$b_1^2x^2-a_1^2y^2=a_1^2b_1^2,b_2^2x^2-a_2^2y^2=a_2^2b_2^2$$

因为它们有共同的准线,所以

$$\frac{a_1^2}{c_1}=\frac{a_2^2}{c_2}$$

故 $$\frac{2c_1}{2c_2}=\frac{c_1}{c_2}=\frac{a_1^2}{a_2^2}=\frac{(2a_1)^2}{(2a_2)^2}$$

14. 设两双曲线方程分别为

$$b^2x^2-a^2y^2=a^2b^2,b^2Kx^2-a^2Ky^2=-a^2b^2K^2$$

其中 $K>0$,它们的离心率

$$e_1=\frac{c}{a}=\frac{\sqrt{a^2+b^2}}{a}$$

$$e_2=\frac{\sqrt{a^2K+b^2K}}{b\sqrt{K}}=\frac{\sqrt{a^2+b^2}}{b}$$

故 $$\frac{1}{e_1^2}+\frac{1}{e_2^2}=\frac{a^2}{a^2+b^2}+\frac{b^2}{a^2+b^2}=1$$

15. 设双曲线的方程为

$$b^2x^2-a^2y^2=a^2b^2$$

它的两条渐近线方程为

$$b^2x^2-a^2y^2=0$$

设双曲线上任意一点为 $P(a\sec\theta,b\tan\theta)$,它到两条渐近线的距离分别为 d_1 和 d_2,则

$$d_1\cdot d_2=\frac{|ab\sec\theta+ab\tan\theta|}{\sqrt{a^2+b^2}}\cdot\frac{|ab\sec\theta-ab\tan\theta|}{\sqrt{a^2+b^2}}$$

$$=\frac{a^2b^2}{a^2+b^2}\text{(定值)}$$

16. 设双曲线方程为

$$b^2x^2-a^2y^2=a^2b^2$$

经过双曲线上任意点 $P(a\sec\theta,b\tan\theta)$ 引平行于实轴的直线方程为

$$y=b\tan\theta$$

它与两渐近线的交点为 $Q(a\tan\theta, b\tan\theta)$，$Q'(-a\tan\theta, b\tan\theta)$.

故　$|PQ|\cdot|PQ'|$

$=|a\sec\theta-a\tan\theta||a\sec\theta+a\tan\theta|$

$=a^2$（定值）

17. 设双曲线方程为

$$b^2x^2-a^2y^2=a^2b^2$$

经过其上一点 $P(x_1, y_1)$ 引与渐近线 $bx+ay=0$ 平行的直线方程为

$$bx+ay=bx_1+ay_1$$

这条平行直线与两准线 $x=\pm\frac{a^2}{c}$ 的交点分别为

$$A\left(\frac{a^2}{c}, \frac{b}{a}x_1+y_1-\frac{ab}{c}\right), B\left(-\frac{a^2}{c}, \frac{b}{a}x_1+y_1+\frac{ab}{c}\right)$$

则 $|PA|=\sqrt{\left(x_1-\frac{a^2}{c}\right)^2+\left(-\frac{b}{a}x_1+\frac{ab}{c}\right)^2}$

$$=\sqrt{\left(\frac{c}{a}x_1-a\right)^2}=ex_1-a$$

$|PB|=\sqrt{\left(x_1+\frac{a^2}{c}\right)^2+\left(-\frac{b}{a}x_1-\frac{ab}{c}\right)^2}$

$$=\sqrt{\left(\frac{c}{a}x_1+a\right)^2}=ex_1+a$$

又因为 P 到焦点 $F'(-c,0)$ 的距离 $|PF'|=ex_1+a$，P 到焦点 $F(c,0)$ 的距离 $|PF|=ex_1-a$.

故　$|PA|=|PF|$，$|PB|=|PF'|$

同理可证与渐近线 $bx-ay=0$ 平行的情况.

18. 设双曲线方程为

$$b^2x^2-a^2y^2=a^2b^2$$

其一条渐近线为

$$bx-ay=0$$

过焦点 $F(-c,0)$ 引这条渐近线的垂线方程为

$$ax+by+ac=0$$

又与焦点 $F(-c,0)$ 相对应的准线方程为

$$cx+a^2=0$$

因为

$$\begin{vmatrix} b & -a & 0 \\ a & b & ac \\ c & 0 & a^2 \end{vmatrix}=a^2b^2-a^2c^2+a^4$$

$$=a^2(b^2-c^2+a^2)=a^2\cdot 0=0$$

所以这三条直线相交于一点.

19. 设双曲线的方程为

$$b^2x^2-a^2y^2=a^2b^2$$

经过其上一点 $P(a\sec\theta,b\tan\theta)$，引渐近线 $bx-ay=0$ 的平行线方程为

$$bx-ay=ab(\sec\theta-\tan\theta)$$

这平行线与另一渐近线 $bx+ay=0$ 的交点为

$$A\left(\frac{1}{2}a(\sec\theta-\tan\theta),-\frac{1}{2}b(\sec\theta-\tan\theta)\right)$$

同理可求过点 P 而平行于 $bx+ay=0$ 的直线交 $bx-ay=0$ 于

$$B\left(\frac{1}{2}a(\sec\theta+\tan\theta),\frac{1}{2}b(\sec\theta+\tan\theta)\right)$$

故

$$S_{平行四边形PAOB}=2S_{\triangle AOB}$$

$$=\begin{vmatrix} \frac{1}{2}a(\sec\theta-\tan\theta) & -\frac{1}{2}b(\sec\theta-\tan\theta) & 1 \\ \frac{1}{2}a(\sec\theta+\tan\theta) & \frac{1}{2}b(\sec\theta+\tan\theta) & 1 \\ 0 & 0 & 1 \end{vmatrix}$$

$=\frac{1}{2}ab$（定值）

20. 设两共轭双曲线的方程分别为

$$\frac{x^2}{a^2}-\frac{y^2}{b^2}=1,\frac{x^2}{a^2}-\frac{y^2}{b^2}=-1$$

它们的离心率分别为 e_1 和 e_2，则

$$e_1=\frac{\sqrt{a^2+b^2}}{a},e_2=\frac{\sqrt{a^2+b^2}}{b}$$

所以

$$e_1^2+e_2^2=\frac{a^2+b^2}{a^2}+\frac{a^2+b^2}{b^2}$$

$$=\frac{(a^2+b^2)^2}{a^2b^2}=\frac{c^2}{a^2}\cdot\frac{c^2}{b^2}=e_1^2\cdot e_2^2$$

21. 设抛物线的方程为

$$y^2=2px$$

其上任意两点为 $P(2pt^2,2pt)$，$Q(2pm^2,2pm)$，则 P' 与 Q' 的坐标分别为 $(2pt^2,0)$，$(2pm^2,0)$，于是

$$\frac{|PP'|^2}{|QQ'|^2}=\frac{|2pt|^2}{|2pm|^2}=\left(\frac{t}{m}\right)^2$$

$$\frac{|OP'|}{|OQ'|}=\frac{|2pt^2|}{|2pm^2|}=\left(\frac{t}{m}\right)^2$$

故 $|PP'|^2:|QQ'|^2=|OP'|:|OQ'|$

22. 设抛物线的方程为

$$y^2=2px$$

其上任意一点 $P(2pt^2,2pt)$，过 P 作对称轴（即 X 轴）的垂线，垂足为 $M(2pt^2,0)$，MP 的中点为 $A(2pt^2,pt)$，过点 A 作对称轴的平行线，它的方程是

$$y=pt$$

这平行线与抛物线的交点为 $Q(\frac{1}{2}pt^2,pt)$，于是直线

MQ 的方程是

$$2x+3ty-4pt^2=0$$

它与 Y 轴的交点为 $N(0,\frac{4}{3}pt)$.

所以 $$|ON|=\frac{4}{3}|pt|$$

$$|MP|=2|pt|$$

故 $$|ON|=\frac{2}{3}|MP|$$

23. 设抛物线的方程为

$$y^2=2px$$

其上任意点为 $P(2pt^2,2pt)$，于是 OP 的方程为

$$x-ty=0$$

过点 P 而垂直于 OP 的直线方程为

$$tx+y=2pt(t^2+1)$$

它与 X 轴的交点为 $Q(2p(t^2+1),0)$，于是 PQ 在轴上的射影

$$MQ=OQ-OM=2p(t^2+1)-2pt^2$$
$$=2p(\text{定值})$$

24. 过抛物线 $y^2=2px$ 的轴上定点 $M(m,0)$ 引弦 PQ，它的方程是

$$y=k(x-m)\quad(k\text{ 为参数})$$

为了求弦 PQ 的端点坐标，解方程组

$$\begin{cases}y=k(x-m)\\y^2=2px\end{cases}$$

消去 y，得

$$k^2x^2-(2k^2m+2p)x+k^2m^2=0$$

这个方程的两个根 x_1,x_2 就是 P,Q 两点的横坐标，由方程的根与系数的关系得

$$x_1 \cdot x_2 = \frac{k^2 m^2}{k^2} = m^2(\text{定值})$$

于是

$$\begin{aligned} y_1 \cdot y_2 &= k(x_1 - m) \cdot k(x_2 - m) \\ &= k^2[m^2 - (x_1 + x_2)m + x_1 \cdot x_2] \\ &= k^2\left(m^2 - \frac{2k^2 m + 2p}{k^2}m + \frac{k^2 m^2}{k^2}\right) \\ &= -2pm(\text{定值}) \end{aligned}$$

25. 设圆锥曲线的方程为

$$\rho = \frac{ep}{1 - e\cos\theta}$$

过焦点和极轴成θ角的弦长是

$$l = \frac{ep}{1 - e\cos\theta} + \frac{ep}{1 - e\cos(\pi + \theta)} = \frac{2ep}{1 - e^2\cos^2\theta}$$

设过焦点的两条互相垂直的弦与极轴所夹角分别为$\alpha, \frac{\pi}{2} + \alpha$，则

$$\begin{aligned} \frac{1}{l_1} + \frac{1}{l_2} &= \frac{1 - e^2\cos^2\alpha}{2ep} + \frac{1 - e^2\cos^2\left(\frac{\pi}{2} + \alpha\right)}{2ep} \\ &= \frac{2 - e^2}{2ep}(\text{定值}) \end{aligned}$$

26. 设圆锥曲线的方程为

$$\rho = \frac{e}{1 - e\cos\theta}$$

过焦点和极轴成α角及$\pi + \alpha$角的焦点半径FP_1与FP_2的长分别是

$$FP_1 = \frac{ep}{1 - e\cos\alpha}, FP_2 = \frac{ep}{1 - e\cos(\pi + \alpha)}$$

故

$$\frac{1}{FP_1}+\frac{1}{FP_2}=\frac{1-e\cos\alpha}{ep}+\frac{1+e\cos\alpha}{ep}=\frac{2}{ep}\text{(定值)}$$

27. 设椭圆的方程为

$$b^2x^2+a^2y^2=a^2b^2$$

它的两条共轭直径的方程分别为

$$y=kx, b^2x+a^2ky=0$$

为求各直径端点的坐标,解下列方程组

$$\begin{cases}y=kx\\ b^2x^2+a^2y^2=a^2b^2\end{cases}$$

得

$$x_1^2=\frac{a^2b^2}{b^2+a^2k^2}, y_1^2=\frac{a^2b^2k^2}{b^2+a^2k^2}$$

$$\begin{cases}b^2x+a^2ky=0\\ b^2x^2+a^2y^2=a^2b^2\end{cases}$$

得

$$x_2^2=\frac{a^4k^2}{b^2+a^2k^2}, y_2^2=\frac{b^4}{a^2k^2+b^2}$$

因为这两条共轭直径的半长分别为 a' 和 b'. 所以

$$a'=\sqrt{x_1^2+y_1^2}, b'=\sqrt{x_2^2+y_2^2}$$

于是

$$\begin{aligned}a'^2+b'^2&=x_1^2+y_1^2+x_2^2+y_2^2\\&=\frac{a^2b^2+a^2b^2k^2+a^4k^2+b^4}{b^2+a^2k^2}\\&=\frac{(a^2+b^2)(b^2+a^2k^2)}{b^2+a^2k^2}\\&=a^2+b^2\end{aligned}$$

28. 在椭圆 $b^2x^2+a^2y^2=a^2b^2$ 中,两条共轭直径的方程分别为

$$y=kx, b^2x+a^2ky=0$$

若 $(a\cos\theta, b\sin\theta)$ 为直径 $y=kx$ 的一个端点,则

$$b\sin\theta = ka\cos\theta$$

所以
$$k = \frac{b\sin\theta}{a\cos\theta}$$

因而共轭直径的方程为

$$b^2 x + a^2\left(\frac{b\sin\theta}{a\cos\theta}\right) y = 0$$

为了求这条共轭直径的端点坐标，解方程组

$$\begin{cases} b\cos\theta \cdot x + a\sin\theta \cdot y = 0 \\ b^2 x^2 + a^2 y^2 = a^2 b^2 \end{cases}$$

得两端点坐标为$(-a\sin\theta, b\cos\theta)$，$(a\sin\theta, -b\cos\theta)$.

29. 设椭圆的方程为

$$b^2 x^2 + a^2 y^2 = a^2 b^2$$

它的任意一条直径 P_1P_2 的两端点为 $P_1(x_1, y_1)$，$P_2(-x_1, -y_1)$，$Q(x_2, y_2)$ 为椭圆上任意一点，则平行于 P_1Q 的直径 A_1A_2 的方程为

$$\frac{y}{x} = \frac{y_2 - y_1}{x_2 - x_1}$$

平行于 P_2Q 的直径 B_1B_2 的方程为

$$\frac{y}{x} = \frac{y_2 + y_1}{x_2 + x_1}$$

弦 P_1Q 与 P_2Q 的中点为 $M\left(\frac{x_1 + x_2}{2}, \frac{y_1 + y_2}{2}\right)$，$N\left(\frac{x_2 - x_1}{2}, \frac{y_2 - y_1}{2}\right)$.

显然直径 A_1A_2 经过点 N，B_1B_2 经过点 M，这就是说 A_1A_2 平分平行于 B_1B_2 的弦 P_2Q，且 B_1B_2 平分平行于 A_1A_2 的弦 P_1Q.

故 A_1A_2 与 B_1B_2 是两条共轭直径.

30. 设椭圆方程为

$$b^2 x^2 + a^2 y^2 = a^2 b^2$$

把它化为极坐标方程是

$$b^2\rho^2\cos^2\theta+a^2\rho^2\sin^2\theta=a^2b^2$$

所以
$$\rho^2=\frac{a^2b^2}{b^2\cos^2\theta+a^2\sin^2\theta}$$

若直径 P_1P_2 与极轴的夹角为 α，则直径 Q_1Q_2 与极轴的夹角为$\frac{\pi}{2}+\alpha$，故

$$|P_1P_2|^2=|2OP_1|^2=4\rho_1^2=\frac{4a^2b^2}{b^2\cos^2\alpha+a^2\sin^2\alpha}$$

$$|Q_1Q_2|^2=|2OQ_1|^2=4\rho_2^2$$

$$=\frac{4a^2b^2}{b^2\cos^2\left(\frac{\pi}{2}+\alpha\right)+a^2\sin\left(\frac{\pi}{2}+\alpha\right)}$$

所以

$$\frac{1}{|P_1P_2|^2}+\frac{1}{|Q_1Q_2|^2}$$

$$=\frac{(b^2\cos^2\alpha+a^2\sin^2\alpha)+(b^2\sin^2\alpha+a^2\cos^2\alpha)}{4a^2b^2}$$

$$=\frac{a^2+b^2}{4a^2b^2}\text{（定值）}$$

31. 设椭圆方程为

$$b^2x^2+a^2y^2=a^2b^2\quad(a\neq b)$$

它的两条共轭直径的方程为

$$y=kx, b^2x+a^2ky=0\quad(k\neq 0)$$

假定这两条共轭直径互相垂直，则

$$k\left(-\frac{b^2}{a^2k}\right)=-1$$

所以
$$a=b$$

这与椭圆的长、短半轴不相等矛盾.

故椭圆中除长、短轴外，其他的共轭直径不能互相

垂直.

32.设椭圆的方程为

$$b^2x^2+a^2y^2=a^2b^2$$

它的两条共轭直径的方程为

$$y=kx, b^2x+a^2ky=0$$

过焦点 $F(c,0)$ 作直径 $y=kx$ 的垂线,它的方程是

$$x+ky-c=0$$

为了求这条垂线与共轭直径的交点,解方程组

$$\begin{cases}x+ky-c=0\\b^2x+a^2ky=0\end{cases}$$

得交点 P 的坐标为 $\left(\dfrac{a^2}{c},-\dfrac{b^2}{ck}\right)$,故点 P 在这个焦点相应的准线 $x=\dfrac{a^2}{c}$ 上.

33.设双曲线的方程为

$$b^2x^2-a^2y^2=a^2b^2$$

它的两条共轭直径方程为

$$y=kx, b^2x-a^2ky=0$$

为了求准线 $x=\dfrac{a^2}{c}$ 与它们的交点,解方程组

$$\begin{cases}x=\dfrac{a^2}{c}\\y=kx\end{cases}$$

得交点为 $A\left(\dfrac{a^2}{c},\dfrac{a^2k}{c}\right)$.解方程组

$$\begin{cases}x=\dfrac{a^2}{c}\\b^2x-a^2ky=0\end{cases}$$

得交点为 $B\left(\dfrac{a^2}{c},\dfrac{b^2}{ck}\right)$.解方程组

设 $\triangle AOB$ 的高为 AE,OD,BF. 则 OD 的方程为

$$y=0 \tag{1}$$

AE 的方程为

$$\frac{y-\frac{a^2k}{c}}{x-\frac{a^2}{c}}=-\frac{\frac{a^2}{c}}{\frac{b^2}{ck}}$$

即

$$a^2kx+b^2y-a^2ck=0 \tag{2}$$

解(1) 和(2),得垂心的坐标为 $H(c,0)$,它是一个定点.

34. 设双曲线方程为

$$b^2x^2-a^2y^2=a^2b^2$$

它的两条共轭直径为

$$y=kx,b^2x-a^2ky=0$$

解方程组 $\begin{cases}y=kx\\b^2x^2-a^2y^2=a^2b^2\end{cases}$,当 $a^2k^2-b^2<0$ 时,有两组实数解;

解方程组 $\begin{cases}b^2x-a^2ky=0\\b^2x^2-a^2y^2=a^2b^2\end{cases}$,当 $a^2k^2-b^2>0$ 时,有两组实数解.

又共轭双曲线的方程为

$$b^2x^2-a^2y^2=-a^2b^2$$

解方程组 $\begin{cases}y=kx\\b^2x^2-a^2y=-a^2b^2\end{cases}$,当 $a^2k^2-b^2>0$ 时,有两组实数解;

解方程组 $\begin{cases}b^2x-a^2ky=0\\b^2x^2-a^2y^2=-a^2b^2\end{cases}$,当 $a^2k^2-b^2<0$ 时,有两组实数解.

由此可知,双曲线的两条共轭直径中,一条与双曲线相交,则另一条就不相交,但它与共轭双曲线相交.

35.设双曲线的方程为

$$b^2x^2-a^2y^2=a^2b^2$$

它的两条共轭直径分别为

$$y=kx,b^2x-a^2ky=0\quad (k\text{ 为参数})$$

若 $y=kx$ 也是共轭双曲线$b^2x^2-a^2y^2=-a^2b^2$ 的一条直径,则斜率为k的任一平行弦$y=kx+m$与这共轭双曲线的交点坐标满足方程组

$$\begin{cases}y=kx+m\\ b^2x^2-a^2y^2=-a^2b^2\end{cases}$$

所以 $b^2x^2-a^2(kx+m)^2=-a^2b^2$.就是

$$(b^2-a^2k^2)x^2-2a^2kmx-a^2(m^2-b^2)=0$$

这个方程的两个根 x_1,x_2 就是两交点的横坐标.

设这两个交点的中点为 $P(x,y)$,则

$$x=\frac{x_1+x_2}{2}=\frac{a^2km}{b^2-a^2k^2}\tag{1}$$

所以

$$y=kx+m=\frac{a^2k^2m}{b^2-a^2k^2}+m=\frac{b^2m}{b^2-a^2k^2}\tag{2}$$

在(1)和(2)消去参数m得:斜率为k的平行弦的中点轨迹的普通方程是

$$b^2x-a^2ky=0$$

因此 $y=kx$ 和$b^2x-a^2ky=0$也是双曲线$b^2x^2-a^2y^2=-a^2b^2$ 的一对共轭直径.

36.设双曲线的方程为

$$b^2x^2-a^2y^2=a^2b^2$$

它的一条直径PP'的两个端点为$P(x_1,y_1)$,$P'(-x_1,-y_1)$,故PP'的方程为

$$y=\frac{y_1}{x_1}x$$

因而它的共轭直径的方程为

$$b^2x_1x-a^2y_1y=0$$

这直径与共轭双曲线相交，它的交点坐标满足方程组

$$\begin{cases}b^2x_1x-a^2y_1y=0\\ b^2x^2-a^2y^2=-a^2b^2\end{cases}$$

解之，得共轭直径 QQ' 的两个端点为 $Q\left(\frac{a}{b}y_1,\frac{b}{a}x_1\right)$，$Q'\left(-\frac{a}{b}y_1,-\frac{b}{a}x_1\right)$.

故

$$\begin{aligned}|PP'|^2-|QQ'|^2&=|4x_1^2+4y_1^2|-\left|4\cdot\frac{a^2}{b^2}y_1^2+4\cdot\frac{b^2}{a^2}x_1^2\right|\\&=4\left|(a^2-b^2)\left(\frac{x_1^2}{a^2}-\frac{y_1^2}{b^2}\right)\right|\\&=4|a^2-b^2|\text{（定值）}\end{aligned}$$

37. 设双曲线方程为

$$b^2x^2-a^2y^2=a^2b^2$$

PP' 和 QQ' 是它的两条共轭直径，由前题知道，若 PP' 两端点为 $P(x_1,y_1)$，$P'(-x_1,-y_1)$，则 QQ' 两端点为 $Q\left(\frac{a}{b}y_1,\frac{b}{a}x_1\right)$，$Q'\left(-\frac{a}{b}y_1,-\frac{b}{a}x_1\right)$，于是直线 PQ 的斜率为 $k_{PQ}=\dfrac{\frac{b}{a}x_1-y_1}{\frac{a}{b}y_1-x_1}=-\dfrac{b}{a}$.

故 PQ 平行于渐近线 $bx+ay=0$.

又 PQ 的中点为 $M\left(\frac{bx_1+ay_1}{2b},\frac{bx_1+ay_1}{2a}\right)$，它满

足渐近线方程 $bx-ay=0$

故 PQ 被渐近线 $bx-ay=0$ 所平分.

同理可证 PQ',$P'Q$,$P'Q'$ 都具有这性质.

故双曲线的一对共轭直径端点的联结线段,平行于一条渐近线,而被另一条渐近线所平分.

38. 抛物线 $y=ax^2$ 与直线 $y=bx+c$ 的两个交点的横坐标 x_1,x_2 是二次方程

$$ax^2=bx+c$$

即

$$ax^2-bx-c=0$$

的两个实根,由方程根与系数的关系,得

$$x_1+x_2=\frac{b}{a},x_1x_2=-\frac{c}{a}$$

又因为 x_3 为直径 $y=bx+c$ 在 x 轴上的截距,所以 $x_3=-\frac{c}{b}$.

于是

$$\frac{1}{x_1}+\frac{1}{x_2}=\frac{x_1+x_2}{x_1\cdot x_2}=\frac{\frac{b}{a}}{-\frac{c}{a}}=-\frac{b}{c}$$

又

$$\frac{1}{x_3}=-\frac{b}{c}$$

故

$$\frac{1}{x_1}+\frac{1}{x_2}=\frac{1}{x_3}$$

39. 线段 P_1P_2 的中点是 $M\left(\frac{x_1+x_2}{2},\frac{y_1+y_2}{2}\right)$,过点 M 且平行于抛物线轴的直线 l 的方程是

$$y=\frac{y_1+y_2}{2}$$

它与抛物线 $y^2=2x$ 的交点为

$P_3\left(\frac{(y_1+y_2)^2}{8},\frac{y_1+y_2}{2}\right)$.

因此 $\triangle P_1P_2P_3$ 的面积

$$S=\frac{1}{2}\begin{vmatrix}\frac{1}{2}y_1^2 & y_1 & 1\\ \frac{1}{2}y_2^2 & y_2 & 1\\ \frac{1}{8}(y_1+y_2)^2 & \frac{1}{2}(y_1+y_2) & 1\end{vmatrix}\text{的绝对值}$$

$$=\frac{1}{2}\left|\frac{1}{2}y_1^2y_2+\frac{1}{4}y_2^2(y_1+y_2)+\frac{1}{8}y_1(y_1+y_2)^2-\right.$$

$$\left.\frac{1}{8}y_2(y_1+y_2)^2-\frac{1}{4}y_1^2(y_1+y_2)-\frac{1}{2}y_1y_2^2\right|$$

$$=\frac{1}{16}\left|4y_1y_2(y_1-y_2)+2(y_1+y_2)(y_2^2-y_1^2)+\right.$$

$$\left.(y_1+y_2)^2\cdot(y_1-y_2)\right|$$

$$=\frac{1}{16}\left|(y_2-y_1)[(y_1+y_2)^2-4y_1y_2]\right|$$

$$=\frac{1}{16}|y_2-y_1|^3=\frac{1}{16}(y_1-y_2)^3$$

40. 设抛物线 $y^2=2px$ 的内接三角形的三个顶点为 A,B,C,它们的坐标分别为 (x_1,y_1),(x_2,y_2),(x_3,y_3),则

$$x_1=\frac{y_1^2}{2p},x_2=\frac{y_2^2}{2p},x_3=\frac{y_3^2}{2p}$$

于是 $\triangle ABC$ 的面积

$$S=\frac{1}{2}\begin{vmatrix}x_1 & y_1 & 1\\ x_2 & y_2 & 1\\ x_3 & y_3 & 1\end{vmatrix}\text{的绝对值}$$

$$=\frac{1}{2}\begin{vmatrix} \frac{y_1^2}{2p} & y_1 & 1 \\ \frac{y_2^2}{2p} & y_2 & 1 \\ \frac{y_3^2}{2p} & y_3 & 1 \end{vmatrix}\text{的绝对值}$$

$$=\frac{1}{4p}\mid y_1^2y_2+y_2^2y_3+y_3^2y_1-y_3^2y_2-y_1^2y_3-y_2^2y_1\mid$$

$$=\frac{1}{4p}\mid (y_1-y_2)(y_2-y_3)(y_3-y_1)\mid$$

习　题　三

1. 设椭圆的方程为

$$b^2x^2+a^2y^2=a^2b^2$$

经过其上一点 $P(x_1,y_1)$ 的切线方程是

$$b^2x_1x+a^2y_1y=a^2b^2$$

不妨设从左焦点 $F'(-c,0)$ 引这切线的垂线，则这垂线的方程是

$$a^2y_1x-b^2x_1y=-a^2cy_1 \tag{1}$$

又经过椭圆中心 $O(0,0)$ 和切点 P 的直线方程是

$$y_1x-x_1y=0 \tag{2}$$

解(1) 和(2) 得

$$x=-\frac{a^2}{c},y=-\frac{a^2y_1}{cx_1}$$

故两直线的交点在相应的准线 $x=-\frac{a^2}{c}$ 上.

2. 椭圆 $b^2x^2+a^2y^2=a^2b^2$ 上任意一点 $P(x_1,y_1)$ 的切线方程是

$$b^2x_1x+a^2y_1y=a^2b^2$$

它在 X 轴上的截距是 $a_1=\frac{a^2}{x_1}$，在 Y 轴上的截距是 $b_1=\frac{b^2}{y_1}$.

又经过点 P 的法线方程是

$$a^2y_1x-b^2x_1y=(a^2-b^2)x_1y_1$$

它在 X 轴上的截距是

$$a_2=\frac{(a^2-b^2)x_1}{a^2}$$

在 Y 轴上的截距是

$$b_2=\frac{(b^2-a^2)y_1}{b^2}$$

故 $\alpha_1\cdot\alpha_2=\frac{a^2}{x_1}\cdot\frac{(a^2-b^2)x_1}{a^2}=a^2-b^2$（常数）

$b_1\cdot b_2=\frac{b^2}{y_1}\cdot\frac{(b^2-a^2)y_1}{b^2}=b^2-a^2$（常数）

3. 设椭圆 $b_1^2x^2+a^2y^2=a^2b_1^2$ 和 $b_2^2x^2+a^2y^2=a^2b_2^2$ 为适合条件的任意两个椭圆.

在椭圆 $b_1^2x^2+a^2y^2=a^2b_1^2$ 上经过 $P_1(x_1,y_1)$ 的切线方程为

$$b_1^2x_1x+a^2y_1y=a^2b_1^2$$

它与 X 轴的交点为 $\left(\frac{a^2}{x_1},0\right)$.

在椭圆 $b_2^2x^2+a^2y^2=a^2b_2^2$ 上经过 $P_2(x_1,y_2)$ 的切线方程为

$$b_2^2x_1x+a^2y_2y=a^2b_2^2$$

它与 X 轴的交点为 $\left(\frac{a^2}{x_1},0\right)$.

故在随 b 值而变的所有椭圆上，过横坐标相等的

点的切线都交于 X 轴的同一点.

4. 设椭圆的方程为

$$b^2x^2+a^2y^2=a^2b^2$$

经过其上一点 $P(a\cos\alpha,b\sin\alpha)$ 的切线与法线的方程分别为

$$b\cos\alpha\cdot x+a\sin\alpha\cdot y=ab$$

$$a\sin\alpha\cdot x-b\cos\alpha\cdot y=(a^2-b^2)\sin\alpha\cos\alpha$$

它们与长轴所在的直线的交点是

$$T\left(\frac{a}{\cos\alpha},0\right),N\left(\frac{1}{a}(a^2-b^2)\cos\alpha,0\right)$$

于是

$$|OT|\cdot|ON|=\left|\frac{a}{\cos\alpha}\right|\cdot\left|\frac{(a^2-b^2)\cos\alpha}{a}\right|$$

$$=a^2-b^2$$

又中心 $O(0,0)$ 到切线的距离为 $|OQ|$，点 P,N 间的距离为 $|PN|$，则

$$|OQ|\cdot|PN|=\frac{|ab|}{\sqrt{b^2\cos^2\alpha+a^2\sin^2\alpha}}\cdot$$

$$\sqrt{\left(a\cos\alpha-\frac{(a^2-b^2)\cos\alpha}{a}\right)^2+b^2\sin^2\alpha}$$

$$=\frac{ab}{\sqrt{b^2\cos^2\alpha+a^2\sin^2\alpha}}\cdot\frac{\sqrt{b^4\cos^2\alpha+a^2b^2\sin^2\alpha}}{a}$$

$$=b^2$$

故 $|OT|\cdot|ON|+|OQ|\cdot|PN|=a^2$

5. 设椭圆的方程为

$$b^2x^2+a^2y^2=a^2b^2$$

经过其上一点 $P(a\cos\alpha,b\sin\alpha)$ 的切线与法线的方程分别为

$$b\cos\alpha\cdot x+a\sin\alpha\cdot y=ab$$

$$a\sin\alpha\cdot x-b\cos\alpha\cdot y=(a^2-b^2)\sin\alpha\cos\alpha$$

它们在长轴所在直线上的交点是

$$T\left(\frac{a}{\cos\alpha},0\right),N\left(\frac{1}{a}(a^2-b^2)\cos\alpha,0\right)$$

它们在短轴所在直线上的交点是

$$T'\left(0,\frac{b}{\sin\alpha}\right),N'\left(0,-\frac{(a^2-b^2)\sin\alpha}{b}\right)$$

所以

$$|PT|\cdot|PT'|=\sqrt{(a\cos\alpha-\frac{a}{\cos\alpha})^2+b^2\sin^2\alpha}\cdot\sqrt{a^2\cos^2\alpha+\left(b\sin\alpha-\frac{b}{\sin\alpha}\right)^2}$$

$$=a^2\sin^2\alpha+b^2\cos^2\alpha$$

$$|PN|\cdot|PN'|=\sqrt{\left(a\cos\alpha-\frac{(a^2-b^2)\cos\alpha}{a}\right)^2+b^2\sin^2\alpha}\cdot\sqrt{a^2\cos^2\alpha+\left(b\sin\alpha+\frac{(a^2-b^2)\sin\alpha}{b}\right)^2}$$

$$=a^2\sin^2\alpha+b^2\cos^2\alpha$$

故 $|PT|\cdot|PT'|=|PN|\cdot|PN'|$

6. 依题意可作出图 87.

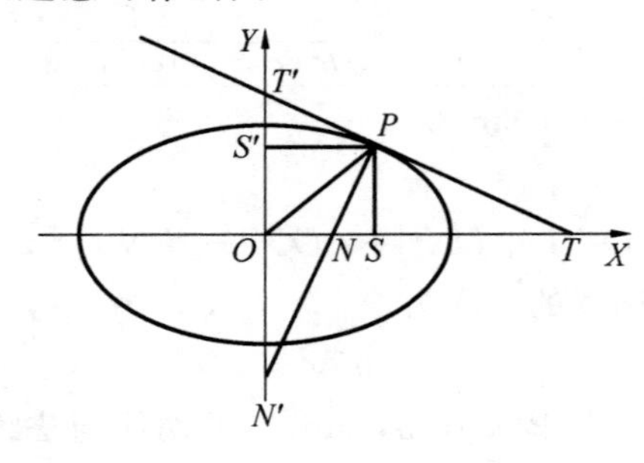

图 87

因为 PS 为 $\mathrm{Rt}\triangle TPN$ 的弦上高，所以 $|ST|\cdot|SN|=|PS|^2$.

又因为 PS' 为 $\mathrm{Rt}\triangle T'PN'$ 的弦上高，所以 $|S'T'|\cdot|S'N'|=|PS'|^2$.

但　　$|PS|^2+|PS'|^2=|OP|^2$

故

$|ST|\cdot|SN|+|S'T'|\cdot|S'N'|=|OP|^2$

7. 设椭圆的方程为

$$b^2x^2+a^2y^2=a^2b^2$$

经过其上一点 $P(x_1,y_1)$ 的切线方程是

$$b^2x_1x+a^2y_1y=a^2b^2$$

它与长轴所在直线的交点为 $T\left(\frac{a^2}{x_1},0\right)$，从 P 引长轴的垂线，垂足为 $S(x_1,0)$.

于是

$$|OS|\cdot|OT|=|x_1|\cdot\left|\frac{a^2}{x_1}\right|=a^2$$

又从椭圆的两个焦点到任一切线的两个距离的乘积等于定值(即半短轴的平方)，所以

$$|FE|\cdot|F'E'|=b^2$$

故

$$|OS|\cdot|OT|-|FE|\cdot|F'E'|=a^2-b^2=c^2\text{(定值)}$$

8. 斜率为 k 的直线方程设为

$$y=kx+m(m\text{ 为参数})$$

因为它与椭圆 $\frac{x^2}{a^2}+\frac{y^2}{b^2}=1$ 相切，根据相切的条件，得

$$a^2k^2+(-1)^2\cdot b^2=m^2$$

所以　　$$m=\pm\sqrt{a^2k^2+b^2}$$

故所求切线的方程是

$$y=kx\pm\sqrt{a^2k^2+b^2}$$

9. 设椭圆方程为

$$b^2x^2+a^2y^2=a^2b^2$$

经过其上一点 $P(a\cos\theta,b\sin\theta)$ 的切线方程为

$$b\cos\theta\cdot x+a\sin\theta\cdot y=ab \qquad (1)$$

过焦点 $F(c,0)$ 垂直于切线的直线方程为

$$a\sin\theta\cdot x-b\cos\theta y=ac\sin\theta \qquad (2)$$

解(1) 和(2) 得垂线与切线的交点 $M(x,y)$，其中

$$x=\frac{a(c+a\cos\theta)}{a+c\cos\theta},y=\frac{ab\sin\theta}{a+c\cos\theta}$$

这就是垂足 M 的轨迹的参数方程，消去参数 θ 得它的普通方程是

$$x^2+y^2=a^2$$

故它的轨迹是一个圆，以椭圆的中心为圆心、椭圆的半长轴为半径.

10. 设椭圆的方程为

$$b^2x^2+a^2y^2=a^2b^2$$

在右准线 $x=\frac{a^2}{c}$ 上任取一点 $P\left(\frac{a^2}{c},m\right)$，则经过点 P 所引两切线的切点弦的方程为

$$\frac{a^2b^2}{c}x+a^2my=a^2b^2$$

右焦点的坐标$(c,0)$ 适合于这个方程，故切点弦经过焦点.

同理可证在左准线上的点引椭圆的两切线的切点弦经过左焦点.

11. 设经过椭圆 $b^2x^2+a^2y^2=a^2b^2$ 的焦点弦两端点所引的两切线相交于点 $P(x_1,y_1)$，所以焦点

$F(\pm c,0)$ 的坐标满足方程

$$b^2x_1x+a^2y_1y=a^2b^2$$

所以
$$\pm b^2cx_1=a^2b^2$$

所以
$$x_1=\pm\frac{a^2}{c}$$

故点 P 在椭圆的准线上.

12. 设椭圆方程为

$$b^2x^2+a^2y^2=a^2b^2$$

在它的通径延长线上任取一点 $P(\pm c,m)\left(|m|>\frac{b^2}{a}\right)$，过点 P 引椭圆的两条切线，则经过切点弦的方程为

$$\pm b^2cx+amy=a^2b^2$$

因为轴和准线的交点 $M\left(\pm\frac{a^2}{c},0\right)$ 满足这个方程，故切点弦经过轴和准线的交点 M.

13. 设椭圆的方程为

$$b^2x^2+a^2y^2=a^2b^2$$

经过轴和准线的交点 $M\left(\pm\frac{a^2}{c},0\right)$ 所引两切线的切点弦方程为

$$\pm\frac{a^2b^2}{c}x=a^2b^2$$

所以
$$x=\pm c$$

它的两个切点分别为 $A\left(c,\frac{b^2}{a}\right)$ 和 $B\left(c,-\frac{b^2}{a}\right)$.

故 AB 就是椭圆的通径.

14. 设经过椭圆 $b^2x^2+a^2y^2=a^2b^2$ 的焦点 $F(c,0)$ 的任一焦点弦方程为

$$y=k(x-c)$$

则经过焦点 F 而垂直于这条焦点弦的直线方程为

$$x+ky-c=0$$

这垂线与准线 $x=\frac{a^2}{c}$ 的交点为 $P\left(\frac{a^2}{c},-\frac{a^2-c^2}{ck}\right)$.

那么经过点 P 引椭圆的两切线的切点弦的方程是

$$b^2\left(\frac{a^2}{c}\right)x+a^2\left(-\frac{a^2-c^2}{ck}\right)y=a^2b^2$$

即

$$kx-y-ck=0$$

它就是焦点弦的方程,因此若焦点弦两端点为 A,B,则 A,B 就是切点弦所经过的两个切点.

故 PA,PB 和椭圆相切.

15. 设椭圆方程为

$$b^2x^2+a^2y^2=a^2b^2$$

它的任意一弦的两端点为 $A(x_1,y_1)$,$B(x_2,y_2)$,则经过 A,B 两点的切线方程分别为

$$b^2x_1x+a^2y_1y=a^2b^2$$

$$b^2x_2x+a^2y_2y=a^2b^2$$

又平分弦 AB 的直径方程是

$$b^2x+a^2\left(\frac{y_2-y_1}{x_2-x_1}\right)y=0$$

即

$$b^2(x_2-x_1)x+a^2(y_2-y_1)y=0$$

因为

$$\begin{vmatrix} b^2x_1 & a^2y_1 & -a^2b^2 \\ b^2x_2 & a^2y_2 & -a^2b^2 \\ b^2(x_2-x_1) & a^2(y_2-y_1) & 0 \end{vmatrix}=0$$

所以这两条切线与平分切点弦的直径所在的直线

共点.

16. 经过椭圆 $b^2x^2+a^2y^2=a^2b^2$ 上任意一点 $P(a\cos\theta,b\sin\theta)$ 的切线方程为

$$b\cos\theta\cdot x+a\sin\theta\cdot y=ab$$

它与长轴端点 $A(a,0)$ 的切线 $x=a$ 的交点为 $C\left(a,\dfrac{b(1-\cos\theta)}{\sin\theta}\right)$，它与长轴端点 $A'(-a,0)$ 的切线 $x=-a$ 的交点为

$$C'\left(-a,\frac{b(1+\cos\theta)}{\sin\theta}\right)$$

所以

$$|AC|\cdot|A'C'|=\left|\frac{b(1-\cos\theta)}{\sin\theta}\right|\left|\frac{b(1+\cos\theta)}{\sin\theta}\right|=b^2$$

17. 设椭圆方程为

$$b^2x^2+a^2y^2=a^2b^2$$

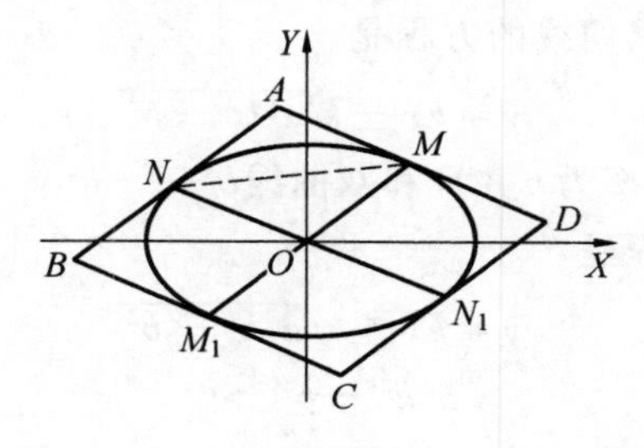

图 88

它的共轭直径的各一端点为 $M(a\cos\theta,b\sin\theta)$，$N(-a\sin\theta,b\cos\theta)$.

因为一直径端点的切线平行于它的共轭直径，所以共轭直径的四个端点的切线组成一个平行四边形 $ABCD$(图 88).

$$因为\ S_{\triangle MON}=\frac{1}{2}\begin{vmatrix} a\cos\theta & b\sin\theta & 1 \\ -a\sin\theta & b\cos\theta & 1 \\ 0 & 0 & 1 \end{vmatrix}$$

$$=\frac{1}{2}(ab\cos^2\theta+ab\sin^2\theta)$$

$$=\frac{1}{2}ab$$

所以 $S_{平行四边形ABCD}=8S_{\triangle MON}=8\cdot\frac{1}{2}ab=4ab$

18. 斜率为 k 的直线方程设为

$$y=kx+m(m\ 为参数)$$

因为它与双曲线 $\frac{x^2}{a^2}-\frac{y^2}{b^2}=1$ 相切，根据相切的条件得

$$a^2k^2-(-1)^2b^2=m^2$$

所以
$$m=\pm\sqrt{a^2k^2-b^2}$$

故所求切线的方程是

$$y=kx\pm\sqrt{a^2k^2-b^2}$$

19. 斜率为 k 并且和双曲线 $b^2x^2-a^2y^2=a^2b^2$ 相切的直线方程是

$$y=kx\pm\sqrt{a^2k^2-b^2}$$

因为
$$a^2k^2-b^2>0$$

所以
$$k>\frac{b}{a}\ 或\ k<-\frac{b}{a}$$

20. 设双曲线方程为

$$b^2x^2-a^2y^2=a^2b^2$$

经过其上一点 $P(a\sec\theta,b\tan\theta)$ 的切线方程为

$$(b\sec\theta)\cdot x-(a\tan\theta)\cdot y=ab \tag{1}$$

过焦点 $F(c,0)$ 引切线的垂线方程为

$$(a\tan\theta)\cdot x+(b\sec\theta)\cdot y=ac\cdot\tan\theta \tag{2}$$

解(1) 和(2) 得切线与垂线的交点(即垂足) 轨迹的参数方程是

$$x=\frac{a+c\cos\theta}{c+a\cos\theta},y=\frac{ab\sin\theta}{c+a\cos\theta}$$

消去参数 θ 得轨迹的普通方程是

$$a^2x^2+y^2=a^2$$

当 $a>1$ 时,轨迹是椭圆,中心在原点,焦点在 Y 轴上;

当 $a<1$ 时,轨迹是椭圆,中心在原点,焦点在 X 轴上;

当 $a=1$ 时,轨迹是一个圆,中心在原点,半径等于1.

21.设双曲线方程为

$$b^2x^2-a^2y^2=a^2b^2$$

经过其上一点 $P(a\sec\theta,b\tan\theta)$ 的切线方程为

$$(b\sec\theta)\cdot x-(a\tan\theta)\cdot y=ab \tag{1}$$

过中心 $O(0,0)$ 引切线的垂线方程为

$$(a\tan\theta)\cdot x+(b\sec\theta)\cdot y=0 \tag{2}$$

解(1) 和(2) 得切线与垂线的交点(即垂足) 轨迹的参数方程是

$$x=\frac{ab^2\cos\theta}{c^2-a^2\cos^2\theta},y=-\frac{a^2b\sin\theta\cos\theta}{c^2-a^2\cos^2\theta}$$

消去参数 θ 得轨迹的普通方程是

$$(x^2+y^2)^2=a^2x^2-b^2y^2$$

22.设 $P(x_1,y_1)$ 为轨迹上任意一点,过 P 所引切线的斜率为 k 的切线方程为

$$y-y_1=k(x-x_1)$$

即 $$kx-y+(y_1-kx_1)=0$$

因为它与双曲线$\frac{x^2}{a^2}-\frac{y^2}{b^2}=1$相切，根据相切条件，得

$$a^2k^2-(-1)^2b^2=(y_1-kx_1)^2$$

所以 $$(a^2-x_1^2)k^2+2kx_1y_1-(b^2+y_1^2)=0$$

这方程的两个根 k_1 和 k_2 就是两条切线的斜率.

因为这两条切线互相垂直，所以

$$k_1\cdot k_2=-1$$

即 $$-\frac{b^2+y_1^2}{a^2-x_1^2}=-1$$

于是 $$x_1^2+y_1^2=a^2-b^2$$

把式中的 x_1 和 y_1 换以 x 和 y，得轨迹方程为

$$x^2+y^2=a^2-b^2$$

当 $a>b$ 时，轨迹是圆心为(0,0)，半径为$\sqrt{a^2-b^2}$的圆；

当 $a=b$ 时，轨迹是一个点(0,0)；

当 $a<b$ 时，没有轨迹.

23. 设双曲线和它的共轭双曲线的方程分别是

$$b^2x^2-a^2y^2=a^2b^2$$

和 $$b^2x^2-a^2y^2=-a^2b^2$$

假定它们有公切线 $y=kx+m$，根据相切条件，则有

$$\begin{cases}a^2k^2-b^2=m^2\\a^2k^2-b^2=-m^2\end{cases}$$

这是矛盾方程组，它说明假定是错误的，故双曲线和它的共轭双曲线不可能有公切线.

24. 设双曲线 $b_1^2x^2-a^2y^2=a^2b_1^2$ 和 $b_2^2x^2-a^2y^2=a^2b_2^2$ 为适合条件的任意两双曲线.

在双曲线 $b_1^2x^2-a^2y^2=a^2b_1^2$ 上经过 $P_1(x_1,y_1)$ 的切线方程为

$$b_1^2x_1x-a^2y_1y=a^2b_1^2$$

它与 X 轴的交点为 $\left(\frac{a^2}{x_1},0\right)$.

在双曲线 $b_2^2x^2-a^2y^2=a^2b_2^2$ 上，经过 $P_2(x_1,y_2)$ 的切线方程为

$$b_2^2x_1x-a^2y_2y=a^2b_2^2$$

它与 X 轴的交点为 $\left(\frac{a^2}{x_1},0\right)$.

故各切线相交于实轴上的同一点.

25. 设双曲线方程为 $b^2x^2-a^2y^2=a^2b^2$，经过其焦点 $F(c,0)$ 的一直线方程为

$$y=k(x-c)$$

因为它与共轭双曲线 $b^2x^2-a^2y^2=-a^2b^2$ 相切，所以

$$a^2k^2-b^2(-1)^2=-k^2c^2$$

所以
$$k=\pm\frac{b}{\sqrt{a^2+c^2}}$$

故所求切线方程为

$$bx\pm\sqrt{a^2+c^2}\,y-bc=0$$

同理可求经过焦点 $F_1(-c,0)$ 的切线方程为

$$bx\pm\sqrt{a^2+c^2}\,y+bc=0$$

26. 设双曲线的方程为

$$b^2x^2-a^2y^2=a^2b^2$$

经过其上一点 $P(a\sec\theta,b\tan\theta)$ 的切线与法线的方程分别为

$$b\sec\theta\cdot x-a\tan\theta\cdot y=ab$$

$$a\tan\theta\cdot x+b\sec\theta\cdot y=(a^2+b^2)\sec\theta\tan\theta$$

则 T,N,S 的坐标分别为 $\left(\frac{a}{\sec\theta},0\right)$，$\left(\frac{(a^2+b^2)\sec\theta}{a},0\right)$，$(a\sec\theta,0)$，于是

$$|OT|(|ON|-|OS|)=\frac{a}{\sec\theta}\left[\frac{(a^2+b^2)\sec\theta}{a}-a\sec\theta\right]$$

$$=\frac{a}{\sec\theta}\cdot\frac{b^2\sec\theta}{a}$$

$$=b^2\text{（定值）}$$

27. 设双曲线的方程为

$$b^2x^2-a^2y^2=a^2b^2$$

经过其上一点 $P(a\sec\theta,b\tan\theta)$ 的切线与法线的方程分别为

$$b\sec\theta\cdot x-a\tan\theta\cdot y=ab$$

$$a\tan\theta\cdot x+b\sec\theta\cdot y=(a^2+b^2)\sec\theta\cdot\tan\theta$$

则 N 与 N' 的坐标分别为 $\left(\frac{(a^2+b^2)\sec\theta}{a},0\right)$，$\left(0,\frac{(a^2+b^2)\tan\theta}{b}\right)$.

于是

$$|OQ|\cdot(|PN'|+|PN|)$$

$$=\frac{|ab|}{\sqrt{b^2\sec^2\theta+a^2\tan^2\theta}}\cdot\left(\sqrt{a^2\sec^2\theta+\frac{a^4\tan^2\theta}{b^2}}+\sqrt{\frac{b^4\sec^2\theta}{a^2}+b^2\tan^2\theta}\right)$$

$$=\frac{ab}{\sqrt{b^2\sec^2\theta+a^2\tan^2\theta}}\cdot\frac{(a^2+b^2)\sqrt{b^2\sec^2\theta+a^2\tan^2\theta}}{ab}$$

$=c^2$（定值）

28. 设双曲线方程为

$$b^2x^2-a^2y^2=a^2b^2$$

过其上一点 $P(a\sec\theta,b\tan\theta)$ 的切线方程为

$$b\sec\theta\cdot x-a\tan\theta\cdot y=ab$$

设从焦点 $F(c,0)$，$F'(-c,0)$ 到这切线的距离分别为 d_1，d_2，则

$$d_1\cdot d_2=\frac{|bc\cdot\sec\theta-ab|}{\sqrt{b^2\sec^2\theta+a^2\tan^2\theta}}\cdot\frac{|-bc\cdot\sec\theta-ab|}{\sqrt{b^2\sec^2\theta+a^2\tan^2\theta}}$$

$$=\frac{b^2|a^2-c^2\sec^2\theta|}{b^2\sec^2\theta+a^2(\sec^2\theta-1)}$$

$=b^2$（定值）

29. 设双曲线方程为

$$b^2x^2-a^2y^2=a^2b^2$$

过其上一点 $P(a\sec\theta,b\tan\theta)$ 的切线与法线的方程分别为

$$b\sec\theta\cdot x-a\tan\theta\cdot y=ab$$

$$a\tan\theta\cdot x+b\sec\theta\cdot y=(a^2+b^2)\sec\theta\tan\theta$$

故 T,T',N,N' 的坐标分别为

$$\left(\frac{a}{\sec\theta},0\right),\left(0,-\frac{b}{\tan\theta}\right)$$

$$\left(\frac{(a^2+b^2)\sec\theta}{a},0\right),\left(0,\frac{(a^2+b^2)\tan\theta}{b}\right)$$

于是

$$|PT|\cdot|PT'|=\sqrt{\left(a\sec\theta-\frac{a}{\sec\theta}\right)^2+b^2\tan^2\theta}\cdot\sqrt{a^2\sec^2\theta+\left(b\tan\theta+\frac{b}{\tan\theta}\right)^2}$$

$$=a^2\tan^2\theta+b^2\sec^2\theta$$

$$|PN|\cdot|PN'|=\sqrt{\left(\frac{b^2\sec\theta}{a}\right)^2+b^2\tan^2\theta}\cdot\sqrt{a^2\sec^2\theta+\left(\frac{a^2\tan\theta}{b}\right)^2}$$

$$=a^2\tan^2\theta+b^2\sec^2\theta$$

$$|PF|\cdot|PF'|$$

$$=\sqrt{(a\sec\theta-c)^2+b^2\tan^2\theta}\cdot\sqrt{(a\sec\theta+c)^2+b^2\tan^2\theta}$$

$$=\sqrt{(a^2\sec^2\theta+c^2+b^2\tan^2\theta)^2-4a^2c^2\sec^2\theta}$$

$$=\sqrt{(c^2\sec^2\theta+a^2)^2-4a^2c^2\sec^2\theta}$$

$$=c^2\sec^2\theta-a^2$$

$$=a^2\tan^2\theta+b^2\sec^2\theta$$

故

$$|PT|\cdot|PT'|=|PN|\cdot|PN'|=|PF|\cdot|PF'|$$

30. 设双曲线方程为

$$b^2x^2-a^2y^2=a^2b^2$$

过其上一点 $P(a\sec\theta,b\tan\theta)$ 的切线方程为

$$b\sec\theta\cdot x-a\tan\theta\cdot y=ab$$

这切线与渐近线 $b^2x^2-a^2y^2=0$ 的交点分别为

$$A\left(\frac{a}{\sec\theta-\tan\theta},\frac{b}{\sec\theta-\tan\theta}\right)$$

$$B\left(\frac{a}{\sec\theta+\tan\theta},-\frac{b}{\sec\theta+\tan\theta}\right)$$

所以

$$|OA|\cdot|OB|=\sqrt{\left(\frac{a}{\sec\theta-\tan\theta}\right)^2+\left(\frac{b}{\sec\theta-\tan\theta}\right)^2}\cdot\sqrt{\left(\frac{a}{\sec\theta+\tan\theta}\right)^2+\left(\frac{b}{\sec\theta+\tan\theta}\right)^2}$$

$$= \frac{a^2+b^2}{(\sec\theta-\tan\theta)(\sec\theta+\tan\theta)}$$

$$= c^2(定值)$$

31. 设双曲线方程为

$$b^2x^2-a^2y^2=a^2b^2$$

过其上一点 $P(a\sec\theta, b\tan\theta)$ 的切线方程为

$$b\sec\theta\cdot x-a\tan\theta\cdot y=ab$$

这切线与共轭双曲线 $b^2x^2-a^2y^2=-a^2b^2$ 的交点设为 $A(x_1,y_1)$，$B(x_2,y_2)$.

解方程组 $\begin{cases} b\sec\theta x-a\tan\theta y=ab \\ b^2x^2-a^2y^2=-a^2b^2 \end{cases}$，消去 y，得

$$x^2-2a\sec\theta\cdot x+a^2(1-\tan^2\theta)=0$$

这方程的两个根 x_1 和 x_2 就是 A，B 两点的横坐标，设 A，B 的中点为 $P'(x',y')$ 则

$$x'=\frac{x_1+x_2}{2}=\frac{2a\sec\theta}{2}=a\sec\theta$$

于是

$$y'=\frac{b\sec\theta\cdot x'-ab}{a\tan\theta}=\frac{ab\sec^2\theta-ab}{a\tan\theta}=b\tan\theta$$

故点 P' 重合于点 P，因此 $|PA|=|PB|$.

32. 设双曲线方程为

$$b^2x^2-a^2y^2=a^2b^2$$

过其上任意一点 $P(a\sec\theta, b\tan\theta)$ 的切线 PT 的方程为

$$b\sec\theta\cdot x-a\tan\theta\cdot y=ab$$

过焦点 $F(c,0)$ 引 PT 的垂线方程为

$$a\tan\theta\cdot x+b\sec\theta\cdot y=ac\cdot\tan\theta \qquad (1)$$

过焦点 $F'(-c,0)$ 及点 P 的直线方程为

$$b\tan\theta\cdot x-(a\sec\theta+c)y+bc\tan\theta=0 \qquad (2)$$

解(1) 和(2) 得交点

$$H\left(\frac{(a^2-b^2)\sec\theta+ac}{c\sec\theta+a},\frac{2ab\tan\theta}{c\sec\theta+a}\right)$$

故

$$|F'H|=\sqrt{\left(\frac{(a^2-b^2)\sec\theta+ac}{c\sec\theta+a}+C\right)^2+\left(\frac{2ab\tan\theta}{c\sec\theta+a}\right)^2}$$

$$=\sqrt{\frac{((a^2-b^2+c^2)\sec\theta+2ac)^2+(2ab\tan\theta)^2}{(c\sec\theta+a)^2}}$$

$$=\frac{2a\sqrt{(a\sec\theta+c)^2+(b\tan\theta)^2}}{c\sec\theta+a}$$

$$=\frac{2a\sqrt{a^2\sec^2\theta+2ac\sec\theta+c^2+c^2\tan^2\theta-a^2\tan^2\theta}}{c\sec\theta+a}$$

$$=\frac{2a\sqrt{c^2\sec^2\theta+2ac\sec\theta+a^2}}{c\sec\theta+a}=2a$$

33. 设双曲线的方程为

$$b^2x^2-a^2y^2=a^2b^2$$

过其上任意一点 $M(a\sec\theta,b\tan\theta)$ 的切线方程为

$$b\sec\theta\cdot x-a\tan\theta\cdot y=ab$$

它与过两顶点的切线 $x=\pm a$ 相交于

$$P\left(a,\frac{b\sec\theta-b}{\tan\theta}\right),P'\left(-a,\frac{-b\sec\theta-b}{\tan\theta}\right)$$

又焦点为 $F(c,0)$,$F'(-c,0)$.

所以 $k_{PF}\cdot k_{P'F}=\dfrac{b(\sec\theta-1)}{(a-c)\tan\theta}\cdot\dfrac{-b(\sec\theta+1)}{-(a+c)\tan\theta}$

$$=\frac{b^2(\sec^2\theta-1)}{(a^2-c^2)\tan^2\theta}=-1$$

所以 $\angle PFP'=90°$

同理可证 $\angle PF'P'=90°$

34. 设双曲线的方程为

$$b^2x^2-a^2y^2=a^2b^2$$

过焦点 $F(c,0)$ 的通径的一端点 $P\left(c,\dfrac{b^2}{a}\right)$ 的切线方程为

$$cx-ay=a^2$$

在双曲线上任取一点 $Q(a\sec\theta,b\tan\theta)$，过点 Q 作实轴的垂线，它的方程为

$$x=a\sec\theta$$

这垂线与实轴的交点为 $M(a\sec\theta,0)$，与切线的交点为 $N(a\sec\theta,c\sec\theta-a)$.

于是

$$|MN|=|c\sec\theta-a|$$

$$\begin{aligned}|FQ|&=\sqrt{(a\sec\theta-c)^2+(b\tan\theta)^2}\\&=\sqrt{a^2\sec^2\theta-2ac\sec\theta+c^2+c^2\tan^2\theta-a^2\tan^2\theta}\\&=\sqrt{c^2\sec^2\theta-2ac\sec\theta+a^2}\\&=|c\sec\theta-a|\end{aligned}$$

故
$$|MN|=|FQ|$$

35. 设双曲线的方程为

$$b^2x^2-a^2y^2=a^2b^2$$

它的一直径 $y=kx$ 的两个端点为 $A(a\sec\theta,b\tan\theta)$，$B(-a\sec\theta,-b\tan\theta)$，则

$$k=\frac{b}{a}\sin\theta$$

于是它的共轭直径的方程为

$$b^2x-a^2ky=0$$

即
$$bx-a\sin\theta\cdot y=0$$

而过 A 和 B 两点的切线方程分别为

$$b\sec\theta\cdot x-a\tan\theta\cdot y=ab$$

即

$$bx - a\sin\theta \cdot y = \frac{ab}{\sec\theta}$$

$$-b\sec\theta \cdot x + a\tan\theta \cdot y = ab$$

即

$$bx - a\sin\theta \cdot y = -\frac{ab}{\sec\theta}$$

故过 A,B 两点的切线互相平行，它们都平行于共轭直径.

36. 设两共轭双曲线的方程分别为

$$b^2x^2 - a^2y^2 = a^2b^2$$

$$b^2x^2 - a^2y^2 = -a^2b^2$$

它的共轭直径的各一端点为 $M(a\sec\theta, b\tan\theta)$，$N(a\tan\theta, b\sec\theta)$.

因为一直径端点的切线平行于它的共轭直径，所以共轭直径的四个端点的切线组成一个平行四边形 $ABCD$(图 89).

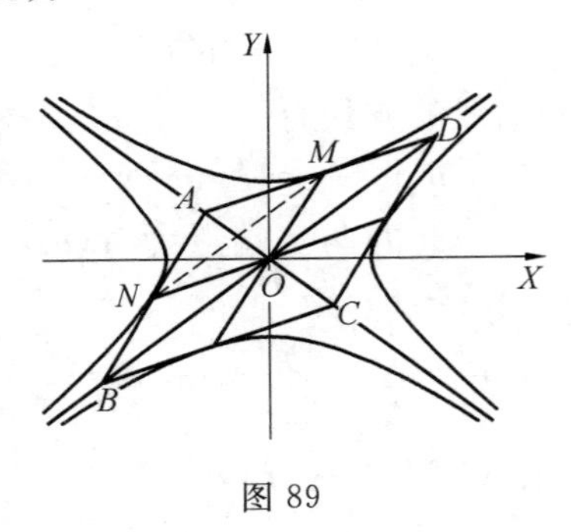

图 89

因为

$$S_{\triangle OMN}=\frac{1}{2}\begin{vmatrix} a\sec\theta & b\tan\theta & 1 \\ a\tan\theta & b\sec\theta & 1 \\ 0 & 0 & 1 \end{vmatrix}$$

$$=\frac{1}{2}(ab\sec^2\theta-ab\tan^2\theta)$$

$$=\frac{1}{2}ab$$

所以

$$S_{\text{平行四边形}ABCD}=8S_{\triangle OMN}=8\cdot\frac{1}{2}ab=4ab(\text{定值})$$

37.设双曲线的方程为

$$b^2x^2-a^2y^2=a^2b^2$$

经过其上任意一弦的两端 $A(x_1,y_1)$，$B(x_2,y_2)$ 的切线相交于 $P(x_3,y_3)$，则直线 AB 的方程

$$(y_2-y_1)x-(x_2-x_1)y-(x_1y_2-x_2y_1)=0$$

就是从点 P 所引的切点弦的方程

$$b^2x_3x-a^2y_3y-a^2b^2=0$$

所以 $$\frac{b^2x_3}{y_2-y_1}=\frac{a^2y_3}{x_2-x_1}=\frac{a^2b^2}{x_1y_2-x_2y_1}$$

所以 $$x_3=\frac{a^2(y_2-y_1)}{x_1y_2-x_2y_1},y_3=\frac{b^2(x_2-x_1)}{x_1y_2-x_2y_1}$$

又平分弦 AB 的直径方程是

$$(y_2+y_1)x-(x_2+x_1)y=0$$

把点 P 的坐标(x_3,y_3)代入直径方程的左边，得

$$(y_2+y_1)\frac{a^2(y_2-y_1)}{x_1y_2-x_2y_1}-(x_2+x_1)\frac{b^2(x_2-x_1)}{x_1y_2-x_2y_1}$$

$$=\frac{a^2(y_2^2-y_1^2)-b^2(x_2^2-x_1^2)}{x_1y_2-x_2y_1}$$

$$=\frac{(b^2x_1^2-a^2y_1^2)-(b^2x_2^2-a^2y_2^2)}{x_1y_2-x_2y_1}$$

$$=\frac{a^2b^2-a^2b^2}{x_1y_2-x_2y_1}=0$$

故两切线的交点 P 在平分这弦的直径的延长线上.

38.设斜率为 k 的直线方程为

$$y=kx+b$$

因为它与直径 $y^2=2px$ 相切,根据相切的条件得

$$p(-1)^2=2bk$$

所以 $$b=\frac{p}{2k}$$

故所求切线的方程是

$$y=kx+\frac{p}{2k}$$

39.如图 90,可得:

(1) 因为抛物线的法线平分过这点的焦点半径与直径的夹角,所以

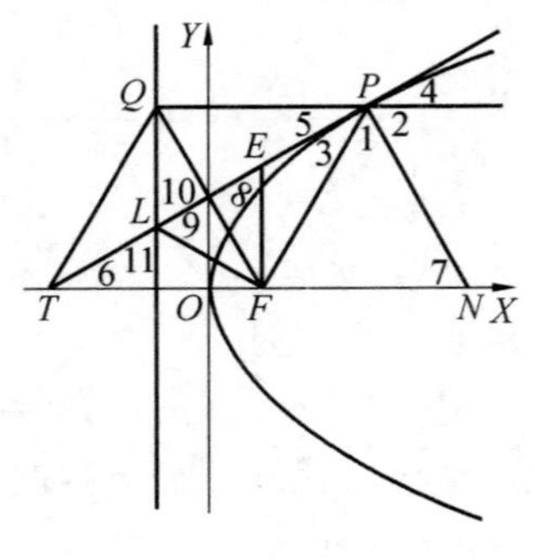

图 90

$$\angle 1=\angle 2$$

因为 $$PN\perp PT$$

所以 $$\angle 3=\angle 4=\angle 5$$

因为

$$PQ \parallel TF \tag{1}$$

所以 $\angle 5 = \angle 6$

从而 $\angle 6 = \angle 3$

$$|TF| = |PF| \tag{2}$$

根据抛物线的定义可知

$$|PF| = |PQ| \tag{3}$$

由(1)(2)(3) 可知四边形 $PQTF$ 是菱形.

(2) 又因为 $\angle 7 = \angle 2 = \angle 1$，所以 $|FN| = |PF| = |PQ|$，且 $PQ \parallel FN$.

故四边形 $PQFN$ 是平行四边形.

(3) 因为 $\angle 8$ 与 $\angle 9 = \angle 10 = \angle 11$，同是 $\angle 6$ 的余角，所以 $\angle 8 = \angle 9$.

故 $\triangle LFE$ 是等腰三角形.

40. 设抛物线方程为

$$y^2 = 2px$$

过其上任意一点 $P(2pt^2, 2pt)$ 的切线方程是

$$x - 2ty + 2pt^2 = 0$$

它与准线 $x = -\frac{p}{2}$ 的交点为 $L\left(-\frac{p}{2}, pt - \frac{p}{4t}\right)$，于是

$$k_{PF} \cdot k_{LF} = \frac{2pt}{2pt^2 - \frac{p}{2}} \cdot \frac{pt - \frac{p}{4t}}{-\frac{p}{2} - \frac{p}{2}}$$

$$= \frac{4t}{4t^2 - 1} \cdot \frac{4t^2 - 1}{-4t} = -1$$

故 $PF \perp LF$

41. 设抛物线的方程为

$$y^2 = 2px$$

过其上任意一点 $P(2pt^2, 2pt)$ 的切线方程是

$$x-2ty+2pt^2=0$$

它与过顶点的切线 $x=0$ 的交点是 $T(0,pt)$.

它与准线 $x=-\frac{p}{2}$ 的交点是 $L\left(-\frac{p}{2}, pt-\frac{p}{4t}\right)$.

因为

$$\begin{aligned}|PT|\cdot|PL| &= \sqrt{(2pt^2)^2+(pt)^2}\cdot \\ &\quad \sqrt{\left(2pt^2+\frac{p}{2}\right)^2+\left(pt+\frac{p}{4t}\right)^2} \\ &= pt\sqrt{4t^2+1}\cdot\frac{4pt^2+p}{4t}\sqrt{4t^2+1} \\ &= \frac{1}{4}p^2(4t^2+1)^2\end{aligned}$$

$$|PF|^2=\left(2pt^2+\frac{p}{2}\right)^2=\frac{1}{4}p^2(4t^2+1)^2$$

所以

$$|PF|^2=|PT|\cdot|PL|$$

即 $|PF|$ 是 $|PT|$ 与 $|PL|$ 的比例中项.

42. 设抛物线方程为

$$y^2=2px$$

在它的准线上任取一点 $P\left(-\frac{p}{2}, y_1\right)$，则过点 P 的直线系方程为

$$kx-y+\left(\frac{1}{2}pk+y_1\right)=0 \quad (k \text{ 为参数})$$

因为它与抛物线相切，根据相切条件得

$$p(-1)^2=2k\left(\frac{1}{2}pk+y_1\right)$$

所以

$$pk^2+2y_1k-p=0$$

这里 k 的两个根 k_1, k_2 就是从点 P 引的两条切线的斜率. 因为

$$k_1 \cdot k_2 = -\frac{p}{p} = -1$$

所以这两条切线互相垂直.

43. 设抛物线方程为

$$y^2 = 2px$$

在轨迹上任取一点 $P(x_1, y_1)$，则过点 P 的直线系方程为

$$kx - y + (y_1 - kx_1) = 0$$

因为它与抛物线相切，根据相切条件得

$$p(-1)^2 = 2k(y_1 - kx_1)$$

所以
$$2x_1k^2 - 2y_1k + p = 0$$

这里 k 的两个根 k_1, k_2 就是从点 P 所引两切线的斜率. 因为这两条切线互相垂直，所以

$$k_1k_2 = -1$$

所以
$$\frac{p}{2x_1} = -1$$

故
$$x_1 = -\frac{p}{2}$$

这就是所求的轨迹方程，它是这条抛物线的准线.

44. 设 P, R 的坐标为 $(2pt^2, 2pt)$，$(2pm^2, 2pm)$，因为 P, Q, R 三点纵坐标成等比数列，故点 Q 的坐标为 $(2ptm, 2p\sqrt{tm})$.

过点 P 的切线方程为

$$x - 2ty + 2pt^2 = 0 \tag{1}$$

过点 R 的切线方程为

$$x - 2my + 2pm^2 = 0 \tag{2}$$

解(1)和(2)得两切线的交点 M 的坐标为 $(2ptm, p(m+t))$.

因为点 Q 及 M 的横坐标相同，所以 MQ 垂直于对称轴.

45. 设抛物线的方程为

$$y^2 = 2px$$

其上 P,Q 两点的坐标分别为 $(2pt^2, 2pt)$, $(2pm^2, 2pm)$.

则经过 P,Q 两点的切线方程分别为

$$x - 2ty + 2pt^2 = 0 \quad (1)$$

$$x - 2my + 2pm^2 = 0 \quad (2)$$

解(1)和(2)得两切线交点 T 的坐标为 $T(2ptm, p(m+t))$ 又过抛物线上任意一点 $M(2pn^2, 2pn)$ 的切线方程为

$$x - 2ny + 2pn^2 = 0$$

设 P,Q,T 各点到这条切线的距离分别为 d_1, d_2, d_3,则

$$d_1 = \frac{|2pt^2 - 4npt + 2pn^2|}{\sqrt{1+4n^2}} = \frac{2p(t-n)^2}{\sqrt{1+4n^2}}$$

$$d_2 = \frac{|2pm^2 - 4npm + 2pn^2|}{\sqrt{1+4n^2}} = \frac{2p(m-n)^2}{\sqrt{1+4n^2}}$$

$$d_3 = \frac{|2ptm - 2pn(m+t) + 2pn^2|}{\sqrt{1+4n^2}}$$

$$= \frac{2p|(t-n)(m-n)|}{\sqrt{1+4n^2}}$$

显然 $$d_3^2 = d_1 \cdot d_2$$

故 P,T,Q 三点到这条切线的距离成等比数列.

46. 设抛物线的方程为

$$y^2 = 2px$$

其上任意一点 P 的坐标为 $(2pt^2, 2pt)$.

以点 P 和焦点 $F\left(\frac{p}{2}, 0\right)$ 为直径作圆,则圆心是

$M\left(\frac{4pt^2+p}{4}, pt\right)$，半径

$$r=\frac{1}{2}|PF|=\frac{1}{2}\left(2pt^2+\frac{p}{2}\right)=\frac{4pt^2+p}{4}$$

又过顶点 O 的切线方程为

$$x=0$$

于是从圆心 M 到这切线的距离为$\frac{4pt^2+p}{4}$，它等于圆的半径 r.

故这个圆与过顶点的切线相切.

47. 设抛物线的方程为

$$y^2=2px$$

经过焦点 F 的弦的两端点为 $A(2pt^2, 2pt)$，$B(2pm^2, 2pm)$，则

$$|AF|=2pt^2+\frac{p}{2}, |BF|=2pm^2+\frac{p}{2}$$

故以 AB 为直径的圆的圆心为 $M(p(t^2+m^2), p(t+m))$，其半径为

$$r=\frac{1}{2}\left[\left(2pt^2+\frac{p}{2}\right)+\left(2pm^2+\frac{p}{2}\right)\right]$$

$$=\frac{1}{2}p(2t^2+2m^2+1)$$

又从圆心 M 到准线 $x+\frac{p}{2}=0$ 的距离为

$$d=p(t^2+m^2)+\frac{p}{2}=\frac{1}{2}p(2t^2+2m^2+1)$$

所以

$$d=r$$

故这个圆与准线相切.

48. 设抛物线的方程为

$$y^2=2px$$

在它的轴上任取与焦点等距离的两点 $A\left(a+\frac{p}{2},0\right)$，$B\left(\frac{p}{2}-a,0\right)$.

过抛物线上任意一点 $p(2pt^2,2pt)$ 的切线方程为

$$x-2ty+2pt^2=0$$

设 A 和 B 两点到这条切线的距离分别为 d_1 和 d_2，则

$$d_1^2-d_2^2=\left(\frac{\left(a+\frac{p}{2}\right)+2pt^2}{\sqrt{1+4t^2}}\right)^2-\left(\frac{\left(\frac{p}{2}-a\right)+2pt^2}{\sqrt{1+4t^2}}\right)^2$$

$$=2pa\text{（定值）}$$

49. 设抛物线的方程为

$$y^2=2px$$

过其上任意点 $p(2pt^2,2pt)$ 的切线方程为

$$x-2ty+2pt^2=0$$

这切线与轴 $y=0$ 的交点为 $M(-2pt^2,0)$.

这切线与过顶点 O 的切线 $x=0$ 的交点为 $N(0,pt)$.

设矩形第四顶点 P 的坐标为 (x,y)，则

$$\begin{cases}x=-2pt^2\\y=pt\end{cases}$$

这就是动点 p 的轨迹的参数方程，消去参数 t 得普通方程

$$y^2=-\frac{1}{2}px$$

故它是抛物线.

50. 设抛物线的方程为

$$y^2=2px$$

它与两平行线的交点为 $A(2pt^2,2pt)$，$B(2pr^2,2pr)$，

过 A,B 两点的切线相交于 $P(x_1,y_1)$，则从 P 向抛物线所引两切线的切点弦为

$$y_1y=p(x+x_1)$$

它就是经过 A,B 两点的直线，其方程是

$$x-(t+r)y+2ptr=0$$

于是

$$\frac{p}{1}=\frac{y_1}{t+r}=\frac{px_1}{2ptr}$$

所以 $$x_1=2ptr,y_1=p(t+r)$$

故 $\triangle APB$ 的面积为

$$S=\frac{1}{2}\begin{vmatrix}2ptr & p(t+r) & 1\\ 2pt^2 & 2pt & 1\\ 2pr^2 & 2pr & 1\end{vmatrix}=2p^2(t-r)^3$$

$$=\frac{(2pt-2pr)^3}{4p}$$

因为两平行线间的距离为 m，所以 $2pt-2pr=m$，故

$$S=\frac{m^3}{4p}\text{（定值）}$$

习　题　四

1. 作下列各圆锥曲线.

(1) 已知：线段 a 和 $b(a>b)$.

求作：一椭圆，使它的长轴和短轴分别等于 $2a$ 和 $2b$.

作法　(i) 任意作一条射线 OX，在 OX 上截取 $OA=a,OB=b$；

(ii) 以 O 为圆心,分别以 OA, OB 为半径画两个同心圆(A) 和圆(B);

(iii) 过点 O 任意作离心角 $\angle XOC$,它的终边交圆(A) 于 M_1,交圆(B) 于 N_1;

(iv) 过 M_1 和 N_1 分别作 OX 的垂线和平行线,相交于点 P_1,则 P_1 是椭圆上的一点;

(v) 改变 $\angle XOC$ 的大小,用同法可以得椭圆上的其他点 P_2, P_3…;

(vi) 用光滑的曲线顺势联结各点,就得所求的椭圆.

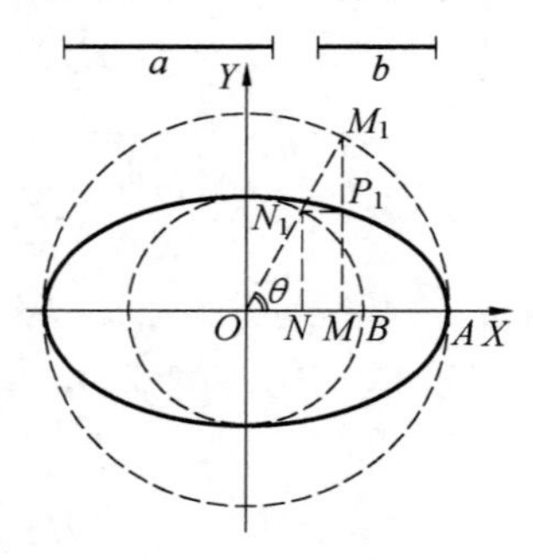

图 91

即如图 91 所示.

证 以 O 为原点,OX 为 X 轴作直角坐标系,设点 P_1 的坐标为(x_1, y_1),$\angle XOC=\theta$,则

$$x=OM=|OM_1|\cos\angle XOM_1=a\cos\theta \quad (1)$$

$$y=MP_1=NN_1=|ON_1|\cos\angle XOM_1=b\sin\theta \quad (2)$$

由(1) 和(2) 消去 θ,得

$$\frac{x^2}{a^2}+\frac{y^2}{b^2}=1$$

它是以 a 和 b 分别为长、短半轴的椭圆,故是所求的.

(2) 已知:两定点 F' 及 F,线段 a.

求作:一双曲线,使以 F' 及 F 为焦点,并且实轴长为 $2a$.

作法 (i) 分别以 F, F' 为圆心, 以

$t\left(t \geqslant \frac{1}{2}\mid F'F\mid - a\right)$ 和 $2a+t$ 为半径作弧，交于 P_1，P_1' 两点，则 P_1，P_1' 都是双曲线上的点；

(ii) 改变 t 的长度，同样画出 P_2，P_2'，P_3，P_3'… 等点；

(iii) 用光滑的曲线联结各点，就得到双曲线的一支.

(iv) 交换半径 t 和 $2a+t$，可以画出另一支.

即如图 92 所示.

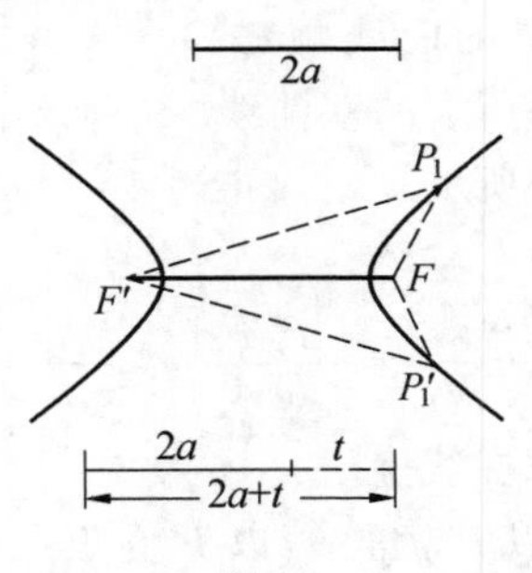

图 92

证　因为 $\mid P_1F'\mid - \mid P_1F\mid = \mid 2a+t\mid - \mid t\mid = 2a$，所以 P_1 在双曲线上.

又因为它以 F'，F 为焦点，且实轴长为 $2a$，故这双曲线是所求的.

(3) 已知：一条定直线 l 和 l 外的一个定点 F，两线段 a 和 c（$c>a$）.

求作：一个双曲线，使它以 l 为准线，以点 F 为焦点，并且离心率为 $\frac{c}{a}$.

作法　(i) 过 F 作 l 的垂线交 l 于 M；

(ii) 内分 FM 成定比 $\frac{c}{a}$ 得分点 A，外分 FM 成定比

$\frac{c}{a}$ 分点 A'；

(iii) 在射线 AF 上取一点 Q_1，使 $MQ_1=k_1a$，过 Q_1 作直线 l_1 平行于 l，再以点 F 为圆心，以 k_1c 为半径作弧交 l_1 于 P_1 和 P_2；

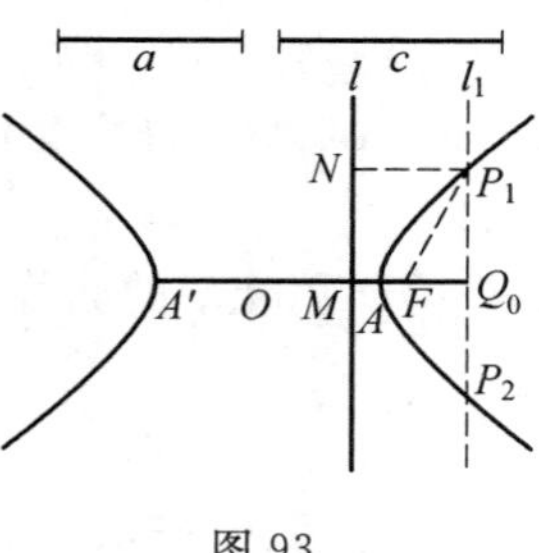

图 93

(iv) 改变 k_1 的数值，同法画出 P_3，P_4，P_5，P_6 等点；

(v) 用光滑的曲线顺势联结各点，就得所求的双曲线.

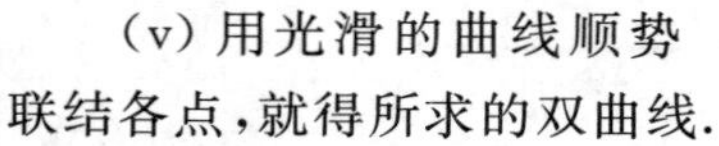

即如图 93 所示.

证 因为

$$\frac{|P_1F|}{|P_1N|}=\frac{|P_1F|}{|QM|}=\frac{k_1c}{k_1a}=\frac{c}{a}$$

所以 P_1 点在双曲线上.

又因为它以 l 为准线，以 F 为焦点，故是所求的双曲线.

(4) 已知：一条定直线 l 和 l 外一定点 F.

求作：一抛物线，使它以 l 为准线，点 F 为焦点.

作法 1 同第(3)题，但 $|P_1F|=|P_1N|$（略）.

作法 2 (i) 过 F 作 l 的垂线，垂足为 N，取 FN 的中点 O，在 ON 的延长线上截取 $|OA|=2|FN|$；

(ii) 过 O 作 NF 的垂线 OY；

(iii) 在 NF 或其延长线上任取一点 B_1；

(iv) 以 AB_1 为直径作圆，交 OY 于 C_1，C_2；

(v) 分别为 $C_1(C_2)$ 及 B_1 作 NF 的平行线及垂线相交于 $P_1(P_2)$，则 $P_1(P_2)$ 为抛物线上的一点；

(vi) 改变 B_1 的位置，同样的方法可得抛物线上的

其他点 P_3,P_4,P_5,P_6;…;

(vii) 用光滑的曲线顺势联结各点，就得所求的抛物线.

即如图 94 所示.

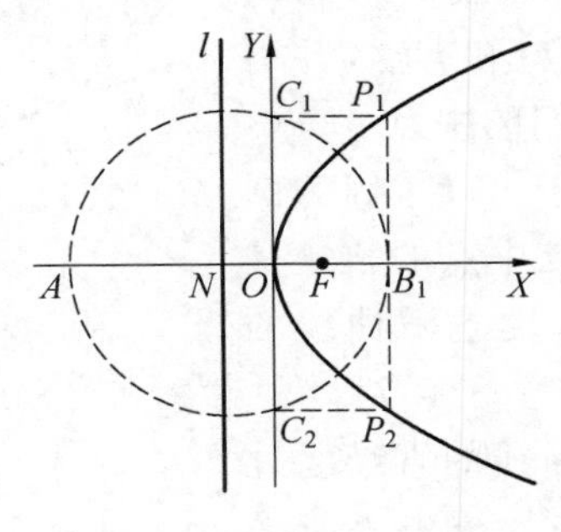

图 94

证　以 O 为原点，OY 为 Y 轴建立直角坐标系. 设点 P_1 的坐标为 (x,y)，$|OA|=2|FN|=2p$，则

$$|OC_1|=|B_1P_1|=|y|,\ |OB_1|=|x|$$

在圆中，因为 AB_1 为直径，$OC_1\perp AB_1$，所以

$$|OC_1|^2=|OA|\cdot|OB_1|$$

故
$$y^2=2px$$

这就是说点 P_1 在抛物线上，同理可证 P_2,P_3，P_4，… 也在抛物线上.

又因为点 F 的坐标为 $\left(\frac{p}{2},0\right)$，故它是焦点；直线 l 的方程是 $x=-\frac{p}{2}$，故它是准线，因此这条抛物线是所求的.

2. 作下列各圆锥曲线的中心、顶点、轴线、焦点、准线及渐近线.

(1) 已知：双曲线 (c).

求作:这双曲线的中心、实轴、虚轴、焦点、准线及渐近线.

作法与证明

(i) 引双曲线的任意两条平行弦 DD' 和 EE',并引直线通过它们的中点 M,N,而交双曲线于 P,P',因为圆锥曲线平行弦中点的轨迹是直径,故 PP' 是这双曲线的一条直径.

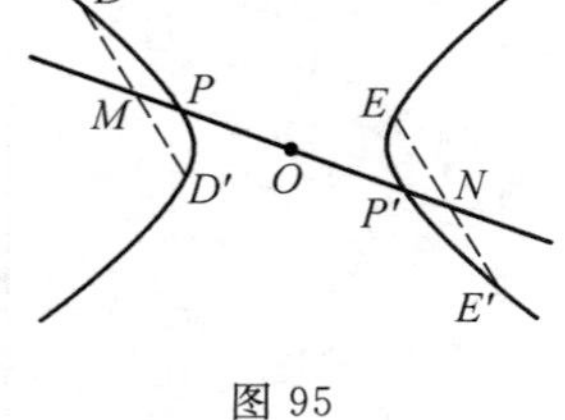

图 95

因为双曲线的直径经过它的中心,并且被中心所平分,故取 PP' 的中点 O,即得所求的双曲线的中心,如图 95 所示.

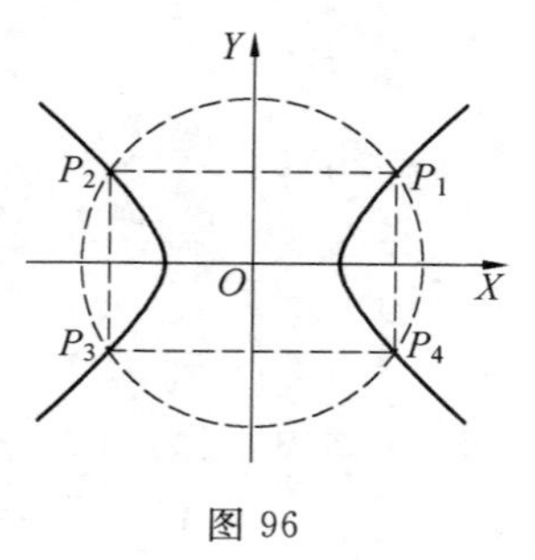

图 96

(ii) 因为双曲线是一个轴对称的图形,所以以中心 O 为圆心、适宜的长为半径画圆,与双曲线相交于 P_1,P_2,P_3,P_4,则 P_1 与 P_2,P_3 与 P_4 关于虚轴对称,P_1 与 P_4,P_2 与 P_3 关于实轴对称,因此过中心 O 引与 P_1P_2 平行的直线是它的实对称轴,引与 P_1P_4 平行的直线是它的虚对称轴,如图 96 所示.

(iii) 先求出双曲线的中心和对称轴后,实对称轴与双曲线的交点 A',A,则 $|OA'|=|OA|$ 就是实半轴. 为了求焦点,以 O 为圆心,OA 为半径画弧(这弧是从双曲线某一支的顶点画到与虚对称轴的交点)交虚对称轴于点 C,过 C 作与实对称轴平行的直线交双曲线于 M,在 OC 的延线上取 $|ON|=|CM|$,以 $|ON|$

为直径画半圆交前弧于 K,过 NK 引直线交实对称轴于点 F,则点 F 就是这一支的焦点,如图 97 所示. 这是因为 $OC=OA=a$,且 $CM \parallel OA$,所以点 M 的坐标为 $\left(\frac{ac}{b},a\right)$,从而点 N 的坐标为 $\left(0,\frac{ac}{b}\right)$.

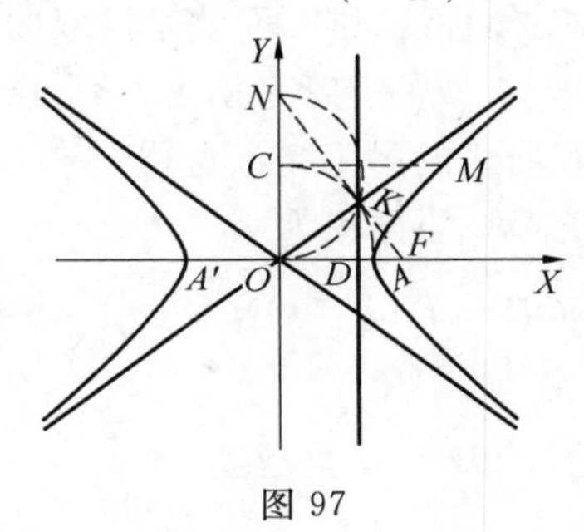

图 97

在 Rt△OKN 中,$|ON|=\frac{ac}{b}$,$|OK|=a$,故 $|NK|=\frac{a^2}{b}$.

又在 Rt△OFN 中

$$|NF|=\frac{|ON|^2}{|NK|}=\frac{\left(\frac{ac}{b}\right)^2}{\frac{a^2}{b}}=\frac{c^2}{b}$$

故

$$|OF|=\sqrt{|NF|^2-|ON|^2}=\sqrt{\left(\frac{c^2}{b}\right)^2-\left(\frac{ac}{b}\right)^2}$$

$$=\sqrt{\frac{c^2}{b^2}(c^2-a^2)}=\sqrt{c^2}=c$$

因此 F 是双曲线的一个焦点.

(iv) 在(iii)中,过 K 作直线垂直于 OA,垂足为 D,则直线 DK 就是所求的准线(图 97). 这是因为

$$|OD|=|OF|\cdot\frac{|NK|}{|NF|}=c\cdot\frac{\frac{a^2}{b}}{\frac{c^2}{b}}=\frac{a^2}{c}$$

所以 DK 是所求的准线.

(v) 过 OK 作直线,则 OK 就是这双曲线的一条渐近线. 再在 DK 上取一点 K' 使 $|DK'|=|DK|$,则 OK' 就是这双曲线的另一条渐近线.

因为直线 OK 的方程为

$$\frac{y}{x}=\tan\angle FOK=\tan\angle FON=\frac{|OF|}{|ON|}=\frac{c}{\frac{ac}{b}}=\frac{b}{a}$$

同理 OK' 的方程为

$$\frac{y}{x}=-\frac{b}{a}$$

故 OK 与 OK' 是所求的两条渐近线.

(2) 已知:抛物线(c).

求作:抛物线的对称轴、顶点、焦点和准线.

作法与证明

(i) 引抛物线的任意两条平行弦 DD' 与 EE',并引直线通过它们的中点 M,N,交抛物线于 P,因为圆锥曲线平行弦中点的轨迹是直径,故 PMN 是这抛物线的一条直径. 再任意作弦 AB 使它垂直于 PN,过 AB 的中点 H 作 PN 的平行线交抛物线于 O,则 O 为顶点,OH 就是所求的对称轴,如图 98 所示. 因为 A,B 是抛物线上的任意两

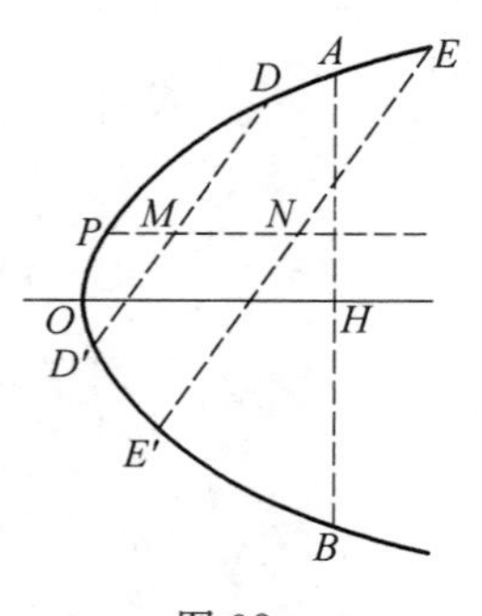

图 98

个对称点，而 OH 是它们的对称轴，因此也是抛物线的对称轴，于是 O 是顶点.

(ii) 在抛物线的对称轴上任取一点 Q，过 Q 作对称轴的垂线，并在这垂线上截取 $|QR|=2|OQ|$，联结 OR 交抛物线于 P，过 P 作 $PF\perp OQ$，F 为垂足，如图 99 所示. 因为若 $|PF|=p$，则 $|OF|=\frac{1}{2}p$，所以 F 是所求的焦点.

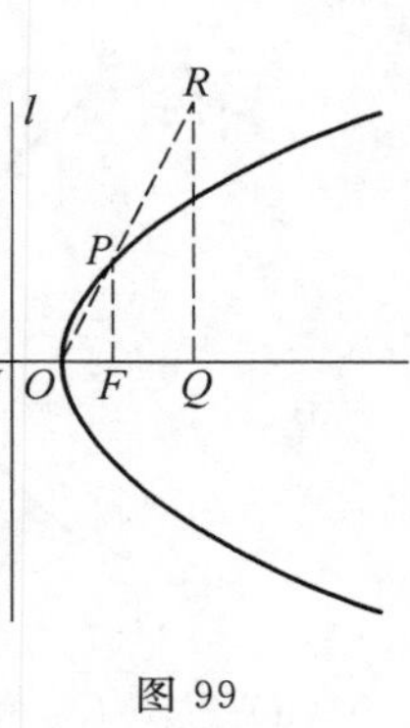

图 99

(iii) 在抛物线的对称轴上截取 $|ON|=|OF|$，过 N 作对称轴的垂线 l，如图 99 所示，因为 $|OF|=\frac{1}{2}p$，故 $|FN|=p$，所以 l 是所求的准线.

3. 作下列各圆锥曲线的切线.

(1) 已知：P 为双曲线上的一点.

求作：过点 P 的双曲线的切线.

作法　(i) 作双曲线的两个焦点 F' 和 F，联结 PF' 和 PF.

(ii) 作 $\angle F'PF$ 的平分线 PT，则 PT 就是所求过点 P 的切线.

即如图 100 所示.

证　因为双曲线的切线平分过切点的两条焦点半径的夹角，所以 PT 是所求的切线.

(2) 已知：P 为双曲线外的一点.

求作：过点 P 的双曲线的切线.

作法　(i) 以 F' 为圆心，以 AA' 为半径画弧，再以 P 为圆心，PF 为半径画弧交前弧于 Q_1，Q_2；

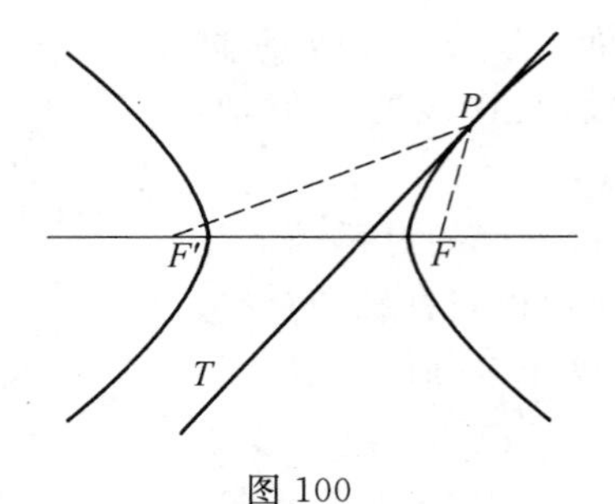

图 100

(ii) 过 $F'Q_1$ 和 $F'Q_2$ 各引直线交双曲线于 M_1 和 M_2，则直线 PM_1 和 PM_2 就是所求的切线.

即如图 101 所示.

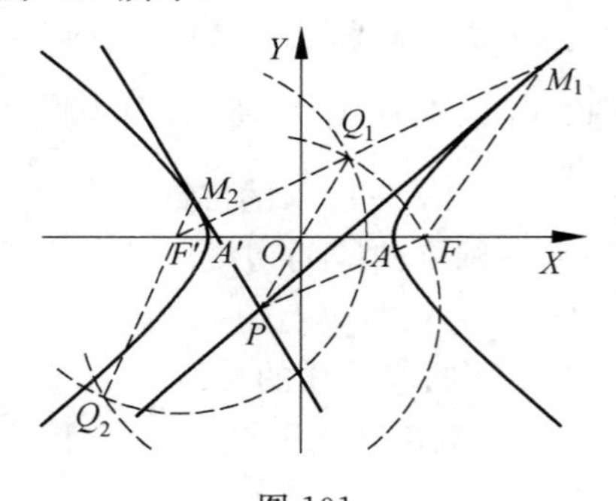

图 101

证　在 $\triangle PQ_1M_1$ 与 $\triangle PFM_1$ 中，有 $|PQ_1|=|PF|$，$|PM_1|=|PM_1|$，$|M_1Q_1|=|M_1F'|-|Q_1F'|=(|AA'|+|M_1F|)-|Q_1F'|=|M_1F|$.

所以 $\triangle PQ_1M_1 \cong \triangle PFM_1$，从而 $\angle F'M_1P=\angle PM_1F$.

故 PM_1 是双曲线的切线，同理可证 PM_2 也是双曲线的切线.

(3) 已知：P 为抛物线上的一点.

求作:过点 P 的抛物线的切线.

作法　(i) 作抛物线的焦点 F 联结 PF,过 P 作对称轴 AF 的平行线 PM.

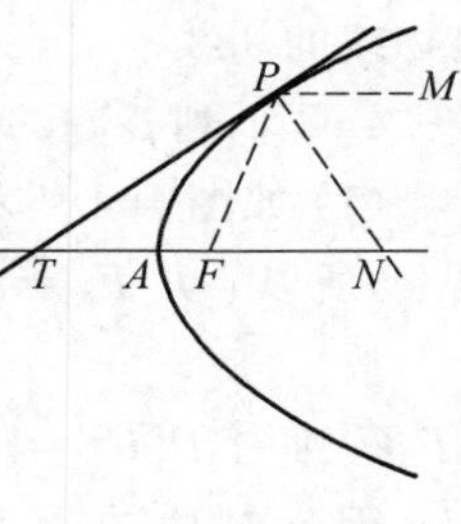

图 102

(ii) 作 $\angle FPM$ 的平分线 PN;

(iii) 过 P 作 PN 的垂线 PT,则 PT 就是所求的垂线.

即如图 102 所示.

证　因为抛物线的法线平分过切点的直径与焦点半径的夹角,所以 PN 是过点 P 的法线,从而 PT 是过点 P 的切线.

(4) 已知:P 为抛物线外的一点.

求作:过点 P 的抛物线的切线.

作法　(i) 作抛物线的焦点 F 及准线 l;

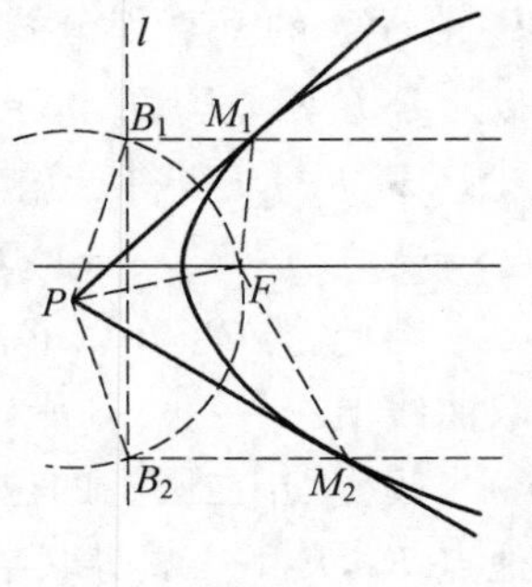

图 103

(ii) 以点 P 为圆心,以 PF 为半径画弧交准线于 B_1,B_2;

(iii) 分别过 B_1,B_2 作对称轴的平行线交抛物线于 M_1 和 M_2,则 PM_1 和 PM_2 就是所求的切线.

即如图 103 所示.

证　在 $\triangle PB_1M_1$ 与 $\triangle PFM_1$ 中有 $|PB_1|=|PF|$,$|B_1M_1|=|M_1F|$,$|PM_1|=|PM_1|$.

故 $\triangle PB_1M_1\cong\triangle PFM_1$ 从而 $\angle B_1M_1P=\angle FM_1P$.

因此 PM_1 是抛物线的切线，同理可证 PM_2 也是抛物线的切线.

4. 解下列各题.

(1) 如图 104 所示，因为点 P_1 在 FQ_1 的垂直平分线上，所以 $|P_1F|=|P_1Q_1|$.

故

$$|P_1F'|+|P_1F|=|P_1F'|+|P_1Q_1|=|F'Q_1|=2a$$

因此点 P_1 在以 F' 和 F 为焦点且长轴等于 $2a$ 的椭圆上.

改变 Q_1 在圆上的位置，用同法可得椭圆上的其他点 P_2，P_3… 顺势联结这些点，就得所求的椭圆.

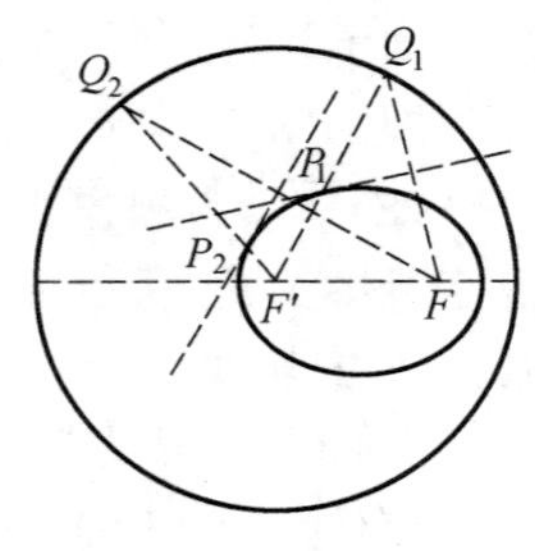

图 104

(2) 如图 105 所示，因为点 P_1 在 FQ 的垂直平分线上，所以 $|P_1F|=|P_1Q_1|$，于是

$$\begin{aligned}|P_1F'|-|P_1F|&=(|P_1Q_1|+|Q_1F'|)-|P_1F|\\&=|Q_1F'|=2a\end{aligned}$$

因此，点 P_1 在以 F' 和 F 为焦点且实轴长为 $2a$ 的双曲线上.

改变 Q_1 在圆上的位置，用同法可得双曲线上的其他点 P_2，P_3，… 顺势联结这些点，就得所求的双曲线.

(3) 如图 106 所示，因为点 P_1 在 FQ_1 的垂直平分线上，所以 $|P_1F|=|P_1Q_1|$，于是

$$|P_1Q_1|=|P_1F|$$

因此，点 P_1 在以 F 为焦点，l 为准线的抛物线上.

改变点 Q_1 在定直线 l 上的位置，用同法可得抛物线上的其他点 P_2，P_3，… 顺势联结这些点，就得所求

的抛物线.

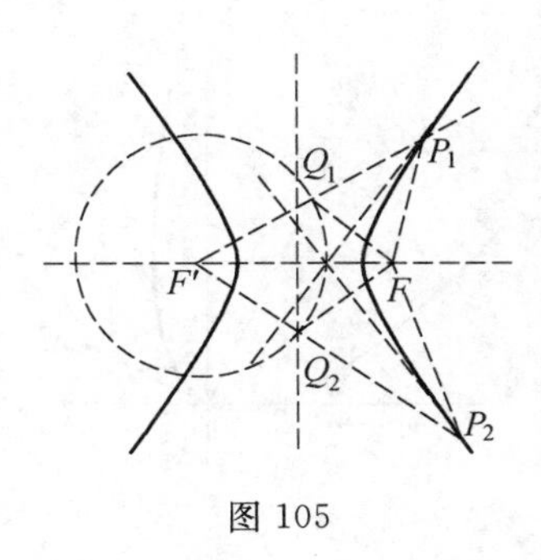

图 105

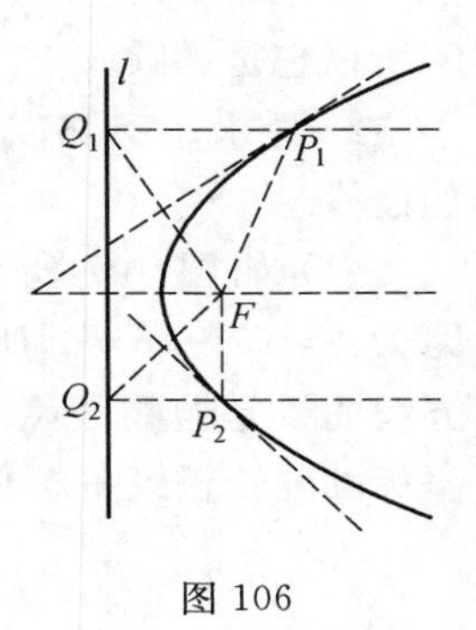

图 106

习 题 五

1.判别下列各方程的曲线.

(1) 因为 $\Delta=25>0$,$\Theta=0$,所以它是两条相交直线.

(2) 因为 $\Delta=-8<0$,$\Theta=96\neq 0$,$A\Theta>0$.

所以方程没有轨迹.

(3) 因为 $\Delta=0$,$\Theta=0$,原方程为 $(3x-4y-2)(3x-4y+3)=0$,所以它是两条平行线.

(4) 因为 $\Delta=0$,$\Theta=0$,原方程为 $(5x+3y)^2=0$,所以它是两条重合的直线.

(5) 因为 $\Delta=0$,$\Theta=0$,原方程为 $(2x+3y)^2+(2x+3y)+2=0$,所以方程没有轨迹.

(6) 因为 $\Delta=165>0$,$\Theta=66\ 825\neq 0$,所以它是双曲线.

(7) 因为 $\Delta=0$,$\Theta=250\ 000$,所以它是抛物线.

(8) 因为 $\Delta=-12<0, \Theta=-64, A\Theta<0, C\Theta<0$,所以它是椭圆.

2. 画出下列各方程的曲线.

(1) 如图 107 所示,因为 $\Delta=16-16=0$,所以方程曲线是抛物线型. 把坐标轴旋转正锐角 θ,使

$$\cot 2\theta=\frac{3}{4}$$

图 107

所以 $\cos 2\theta=\frac{3}{5}$

从而 $\sin\theta=\frac{1}{\sqrt{5}}, \cos\theta=\frac{2}{\sqrt{5}}$.

因为

$$A'+C'=A+C=5$$

$$A'-C'=\sqrt{(A-C)^2+B^2}=5$$

所以 $A'=5, C'=0$.

又 $$D'=8\cdot\frac{2}{\sqrt{5}}+(-16)\frac{1}{\sqrt{5}}=0$$

$$E'=8\left(-\frac{1}{\sqrt{5}}\right)+(-16)\frac{2}{\sqrt{5}}=-8\sqrt{5}$$

故转轴后方程为

$$x^2=\frac{8}{\sqrt{5}}y$$

(2) 因为 $\Delta=36-100=-64<0$,所以方程曲线是椭圆型,如图 108 所示.

把坐标轴平移使新原点为 $O'(x_0, y_0)$,则

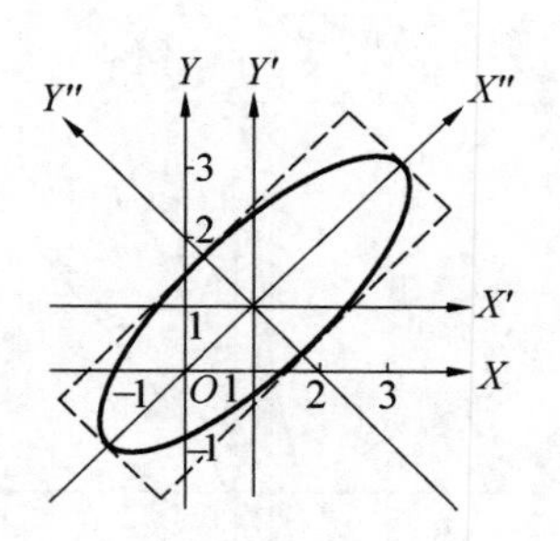

图 108

$$x_0=\frac{2.5(-4)-(-6)(-4)}{-64}=1$$

$$y_0=\frac{2.5(-4)-(-6)(-4)}{-64}=1$$

又 $F'=\frac{1}{2}(-4-4-8)=-8$，故移轴后的方程为

$$5x'^2-6x'y'+5y'^2-8=0$$

把坐标轴旋转正锐角 θ，使

$$\cot 2\theta=0^\circ$$

所以

$$\theta=45^\circ$$

因为 $A'+C'=A+C=10$，$A'-C'=-\sqrt{(A-C)^2+B^2}=-6$，所以

$$A'=2, C'=8$$

故转轴后的方程为

$$\frac{x^2}{4}+\frac{y^2}{1}=1$$

(3) 因为 $\Delta=64-28=36>0$，所以方程曲线是双曲线型，如图 109 所示.

把坐标轴平移使新原点为 $O'(x_0, y_0)$.

$$x_0=\frac{2\cdot1\cdot14-(-8)(-8)}{36}=-1$$

$$y_0=\frac{2\cdot 7\cdot(-8)-(-8)\cdot 14}{36}=0$$

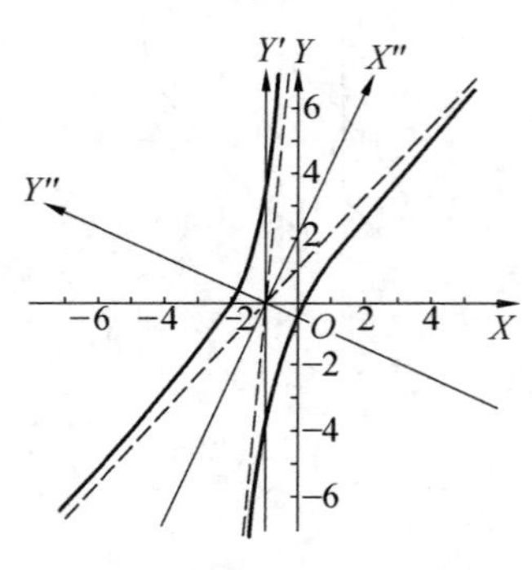

图 109

又 $F'=\frac{1}{2}(-14-4)=-9$,故移轴后的方程为

$$7x'^2-8x'y'+y'^2-9=0$$

把坐标轴旋转正锐角 θ,使

$$\cot 2\theta=\frac{3}{-4}$$

所以 $$\cos 2\theta=-\frac{3}{5}$$

从而 $\sin\theta=\frac{2}{\sqrt{5}},\cos\theta=\frac{1}{\sqrt{5}}$.

又 $$A'+C'=8,A'-C'=-10$$

所以 $$A'=-1,C'=9$$

故转轴后的方程为

$$\frac{x^2}{9}-\frac{y^2}{1}=-1$$

3.求下列各圆锥曲线的焦点坐标和准线方程.

(1) 因为 $\Delta=16-40=-24<0$,所以方程曲线是椭圆型,把坐标轴平移到新原点 $O'(-3,-2)$,移轴后

的方程为

$$2x'^2+4x'y'+5y'^2-6=0$$

把坐标轴旋转使 $\cot 2\theta=-\frac{3}{4}$，从而 $\sin\theta=\frac{2}{\sqrt{5}}$，$\cos\theta=\frac{1}{\sqrt{5}}$，于是转轴后的方程为

$$\frac{x''^2}{1}+\frac{y''^2}{6}=1$$

在坐标系 $X''O'Y''$ 下焦点为 $F'(0,-\sqrt{35})$，$F(0,\sqrt{35})$.

因为　$x=x'-3=\frac{1}{\sqrt{5}}(x''-2y'')-3$

$$y=y'-2=\frac{1}{\sqrt{5}}(2x''+y'')-2$$

故在坐标系 XOY 下，焦点为 $F'(-3+2\sqrt{7},-2-\sqrt{7})$，$F(-3-2\sqrt{7},-2+\sqrt{7})$.

在坐标系 $X''O'Y''$ 下，准线方程为 $y''=\pm\frac{6}{\sqrt{35}}$.

因为　$y''=-x'\cdot\frac{2}{\sqrt{5}}+y'\cdot\frac{1}{\sqrt{5}}$

$$=-\frac{2}{\sqrt{5}}(x+3)+\frac{1}{\sqrt{5}}(y+2)$$

故在坐标系 XOY 下，准线方程为 $14x-7y+(28\pm6\sqrt{7})=0$.

(2) 因为 $\Delta=16-4=12>0$，所以方程曲线是双曲线型.

把坐标轴平移，使新原点为 $O'(-2,2)$，移轴后的方程为

$$x'^2+4x'y'+y'^2-4=0$$

把坐标轴旋转，使 $\cot 2\theta=0$，从而 $\theta=45^\circ$，于是转轴后的方程为

$$3x''^2-y''^2-4=0$$

在坐标系 $o'x''y''$ 下，焦点坐标为$\left(\pm\frac{4}{3}\sqrt{10},0\right)$.

因为 $\quad x=x'-2=\frac{\sqrt{2}}{2}(x''-y'')-2$

$$y=y'+2=\frac{\sqrt{2}}{2}(x''+y'')+2$$

故在坐标系 OXY 下，焦点坐标为$\left(\pm\frac{4}{3}\sqrt{5}-2,\pm\frac{4}{3}\sqrt{5}+2\right)$.

在坐标系 $X''O'Y''$ 下，准线方程为 $x''=\pm\frac{2}{15}\sqrt{10}$.

因为

$$x''=\frac{\sqrt{2}}{2}x'+\frac{\sqrt{2}}{2}y'=\frac{\sqrt{2}}{2}[(x+2)+(y-2)]$$

$$=\frac{\sqrt{2}}{2}(x+y)$$

故在坐标系 XOY 下，准线方程为 $15x+15y\pm4\sqrt{5}=0$.

(3) 因为 $\Delta=16-16=0$，所以方程曲线是抛物线型.

把坐标轴旋转，使 $\cot 2\theta=\frac{3}{4}$，从而 $\sin\theta=\frac{1}{\sqrt{5}}$，$\cos\theta=\frac{2}{\sqrt{5}}$，于是转轴后的新方程为

$$y'^2-4x'-2y'-7=0$$

所以 $$(y'-1)^2=4(x'+2)$$

令 $x''=x'+2, y''=y'-1$，移轴后的方程为

$$y''^2=4x''$$

在坐标系 $X''O'Y''$ 下，焦点坐标为 $F(1,0)$.

因为

$$x=\frac{2}{\sqrt{5}}x'-\frac{1}{\sqrt{5}}y'=\frac{2}{\sqrt{5}}(x''-2)-\frac{1}{\sqrt{5}}(y''+1)$$

$$=\frac{1}{\sqrt{5}}(2x''-y''-5)$$

$$y=\frac{1}{\sqrt{5}}x'+\frac{2}{\sqrt{5}}y'=\frac{1}{\sqrt{5}}(x''-2)+\frac{2}{\sqrt{5}}(y''+1)$$

$$=\frac{1}{\sqrt{5}}(x''+2y'')$$

故在坐标系 XOY 下，焦点坐标为 $F\left(-\frac{3}{\sqrt{5}},\frac{1}{\sqrt{5}}\right)$.

又在坐标系 $X''O'Y''$ 下准线方程为 $x''=-1$，所以

$$x''=x'+2=\frac{1}{\sqrt{5}}(2x+y)+2$$

故在坐标系 XOY 下，准线的方程为 $2x+y+2\sqrt{5}=0$.

4. 讨论下列各曲线的性质，并按照给出的 k 值作图.

(1) 原方程在 k 取确定值时，所表示的曲线一般是个圆，圆心在 $(k,|k|)$、半径 $r=|k|$，当 $k>0$ 时，圆心在第一象限角的平分线上，并且与两坐标轴相切；

当 $k=0$ 时，圆退缩为点 $(0,0)$；

当 $k<0$ 时，圆心在第二象限角的平分线上，并且与两坐标轴相切.

故原方程是表示位于第一和第二象限并且与两坐

标轴都相切的圆系，对于 $k=-2,-1,0,1,2$ 等值，方程的曲线如图 110 所示.

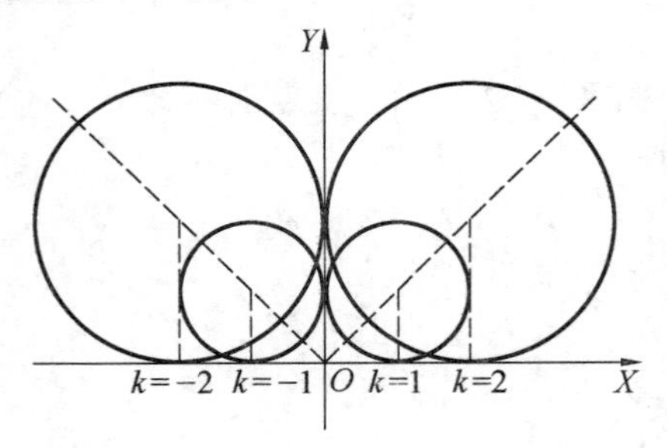

图 110

(2) 在方程 $\frac{x^2}{k-2}+\frac{y^2}{4-|k|}=1$ 中，当：

$k>4$ 时，方程的曲线为双曲线，它的焦点在 X 轴上；

$3<k<4$ 时，方程的曲线为椭圆，它的焦点在 X 轴上；

$k=3$ 时，方程的曲线为圆 $x^2+y^2=1$；

$2<k<3$ 时，方程的曲线为椭圆，它的焦点在 Y 轴上；

$-4<k<2$ 时，方程的曲线为双曲线，它的焦点在 Y 轴上；

$k<-4$ 时，方程没有轨迹.

对于 $k=-2,\frac{5}{2},3,3\frac{1}{2},6$ 等值，方程的曲线如图 111 所示.

故原方程是表示以原点为中心，以坐标轴为轴的有心圆锥曲线系.

(3) 在方程 $|k|x^2+(2-k)y^2-4x=0$ 中，当：

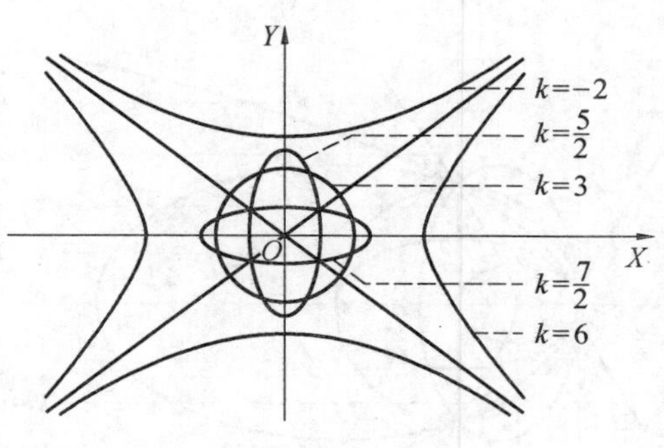

图 111

$k<0$ 时，方程的曲线是椭圆，焦点在 X 轴上；

$k=0$ 时，方程的曲线是抛物线 $y^2=2x$；

$0<k<1$ 时，方程的曲线是椭圆，焦点在 X 轴上；

$k=1$ 时，方程的曲线是圆 $(x-2)^2+y^2=4$；

$1<k<2$ 时，方程的曲线是椭圆，焦点在平行于 Y 轴的直线上；

$k=2$ 时，方程的曲线是两条平行线 $x=0$ 和 $x-2=0$；

$k>2$ 时，方程的曲线是双曲线，焦点在 X 轴上.

对于 $k=-2,-1,0,\frac{1}{2},1,\frac{3}{2},2,4$ 各值，它的曲线见图 112.

根据上面的讨论并参照上图可知原方程是表示有共同的一个顶点 $(0,0)$ 和一条共同的对称轴 $y=0$ 的圆锥曲线系.

当 k 从负数趋近于 0 或从小于 1 的正数趋近于 0，曲线从椭圆趋近于抛物线 $y^2=2x$；

当 k 从 0 趋近于 1 或从小于 2 的正数趋近于 1，曲线从椭圆逐渐趋近于圆 $(x-2)^2+y^2=4$；

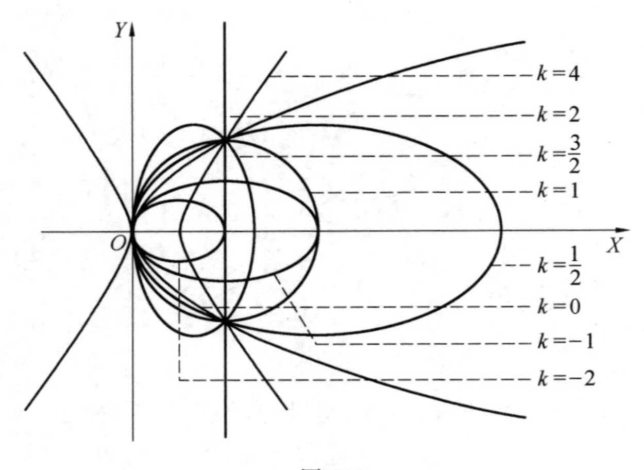

图 112

又 k 从大于 2 的正数趋近于 2 时，曲线从两顶点较接近的双曲线逐渐变为两顶点距离趋近于 2 的双曲线以至 $k=2$ 时变为两条平行线 $x=0$ 与 $x=2$.

(4) 原方程为 $(k+1)x^2-(k-1)y^2-4(k+4)=0$，当：

$k<-4$ 时，方程的曲线是双曲线，焦点在 X 轴上；

$k=-4$ 时，方程的曲线是两条相交直线 $\sqrt{3}x\pm\sqrt{5}y=0$；

$-4<k<-1$ 时，方程的曲线是双曲线，焦点在 Y 轴上；

$k=-1$ 时，方程的曲线是两平行直线 $y\pm\sqrt{6}=0$；

$-1<k<0$ 时，方程的曲线是椭圆，焦点在 X 轴上；

$k=0$ 时，方程的曲线是圆 $x^2+y^2=16$；

$0<k<1$ 时，方程的曲线是椭圆，焦点在 Y 轴上；

$k=1$ 时，方程的曲线是两条平行直线 $x\pm\sqrt{10}=0$；

$k>1$ 时，方程的曲线是双曲线，焦点在 X 轴上.

对于 $k=-5,-4,-3,-1,-\frac{1}{2},0,\frac{1}{2},1$ 等值，方程的曲线如图 113 所示.

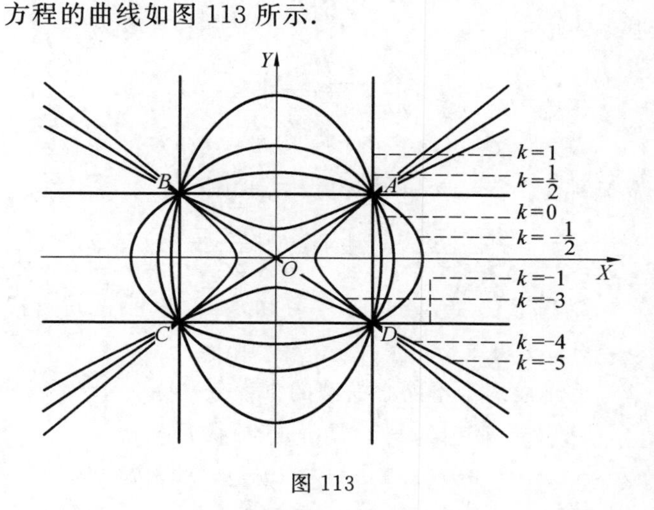

图 113

从图 113 中可知原方程是表示经过 $A(\sqrt{10},\sqrt{6})$，$B(-\sqrt{10},\sqrt{6})$，$C(-\sqrt{10},-\sqrt{6})$，$D(\sqrt{10},-\sqrt{6})$ 四个点的圆锥曲线系.

当 k 在区间 $(-\infty,-4)(-4,-1)$ 上趋近于 -4 时，曲线由双曲线退缩为两条相交直线 $\sqrt{3}x\pm\sqrt{5}y=0$；

当 k 在区间 $(-1,0)$ 和 $(0,1)$ 上趋近于 0 时，曲线由椭圆逐渐变为圆；

当 k 从 $-\infty$ 趋近于 -1 时，曲线由双曲线变为平行线 $y\pm\sqrt{6}=0$；

当 k 从 $+\infty$ 趋近于 1 时，曲线由双曲线变为平行

线 $x\pm\sqrt{10}=0$.

5.证明下列各题.

(1) 设过原点并且与圆$(x-a)^2+(y-b)^2=r^2$相切的直线方程为

$$y=mx$$

则

$$\frac{|ma-b|}{\sqrt{m^2+1}}=|r|$$

又圆系$(x-ka)^2+(y-kb)^2=(kr)^2$的圆心(ka,kb)到直线$y=mx$的距离设为d.则

$$d=\frac{|mka-kb|}{\sqrt{m^2+1}}=|k|\cdot\frac{|ma-b|}{\sqrt{m^2+1}}=|kr|$$

故圆系$(x-ka)^2+(y-kb)^2=(kr)^2$也与直线$y=mx$相切.

(2) 设两个不同心的圆的方程分别为

$$f_1(x,y)=(x-a_1)^2+(y-b_1)^2-r_1^2=0$$

$$f_2(x,y)=(x-a_2)^2+(y-b_2)^2-r_2^2=0$$

其中$a_1\neq a_2,b_1\neq b_2$,则圆系$f_1(x,y)+kf_2(x,y)=0$的方程为

$$[(x-a_1)^2+(y-b_1)^2-r_1^2]+k[(x-a_2)^2+(y-b_2)^2-r_2^2]=0$$

它的圆心为$\left(\frac{a_1+ka_2}{k+1},\frac{b_1+kb_2}{k+1}\right)$.

又$f_1(x,y)=0$与$f_2(x,y)=0$两圆的联心线方程是

$$\frac{y-b_1}{x-a_1}=\frac{b_2-b_1}{a_2-a_1}$$

因为

$$\frac{\frac{b_1+kb_2}{k+1}-b_1}{\frac{a_1+ka_2}{k+1}-a_1}=\frac{(b_1+kb_2)-b_1(k+1)}{(a_1+ka_2)-a_1(k+1)}$$

$$=\frac{b_2-b_1}{a_2-a_1}$$

所以圆系的圆心在两圆的联心线上.

又

$$\frac{\frac{a_1+ka_2}{k+1}-a_1}{a_2-\frac{a_1+ka_2}{k+1}}=\frac{(a_1+ka_2)-a_1(k+1)}{a_2(k+1)-(a_1+ka_1)}$$

$$=\frac{k(a_2-a_1)}{a_2-a_1}=k$$

所以圆系的圆心分两圆的圆心距成定比 k.

(3) 圆系 $x^2+y^2-2kx-4ky+4k^2=0$ 的圆心为 $M(k,2k)$,它的半径

$$r=\frac{1}{2}\sqrt{(-2k)^2+(-4k)^2-4\cdot 4k^2}=|k|$$

设圆心 M 到 $x=0$ 及 $3x-4y=0$ 的距离分别为 d_1 和 d_2,则

$$d_1=|k|=r$$

$$d_2=\frac{|3k-8k|}{\sqrt{3^2+4^2}}=|k|=r$$

故不论 k 取任何值,圆系都和 Y 轴及直线 $3x-4y=0$ 相切.

(4) 在椭圆系中任取两个椭圆

$$\begin{matrix} b^2x^2+a^2y^2=k_1a^2b^2 \\ b^2x^2+a^2y^2=k_2a^2b^2 \end{matrix}\quad (k_1,k_2\text{ 为正数})$$

设直线 $y=mx+n$ 与椭圆 $b^2x^2+a^2y^2=k_1a^2b^2$ 的

交点为 $A(x_1,y_1)$，$B(x_2,y_2)$，与椭圆 $b^2x^2+a^2y^2=k_2a^2b^2$ 的交点为 $C(x_3,y_3)$，$D(x_4,y_4)$.

因为

$$\begin{cases} y=mx+n \\ b^2x^2+a^2y^2=k_1a^2b^2 \end{cases}$$

$$\begin{cases} y=mx+n \\ b^2x^2+a^2y^2=k_2a^2b^2 \end{cases}$$

所以

$$(b^2+a^2m^2)x^2+2a^2mnx+(a^2n^2-k_1^2a^2b^2)=0$$

$$(b^2+a^2m^2)x^2+2a^2mnx+(a^2n^2-k_2^2a^2b^2)=0$$

于是 $\dfrac{x_1+x_2}{2}=\dfrac{-2a^2mn}{b^2+a^2m^2}=\dfrac{x_3+x_4}{2}$

所以

$$\begin{aligned}\frac{y_1+y_2}{2}&=\frac{(mx_1+n)+(mx_2+n)}{2}\\&=\frac{m(x_1+x_2)+2n}{2}\\&=m\left(\frac{x_1+x_2}{2}\right)+n\\&=m\left(\frac{x_3+x_4}{2}\right)+n\\&=\frac{(mx_3+n)+(mx_4+n)}{2}=\frac{y_3+y_4}{2}\end{aligned}$$

这说明 AB 的中点与 CD 的中点重合，故 $|AC|=|BC|$.

因此，这直线被这两个椭圆所截的两线段相等.

(5) 在椭圆系中任取两个椭圆

$$\begin{matrix} b^2x^2+a^2y^2=k_1a^2b^2 \\ b^2x^2+a^2y^2=k_2a^2b^2 \end{matrix} \quad (k_1,k_2 \text{ 为正数})$$

当 $k_1 < k_2$ 时，则 $b^2x^2+a^2y^2=k_1a^2b^2$ 是较大椭圆，$b^2x^2+a^2y^2=k_2a^2b^2$ 为较小椭圆．设直线 $y=mx+n$ 与椭圆 $b^2x^2+a^2y^2=k_1a^2b^2$ 的交点为 A,B，与椭圆 $b^2x^2+a^2y^2=k_2a^2b^2$ 相交于 C,D．

则根据第(4)题可知 $|AC|=|BD|$．

若 AB 与椭圆 $b^2x^2+a^2y^2=k_2a^2b^2$ 相切，则 C 与 D 重合于切点 P，于是

$$|AP|=|BP|$$

故大椭圆的弦若切于小椭圆，则这弦被切点平分．

6．k 为何值时，下列圆锥曲线系成为变态曲线，并求出这曲线．

(1) 因为

$$\Delta=B^2-4AC=k^2+8>0$$

所以方程曲线是双曲线型．

又

$$\Theta=\frac{1}{2}\begin{vmatrix} 4 & k & -k \\ k & -2 & 5 \\ -k & 5 & -12 \end{vmatrix}=2(k^2-1)$$

要使原方程所表示的曲线是变态圆锥曲线，必须

$$2(k^2-1)=0$$

所以
$$k=\pm 1$$

当 $k=1$ 时方程为 $2x^2+xy-y^2-x+5y-6=0$，它的曲线是两条相交的直线

$$2x-y+3=0, x+y-2=0$$

当 $k=-1$ 时，方程为 $2x^2-xy-y^2+x+5y-6=0$，它的曲线是两条相交的直线：

$$2x+y-3=0, x-y+2=0$$

(2) 因为 $\Delta=B^2-4AC=4-8=-4<0$，所以方

程是椭圆型.

又

$$\Theta=\frac{1}{2}\begin{vmatrix}2 & 2 & k\\2 & 4 & -6k\\k & -6k & -50k\end{vmatrix}=-50k(k+2)$$

要使原方程的曲线为变态的圆锥曲线,必须

$$-50k(k+2)=0$$

所以 $$k=0 \text{ 或 } k=-2$$

当 $k=0$ 时,原方程为 $x^2+2xy+2y^2=0$,它是一个点(0,0).

当 $k=-2$ 时,原方程为 $x^2+2xy+2y^2-2x+12y+50=0$.

因为

$$h=\frac{2CD-BE}{B^2-4AC}=\frac{-8-24}{-4}=8$$

$$k=\frac{2AE-BD}{B^2-4AC}=\frac{24+4}{-4}=-7$$

故它是一个点(8,−7).

7. 求下列各圆锥曲线的方程.

(1) 因为椭圆的长轴的两端点为 $A'(k,-k)$,$A(-3k,-k)$,所以椭圆的中心为 $M(-k,-k)$,椭圆的半长轴 $a=\frac{1}{2}|A'A|=\frac{1}{2}\sqrt{(4k)^2}=2|k|$.

又因为椭圆的一个焦点为 $F(\sqrt{3}k-k,-k)$,所以椭圆的半焦距

$$C=|MF|=\sqrt{(\sqrt{3}k)^2}=\sqrt{3}|k|$$

故椭圆的半长轴 $b=\sqrt{a^2-c^2}=\sqrt{4k^2-3k^2}=|k|$.

因此椭圆的方程是

$$\frac{(x+k)^2}{4k^2}+\frac{(y+k)^2}{k^2}=1$$

即　$x^2+4y^2+2kx+8ky+k^2=0$

(2) 因为双曲线的实轴长为 k,所以双曲线的半实轴

$$a=\frac{1}{2}k \tag{1}$$

又因为它的离心率为$\frac{3}{2}$,所以

$$\frac{c}{a}=\frac{3}{2} \tag{2}$$

又

$$c^2=a^2+b^2 \tag{3}$$

解(1)(2)(3)得

$$a=\frac{1}{2}k,c=\frac{3}{4}k,b=\frac{\sqrt{5}}{4}k$$

因为它的中心为(−1,2),故所求的双曲线方程为

$$\frac{(x+1)^2}{\frac{1}{4}k^2}-\frac{(y-2)^2}{\frac{5}{16}k^2}=1$$

即

$$20x^2-16y^2+40x+64y-(5k^2+44)=0$$

(3) 在抛物线上任取一点 $P(x,y)$.

因为 P 到原点的距离等于 P 到 $x+k=0$ 的距离.

所以

$$\sqrt{x^2+y^2}=x+k$$

两边平方得

$$y^2-2kx-k^2=0$$

即

$$y^2=2k\left(x+\frac{k}{2}\right)$$

8. 求下列各圆锥曲线的方程.

(1) 直线 AB 的方程为 $y=1$.

直线 CE 的方程为 $y=3$.

直线 AC 的方程为 $x=3$.

直线 BE 的方程为 $x-y-4=0$,

故经过 A,B,C,E 四点的圆锥曲线系的方程为

$(x-3)(x-y-4)+\lambda(y-1)(y-3)=0$

因为它经过点 D,所以

$$2\cdot(-4)+\lambda\cdot 4\cdot 2=0$$

所以 $$\lambda=1$$

故所求圆锥曲线的方程是

$$x^2-xy+y^2-7x-y+15=0$$

(2) 直线 AC 的方程为 $x=1$.

直线 DE 的方程为 $y=3$.

直线 AE 的方程为 $y=3$.

直线 CD 的方程为 $x-y+3=0$.

故经过 A,C,D,E 四点的圆锥曲线系的方程为

$(x-1)(y-3)+\lambda(y-3)(x-y+3)=0$

因为它经过点 B,所以

$$1(-1)+\lambda(-1)\cdot 3=0$$

所以 $$\lambda=-\frac{1}{3}$$

故所求圆锥曲线的方程是

$$2xy+y^2-6x-9y+18=0$$

(3) 直线 AB 的方程为 $x-2y=0$.

直线 CD 的方程为 $x+2y-3=0$.

直线 AC 的方程为 $x+3y=0$.

直线 BD 的方程为 $x-3y+2=0$.

故经过 A,B,C,D 四点的圆锥曲线系的方程为

$$(x-2y)(x+2y-3)+\lambda(x+3y)(x-3y+2)=0$$

即

$$(\lambda+1)x^2-(9\lambda+4)y^2+(2\lambda-3)x+(6\lambda+6)y=0$$

因为它是抛物线,所以

$$-4(9\lambda+4)(\lambda+1)=0$$

所以 $$\lambda=-1 \text{ 或 } \lambda=-\frac{4}{9}$$

故所求抛物线方程为 $y^2=x$ 或 $5x^2-35x-24y=0$.

(4)A,B 关于点 M 的对称点是 $A'(1,-1)$,$B'(3,1)$.

直线 AB 的方程为 $x-y+2=0$.

直线 $A'B'$ 的方程为 $x-y-2=0$.

直线 AA' 的方程为 $x=1$.

直线 BB' 的方程为 $y=1$.

故经过 A,B,A',B' 四点的圆锥曲线系的方程为

$$(x-y+2)(x-y-2)+\lambda(x-1)(y-1)=0$$

因为它经过点 C,所以

$$12\cdot 8+\lambda\cdot 2\cdot(-8)=0$$

所以 $$\lambda=6$$

故所求圆锥曲线的方程为

$$x^2+4xy+y^2-6x-6y+2=0$$

(5) 点 B,C 关于直线 $3x+4y+5=0$ 的对称点是 $B'\left(-\frac{17}{5},-\frac{6}{5}\right)$ 和 $C'\left(-\frac{47}{5},\frac{4}{5}\right)$.

直线 BC 的方程为 $13x+9y-5=0$.

直线 $B'C'$ 的方程为 $x+3y+7=0$.

直线 BB' 的方程为 $4x-3y+10=0$.

直线 CC' 的方程为 $4x-3y+40=0$.

故经过 B,C,B',C' 四点的圆锥曲线系的方程为

$$(13x+9y-5)(x+3y+7)+$$
$$\lambda(4x-3y+10)(4x-3y+40)=0$$

因为它经过点 A,所以

$$(-20)4+\lambda\cdot10\cdot40=0$$

所以
$$\lambda=\frac{1}{5}$$

故所求圆锥曲线的方程是

$$9x^2+24xy+16y^2+70x+10y+25=0$$

刘培杰数学工作室
已出版(即将出版)图书目录——初等数学

书　　名	出版时间	定　价	编号
新编中学数学解题方法全书(高中版)上卷(第2版)	2018-08	58.00	951
新编中学数学解题方法全书(高中版)中卷(第2版)	2018-08	68.00	952
新编中学数学解题方法全书(高中版)下卷(一)(第2版)	2018-08	58.00	953
新编中学数学解题方法全书(高中版)下卷(二)(第2版)	2018-08	58.00	954
新编中学数学解题方法全书(高中版)下卷(三)(第2版)	2018-08	68.00	955
新编中学数学解题方法全书(初中版)上卷	2008-01	28.00	29
新编中学数学解题方法全书(初中版)中卷	2010-07	38.00	75
新编中学数学解题方法全书(高考复习卷)	2010-01	48.00	67
新编中学数学解题方法全书(高考真题卷)	2010-01	38.00	62
新编中学数学解题方法全书(高考精华卷)	2011-03	68.00	118
新编平面解析几何解题方法全书(专题讲座卷)	2010-01	18.00	61
新编中学数学解题方法全书(自主招生卷)	2013-08	88.00	261
数学奥林匹克与数学文化(第一辑)	2006-05	48.00	4
数学奥林匹克与数学文化(第二辑)(竞赛卷)	2008-01	48.00	19
数学奥林匹克与数学文化(第二辑)(文化卷)	2008-07	58.00	36′
数学奥林匹克与数学文化(第三辑)(竞赛卷)	2010-01	48.00	59
数学奥林匹克与数学文化(第四辑)(竞赛卷)	2011-08	58.00	87
数学奥林匹克与数学文化(第五辑)	2015-06	98.00	370
世界著名平面几何经典著作钩沉——几何作图专题卷(共3卷)	2022-01	198.00	1460
世界著名平面几何经典著作钩沉(民国平面几何老课本)	2011-03	38.00	113
世界著名平面几何经典著作钩沉(建国初期平面三角老课本)	2015-08	38.00	507
世界著名解析几何经典著作钩沉——平面解析几何卷	2014-01	38.00	264
世界著名数论经典著作钩沉(算术卷)	2012-01	28.00	125
世界著名数学经典著作钩沉——立体几何卷	2011-02	28.00	88
世界著名三角学经典著作钩沉(平面三角卷Ⅰ)	2010-06	28.00	69
世界著名三角学经典著作钩沉(平面三角卷Ⅱ)	2011-01	38.00	78
世界著名初等数论经典著作钩沉(理论和实用算术卷)	2011-07	38.00	126
世界著名几何经典著作钩沉(解析几何卷)	2022-10	68.00	1564
发展你的空间想象力(第3版)	2021-01	98.00	1464
空间想象力进阶	2019-05	68.00	1062
走向国际数学奥林匹克的平面几何试题诠释. 第1卷	2019-07	88.00	1043
走向国际数学奥林匹克的平面几何试题诠释. 第2卷	2019-09	78.00	1044
走向国际数学奥林匹克的平面几何试题诠释. 第3卷	2019-03	78.00	1045
走向国际数学奥林匹克的平面几何试题诠释. 第4卷	2019-09	98.00	1046
平面几何证明方法全书	2007-08	35.00	1
平面几何证明方法全书习题解答(第2版)	2006-12	18.00	10
平面几何天天练上卷・基础篇(直线型)	2013-01	58.00	208
平面几何天天练中卷・基础篇(涉及圆)	2013-01	28.00	234
平面几何天天练下卷・提高篇	2013-01	58.00	237
平面几何专题研究	2013-07	98.00	258
平面几何解题之道. 第1卷	2022-05	38.00	1494
几何学习题集	2020-10	48.00	1217
通过解题学习代数几何	2021-04	88.00	1301
圆锥曲线的奥秘	2022-06	88.00	1541

刘培杰数学工作室
已出版(即将出版)图书目录——初等数学

书　　名	出版时间	定　价	编号
最新世界各国数学奥林匹克中的平面几何试题	2007-09	38.00	14
数学竞赛平面几何典型题及新颖解	2010-07	48.00	74
初等数学复习及研究(平面几何)	2008-09	68.00	38
初等数学复习及研究(立体几何)	2010-06	38.00	71
初等数学复习及研究(平面几何)习题解答	2009-01	58.00	42
几何学教程(平面几何卷)	2011-03	68.00	90
几何学教程(立体几何卷)	2011-07	68.00	130
几何变换与几何证题	2010-06	88.00	70
计算方法与几何证题	2011-06	28.00	129
立体几何技巧与方法(第2版)	2022-10	168.00	1572
几何瑰宝——平面几何500名题暨1500条定理(上、下)	2021-07	168.00	1358
三角形的解法与应用	2012-07	18.00	183
近代的三角形几何学	2012-07	48.00	184
一般折线几何学	2015-08	48.00	503
三角形的五心	2009-06	28.00	51
三角形的六心及其应用	2015-10	68.00	542
三角形趣谈	2012-08	28.00	212
解三角形	2014-01	28.00	265
探秘三角形:一次数学旅行	2021-10	68.00	1387
三角学专门教程	2014-09	28.00	387
图天下几何新题试卷.初中(第2版)	2017-11	58.00	855
圆锥曲线习题集(上册)	2013-06	68.00	255
圆锥曲线习题集(中册)	2015-01	78.00	434
圆锥曲线习题集(下册·第1卷)	2016-10	78.00	683
圆锥曲线习题集(下册·第2卷)	2018-01	98.00	853
圆锥曲线习题集(下册·第3卷)	2019-10	128.00	1113
圆锥曲线的思想方法	2021-08	48.00	1379
圆锥曲线的八个主要问题	2021-10	48.00	1415
论九点圆	2015-05	88.00	645
近代欧氏几何学	2012-03	48.00	162
罗巴切夫斯基几何学及几何基础概要	2012-07	28.00	188
罗巴切夫斯基几何学初步	2015-06	28.00	474
用三角、解析几何、复数、向量计算解数学竞赛几何题	2015-03	48.00	455
用解析法研究圆锥曲线的几何理论	2022-05	48.00	1495
美国中学几何教程	2015-04	88.00	458
三线坐标与三角形特征点	2015-04	98.00	460
坐标几何学基础.第1卷,笛卡儿坐标	2021-08	48.00	1398
坐标几何学基础.第2卷,三线坐标	2021-09	28.00	1399
平面解析几何方法与研究(第1卷)	2015-05	18.00	471
平面解析几何方法与研究(第2卷)	2015-06	18.00	472
平面解析几何方法与研究(第3卷)	2015-07	18.00	473
解析几何研究	2015-01	38.00	425
解析几何学教程.上	2016-01	38.00	574
解析几何学教程.下	2016-01	38.00	575
几何学基础	2016-01	58.00	581
初等几何研究	2015-02	58.00	444
十九和二十世纪欧氏几何学中的片段	2017-01	58.00	696
平面几何中考.高考.奥数一本通	2017-07	28.00	820
几何学简史	2017-08	28.00	833
四面体	2018-01	48.00	880
平面几何证明方法思路	2018-12	68.00	913
折纸中的几何练习	2022-09	48.00	1559
中学新几何学(英文)	2022-10	98.00	1562

刘培杰数学工作室
已出版(即将出版)图书目录——初等数学

书　　名	出版时间	定　价	编号
平面几何图形特性新析. 上篇	2019-01	68.00	911
平面几何图形特性新析. 下篇	2018-06	88.00	912
平面几何范例多解探究. 上篇	2018-04	48.00	910
平面几何范例多解探究. 下篇	2018-12	68.00	914
从分析解题过程学解题:竞赛中的几何问题研究	2018-07	68.00	946
从分析解题过程学解题:竞赛中的向量几何与不等式研究(全2册)	2019-06	138.00	1090
从分析解题过程学解题:竞赛中的不等式问题	2021-01	48.00	1249
二维、三维欧氏几何的对偶原理	2018-12	38.00	990
星形大观及闭折线论	2019-03	68.00	1020
立体几何的问题和方法	2019-11	58.00	1127
三角代换论	2021-05	58.00	1313
俄罗斯平面几何问题集	2009-08	88.00	55
俄罗斯立体几何问题集	2014-03	58.00	283
俄罗斯几何大师——沙雷金论数学及其他	2014-01	48.00	271
来自俄罗斯的5000道几何习题及解答	2011-03	58.00	89
俄罗斯初等数学问题集	2012-05	38.00	177
俄罗斯函数问题集	2011-03	38.00	103
俄罗斯组合分析问题集	2011-01	48.00	79
俄罗斯初等数学万题选——三角卷	2012-11	38.00	222
俄罗斯初等数学万题选——代数卷	2013-08	68.00	225
俄罗斯初等数学万题选——几何卷	2014-01	68.00	226
俄罗斯《量子》杂志数学征解问题100题选	2018-08	48.00	969
俄罗斯《量子》杂志数学征解问题又100题选	2018-08	48.00	970
俄罗斯《量子》杂志数学征解问题	2020-05	48.00	1138
463个俄罗斯几何老问题	2012-01	28.00	152
《量子》数学短文精粹	2018-09	38.00	972
用三角、解析几何等计算解来自俄罗斯的几何题	2019-11	88.00	1119
基谢廖夫平面几何	2022-01	48.00	1461
基谢廖夫立体几何	2023-04	48.00	1599
数学:代数、数学分析和几何(10-11年级)	2021-01	48.00	1250
立体几何.10—11年级	2022-01	58.00	1472
直观几何学:5—6年级	2022-04	58.00	1508
平面几何:9—11年级	2022-10	48.00	1571
谈谈素数	2011-03	18.00	91
平方和	2011-03	18.00	92
整数论	2011-05	38.00	120
从整数谈起	2015-10	28.00	538
数与多项式	2016-01	38.00	558
谈谈不定方程	2011-05	28.00	119
质数漫谈	2022-07	68.00	1529
解析不等式新论	2009-06	68.00	48
建立不等式的方法	2011-03	98.00	104
数学奥林匹克不等式研究(第2版)	2020-07	68.00	1181
不等式研究(第二辑)	2012-02	68.00	153
不等式的秘密(第一卷)(第2版)	2014-02	38.00	286
不等式的秘密(第二卷)	2014-01	38.00	268
初等不等式的证明方法	2010-06	38.00	123
初等不等式的证明方法(第二版)	2014-11	38.00	407
不等式・理论・方法(基础卷)	2015-07	38.00	496
不等式・理论・方法(经典不等式卷)	2015-07	38.00	497
不等式・理论・方法(特殊类型不等式卷)	2015-07	48.00	498
不等式探究	2016-03	38.00	582
不等式探秘	2017-01	88.00	689
四面体不等式	2017-01	68.00	715
数学奥林匹克中常见重要不等式	2017-09	38.00	845

刘培杰数学工作室

已出版(即将出版)图书目录——初等数学

书　名	出版时间	定　价	编号
三正弦不等式	2018-09	98.00	974
函数方程与不等式:解法与稳定性结果	2019-04	68.00	1058
数学不等式. 第 1 卷,对称多项式不等式	2022-05	78.00	1455
数学不等式. 第 2 卷,对称有理不等式与对称无理不等式	2022-05	88.00	1456
数学不等式. 第 3 卷,循环不等式与非循环不等式	2022-05	88.00	1457
数学不等式. 第 4 卷,Jensen 不等式的扩展与加细	2022-05	88.00	1458
数学不等式. 第 5 卷,创建不等式与解不等式的其他方法	2022-05	88.00	1459
同余理论	2012-05	38.00	163
[x]与{x}	2015-04	48.00	476
极值与最值. 上卷	2015-06	28.00	486
极值与最值. 中卷	2015-06	38.00	487
极值与最值. 下卷	2015-06	28.00	488
整数的性质	2012-11	38.00	192
完全平方数及其应用	2015-08	78.00	506
多项式理论	2015-10	88.00	541
奇数、偶数、奇偶分析法	2018-01	98.00	876
不定方程及其应用. 上	2018-12	58.00	992
不定方程及其应用. 中	2019-01	78.00	993
不定方程及其应用. 下	2019-02	98.00	994
Nesbitt 不等式加强式的研究	2022-06	128.00	1527
最值定理与分析不等式	2023-02	78.00	1567
一类积分不等式	2023-02	88.00	1579
历届美国中学生数学竞赛试题及解答(第一卷)1950-1954	2014-07	18.00	277
历届美国中学生数学竞赛试题及解答(第二卷)1955-1959	2014-04	18.00	278
历届美国中学生数学竞赛试题及解答(第三卷)1960-1964	2014-06	18.00	279
历届美国中学生数学竞赛试题及解答(第四卷)1965-1969	2014-04	28.00	280
历届美国中学生数学竞赛试题及解答(第五卷)1970-1972	2014-06	18.00	281
历届美国中学生数学竞赛试题及解答(第六卷)1973-1980	2017-07	18.00	768
历届美国中学生数学竞赛试题及解答(第七卷)1981-1986	2015-01	18.00	424
历届美国中学生数学竞赛试题及解答(第八卷)1987-1990	2017-05	18.00	769
历届中国数学奥林匹克试题集(第 3 版)	2021-10	58.00	1440
历届加拿大数学奥林匹克试题集	2012-08	38.00	215
历届美国数学奥林匹克试题集:1972~2019	2020-04	88.00	1135
历届波兰数学竞赛试题集. 第 1 卷,1949~1963	2015-03	18.00	453
历届波兰数学竞赛试题集. 第 2 卷,1964~1976	2015-03	18.00	454
历届巴尔干数学奥林匹克试题集	2015-05	38.00	466
保加利亚数学奥林匹克	2014-10	38.00	393
圣彼得堡数学奥林匹克试题集	2015-01	38.00	429
匈牙利奥林匹克数学竞赛题解. 第 1 卷	2016-05	28.00	593
匈牙利奥林匹克数学竞赛题解. 第 2 卷	2016-05	28.00	594
历届美国数学邀请赛试题集(第 2 版)	2017-10	78.00	851
普林斯顿大学数学竞赛	2016-06	38.00	669
亚太地区数学奥林匹克竞赛题	2015-07	18.00	492
日本历届(初级)广中杯数学竞赛试题及解答. 第 1 卷(2000~2007)	2016-05	28.00	641
日本历届(初级)广中杯数学竞赛试题及解答. 第 2 卷(2008~2015)	2016-05	38.00	642
越南数学奥林匹克题选:1962-2009	2021-07	48.00	1370
360 个数学竞赛问题	2016-08	58.00	677
奥数最佳实战题. 上卷	2017-06	38.00	760
奥数最佳实战题. 下卷	2017-05	58.00	761
哈尔滨市早期中学数学竞赛试题汇编	2016-07	28.00	672
全国高中数学联赛试题及解答:1981—2019(第 4 版)	2020-07	138.00	1176
2022 年全国高中数学联合竞赛模拟题集	2022-06	30.00	1521

刘培杰数学工作室

已出版(即将出版)图书目录——初等数学

书　　名	出版时间	定　价	编号
20 世纪 50 年代全国部分城市数学竞赛试题汇编	2017-07	28.00	797
国内外数学竞赛题及精解:2018~2019	2020-08	45.00	1192
国内外数学竞赛题及精解:2019~2020	2021-11	58.00	1439
许康华竞赛优学精选集.第一辑	2018-08	68.00	949
天问叶班数学问题征解 100 题.Ⅰ,2016-2018	2019-05	88.00	1075
天问叶班数学问题征解 100 题.Ⅱ,2017-2019	2020-07	98.00	1177
美国初中数学竞赛:AMC8 准备(共 6 卷)	2019-07	138.00	1089
美国高中数学竞赛:AMC10 准备(共 6 卷)	2019-08	158.00	1105
王连笑教你怎样学数学:高考选择题解题策略与客观题实用训练	2014-01	48.00	262
王连笑教你怎样学数学:高考数学高层次讲座	2015-02	48.00	432
高考数学的理论与实践	2009-08	38.00	53
高考数学核心题型解题方法与技巧	2010-01	28.00	86
高考思维新平台	2014-03	38.00	259
高考数学压轴题解题诀窍(上)(第 2 版)	2018-01	58.00	874
高考数学压轴题解题诀窍(下)(第 2 版)	2018-01	48.00	875
北京市五区文科数学三年高考模拟题详解:2013~2015	2015-08	48.00	500
北京市五区理科数学三年高考模拟题详解:2013~2015	2015-09	68.00	505
向量法巧解数学高考题	2009-08	28.00	54
高中数学课堂教学的实践与反思	2021-11	48.00	791
数学高考参考	2016-01	78.00	589
新课程标准高考数学解答题各种题型解法指导	2020-08	78.00	1196
全国及各省市高考数学试题审题要津与解法研究	2015-02	48.00	450
高中数学章节起始课的教学研究与案例设计	2019-05	28.00	1064
新课标高考数学——五年试题分章详解(2007~2011)(上、下)	2011-10	78.00	140,141
全国中考数学压轴题审题要津与解法研究	2013-04	78.00	248
新编全国及各省市中考数学压轴题审题要津与解法研究	2014-05	58.00	342
全国及各省市 5 年中考数学压轴题审题要津与解法研究(2015 版)	2015-04	58.00	462
中考数学专题总复习	2007-04	28.00	6
中考数学较难题常考题型解题方法与技巧	2016-09	48.00	681
中考数学难题常考题型解题方法与技巧	2016-09	48.00	682
中考数学中档题常考题型解题方法与技巧	2017-08	68.00	835
中考数学选择填空压轴好题妙解 365	2017-05	38.00	759
中考数学:三类重点考题的解法例析与习题	2020-04	48.00	1140
中小学数学的历史文化	2019-11	48.00	1124
初中平面几何百题多思创新解	2020-01	58.00	1125
初中数学中考备考	2020-01	58.00	1126
高考数学之九章演义	2019-08	68.00	1044
高考数学之难题谈笑间	2022-06	68.00	1519
化学可以这样学:高中化学知识方法智慧感悟疑难辨析	2019-07	58.00	1103
如何成为学习高手	2019-09	58.00	1107
高考数学:经典真题分类解析	2020-04	78.00	1134
高考数学解答题破解策略	2020-11	58.00	1221
从分析解题过程学解题:高考压轴题与竞赛题之关系探究	2020-08	88.00	1179
教学新思考:单元整体视角下的初中数学教学设计	2021-03	58.00	1278
思维再拓展:2020 年经典几何题的多解探究与思考	即将出版		1279
中考数学小压轴汇编初讲	2017-07	48.00	788
中考数学大压轴专题微言	2017-09	48.00	846
怎么解中考平面几何探索题	2019-06	48.00	1093
北京中考数学压轴题解题方法突破(第 8 版)	2022-11	78.00	1577
助你高考成功的数学解题智慧:知识是智慧的基础	2016-01	58.00	596
助你高考成功的数学解题智慧:错误是智慧的试金石	2016-04	58.00	643
助你高考成功的数学解题智慧:方法是智慧的推手	2016-04	68.00	657
高考数学奇思妙解	2016-04	38.00	610
高考数学解题策略	2016-05	48.00	670

刘培杰数学工作室

已出版(即将出版)图书目录——初等数学

书　　名	出版时间	定　价	编号
数学解题泄天机(第2版)	2017-10	48.00	850
高考物理压轴题全解	2017-04	58.00	746
高中物理经典问题25讲	2017-05	28.00	764
高中物理教学讲义	2018-01	48.00	871
高中物理教学讲义:全模块	2022-03	98.00	1492
高中物理答疑解惑65篇	2021-11	48.00	1462
中学物理基础问题解析	2020-08	48.00	1183
2017年高考理科数学真题研究	2018-01	58.00	867
2017年高考文科数学真题研究	2018-01	48.00	868
初中数学、高中数学脱节知识补缺教材	2017-06	48.00	766
高考数学小题抢分必练	2017-10	48.00	834
高考数学核心素养解读	2017-09	38.00	839
高考数学客观题解题方法和技巧	2017-10	38.00	847
十年高考数学精品试题审题要津与解法研究	2021-10	98.00	1427
中国历届高考数学试题及解答.1949-1979	2018-01	38.00	877
历届中国高考数学试题及解答.第二卷,1980—1989	2018-10	28.00	975
历届中国高考数学试题及解答.第三卷,1990—1999	2018-10	48.00	976
数学文化与高考研究	2018-03	48.00	882
跟我学解高中数学题	2018-07	58.00	926
中学数学研究的方法及案例	2018-05	58.00	869
高考数学抢分技能	2018-07	68.00	934
高一新生常用数学方法和重要数学思想提升教材	2018-06	38.00	921
2018年高考数学真题研究	2019-01	68.00	1000
2019年高考数学真题研究	2020-05	88.00	1137
高考数学全国卷六道解答题常考题型解题诀窍:理科(全2册)	2019-07	78.00	1101
高考数学全国卷16道选择、填空题常考题型解题诀窍.理科	2018-09	88.00	971
高考数学全国卷16道选择、填空题常考题型解题诀窍.文科	2020-01	88.00	1123
高中数学一题多解	2019-06	58.00	1087
历届中国高考数学试题及解答:1917-1999	2021-08	98.00	1371
2000~2003年全国及各省市高考数学试题及解答	2022-05	88.00	1499
2004年全国及各省市高考数学试题及解答	2022-07	78.00	1500
突破高原:高中数学解题思维探究	2021-08	48.00	1375
高考数学中的"取值范围"	2021-10	48.00	1429
新课程标准高中数学各种题型解法大全.必修一分册	2021-06	58.00	1315
新课程标准高中数学各种题型解法大全.必修二分册	2022-01	68.00	1471
高中数学各种题型解法大全.选择性必修一分册	2022-06	68.00	1525
高中数学各种题型解法大全.选择性必修二分册	2023-01	58.00	1600
新编640个世界著名数学智力趣题	2014-01	88.00	242
500个最新世界著名数学智力趣题	2008-06	48.00	3
400个最新世界著名数学最值问题	2008-09	48.00	36
500个世界著名数学征解问题	2009-06	48.00	52
400个中国最佳初等数学征解老问题	2010-01	48.00	60
500个俄罗斯数学经典老题	2011-01	28.00	81
1000个国外中学物理好题	2012-04	48.00	174
300个日本高考数学题	2012-05	38.00	142
700个早期日本高考数学试题	2017-02	88.00	752
500个前苏联早期高考数学试题及解答	2012-05	28.00	185
546个早期俄罗斯大学生数学竞赛题	2014-03	38.00	285
548个来自美苏的数学好问题	2014-11	28.00	396
20所苏联著名大学早期入学试题	2015-02	18.00	452
161道德国工科大学生必做的微分方程习题	2015-05	28.00	469
500个德国工科大学生必做的高数习题	2015-06	28.00	478
360个数学竞赛问题	2016-08	58.00	677
200个趣味数学故事	2018-02	48.00	857
470个数学奥林匹克中的最值问题	2018-10	88.00	985
德国讲义日本考题.微积分卷	2015-04	48.00	456
德国讲义日本考题.微分方程卷	2015-04	38.00	457
二十世纪中叶中、英、美、日、法、俄高考数学试题精选	2017-06	38.00	783

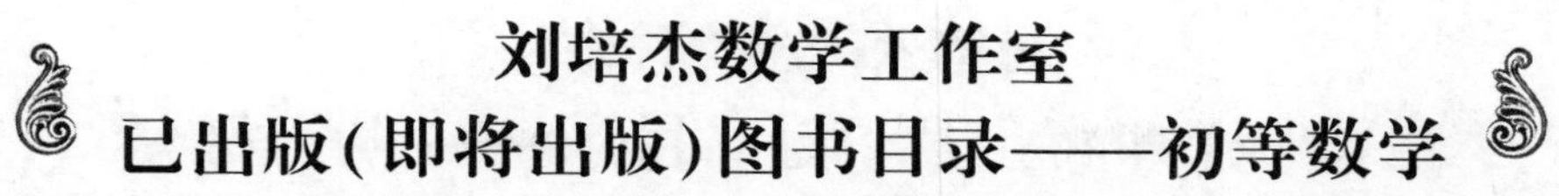

刘培杰数学工作室
已出版(即将出版)图书目录——初等数学

书　名	出版时间	定　价	编号
中国初等数学研究　2009 卷(第 1 辑)	2009-05	20.00	45
中国初等数学研究　2010 卷(第 2 辑)	2010-05	30.00	68
中国初等数学研究　2011 卷(第 3 辑)	2011-07	60.00	127
中国初等数学研究　2012 卷(第 4 辑)	2012-07	48.00	190
中国初等数学研究　2014 卷(第 5 辑)	2014-02	48.00	288
中国初等数学研究　2015 卷(第 6 辑)	2015-06	68.00	493
中国初等数学研究　2016 卷(第 7 辑)	2016-04	68.00	609
中国初等数学研究　2017 卷(第 8 辑)	2017-01	98.00	712
初等数学研究在中国. 第 1 辑	2019-03	158.00	1024
初等数学研究在中国. 第 2 辑	2019-10	158.00	1116
初等数学研究在中国. 第 3 辑	2021-05	158.00	1306
初等数学研究在中国. 第 4 辑	2022-06	158.00	1520
几何变换(Ⅰ)	2014-07	28.00	353
几何变换(Ⅱ)	2015-06	28.00	354
几何变换(Ⅲ)	2015-01	38.00	355
几何变换(Ⅳ)	2015-12	38.00	356
初等数论难题集(第一卷)	2009-05	68.00	44
初等数论难题集(第二卷)(上、下)	2011-02	128.00	82,83
数论概貌	2011-03	18.00	93
代数数论(第二版)	2013-08	58.00	94
代数多项式	2014-06	38.00	289
初等数论的知识与问题	2011-02	28.00	95
超越数论基础	2011-03	28.00	96
数论初等教程	2011-03	28.00	97
数论基础	2011-03	18.00	98
数论基础与维诺格拉多夫	2014-03	18.00	292
解析数论基础	2012-08	28.00	216
解析数论基础(第二版)	2014-01	48.00	287
解析数论问题集(第二版)(原版引进)	2014-05	88.00	343
解析数论问题集(第二版)(中译本)	2016-04	88.00	607
解析数论基础(潘承洞,潘承彪著)	2016-07	98.00	673
解析数论导引	2016-07	58.00	674
数论入门	2011-03	38.00	99
代数数论入门	2015-03	38.00	448
数论开篇	2012-07	28.00	194
解析数论引论	2011-03	48.00	100
Barban Davenport Halberstam 均值和	2009-01	40.00	33
基础数论	2011-03	28.00	101
初等数论 100 例	2011-05	18.00	122
初等数论经典例题	2012-07	18.00	204
最新世界各国数学奥林匹克中的初等数论试题(上、下)	2012-01	138.00	144,145
初等数论(Ⅰ)	2012-01	18.00	156
初等数论(Ⅱ)	2012-01	18.00	157
初等数论(Ⅲ)	2012-01	28.00	158

刘培杰数学工作室
已出版(即将出版)图书目录——初等数学

书　　名	出版时间	定　价	编号
平面几何与数论中未解决的新老问题	2013-01	68.00	229
代数数论简史	2014-11	28.00	408
代数数论	2015-09	88.00	532
代数、数论及分析习题集	2016-11	98.00	695
数论导引提要及习题解答	2016-01	48.00	559
素数定理的初等证明. 第 2 版	2016-09	48.00	686
数论中的模函数与狄利克雷级数(第二版)	2017-11	78.00	837
数论:数学导引	2018-01	68.00	849
范氏大代数	2019-02	98.00	1016
解析数学讲义. 第一卷,导来式及微分、积分、级数	2019-04	88.00	1021
解析数学讲义. 第二卷,关于几何的应用	2019-04	68.00	1022
解析数学讲义. 第三卷,解析函数论	2019-04	78.00	1023
分析・组合・数论纵横谈	2019-04	58.00	1039
Hall 代数:民国时期的中学数学课本:英文	2019-08	88.00	1106
基谢廖夫初等代数	2022-07	38.00	1531
数学精神巡礼	2019-01	58.00	731
数学眼光透视(第 2 版)	2017-06	78.00	732
数学思想领悟(第 2 版)	2018-01	68.00	733
数学方法溯源(第 2 版)	2018-08	68.00	734
数学解题引论	2017-05	58.00	735
数学史话览胜(第 2 版)	2017-01	48.00	736
数学应用展观(第 2 版)	2017-08	68.00	737
数学建模尝试	2018-04	48.00	738
数学竞赛采风	2018-01	68.00	739
数学测评探营	2019-05	58.00	740
数学技能操握	2018-03	48.00	741
数学欣赏拾趣	2018-02	48.00	742
从毕达哥拉斯到怀尔斯	2007-10	48.00	9
从迪利克雷到维斯卡尔迪	2008-01	48.00	21
从哥德巴赫到陈景润	2008-05	98.00	35
从庞加莱到佩雷尔曼	2011-08	138.00	136
博弈论精粹	2008-03	58.00	30
博弈论精粹. 第二版(精装)	2015-01	88.00	461
数学 我爱你	2008-01	28.00	20
精神的圣徒　别样的人生——60 位中国数学家成长的历程	2008-09	48.00	39
数学史概论	2009-06	78.00	50
数学史概论(精装)	2013-03	158.00	272
数学史选讲	2016-01	48.00	544
斐波那契数列	2010-02	28.00	65
数学拼盘和斐波那契魔方	2010-07	38.00	72
斐波那契数列欣赏(第 2 版)	2018-08	58.00	948
Fibonacci 数列中的明珠	2018-06	58.00	928
数学的创造	2011-02	48.00	85
数学美与创造力	2016-01	48.00	595
数海拾贝	2016-01	48.00	590
数学中的美(第 2 版)	2019-04	68.00	1057
数论中的美学	2014-12	38.00	351

刘培杰数学工作室
已出版(即将出版)图书目录——初等数学

书　　名	出版时间	定　价	编号
数学王者　科学巨人——高斯	2015-01	28.00	428
振兴祖国数学的圆梦之旅:中国初等数学研究史话	2015-06	98.00	490
二十世纪中国数学史料研究	2015-10	48.00	536
数字谜、数阵图与棋盘覆盖	2016-01	58.00	298
时间的形状	2016-01	38.00	556
数学发现的艺术:数学探索中的合情推理	2016-07	58.00	671
活跃在数学中的参数	2016-07	48.00	675
数海趣史	2021-05	98.00	1314
数学解题——靠数学思想给力(上)	2011-07	38.00	131
数学解题——靠数学思想给力(中)	2011-07	48.00	132
数学解题——靠数学思想给力(下)	2011-07	38.00	133
我怎样解题	2013-01	48.00	227
数学解题中的物理方法	2011-06	28.00	114
数学解题的特殊方法	2011-06	48.00	115
中学数学计算技巧(第2版)	2020-10	48.00	1220
中学数学证明方法	2012-01	58.00	117
数学趣题巧解	2012-03	28.00	128
高中数学教学通鉴	2015-05	58.00	479
和高中生漫谈:数学与哲学的故事	2014-08	28.00	369
算术问题集	2017-03	38.00	789
张教授讲数学	2018-07	38.00	933
陈永明实话实说数学教学	2020-04	68.00	1132
中学数学学科知识与教学能力	2020-06	58.00	1155
怎样把课讲好:大罕数学教学随笔	2022-03	58.00	1484
中国高考评价体系下高考数学探秘	2022-03	48.00	1487
自主招生考试中的参数方程问题	2015-01	28.00	435
自主招生考试中的极坐标问题	2015-04	28.00	463
近年全国重点大学自主招生数学试题全解及研究.华约卷	2015-02	38.00	441
近年全国重点大学自主招生数学试题全解及研究.北约卷	2016-05	38.00	619
自主招生数学解证宝典	2015-09	48.00	535
中国科学技术大学创新班数学真题解析	2022-03	48.00	1488
中国科学技术大学创新班物理真题解析	2022-03	58.00	1489
格点和面积	2012-07	18.00	191
射影几何趣谈	2012-04	28.00	175
斯潘纳尔引理——从一道加拿大数学奥林匹克试题谈起	2014-01	28.00	228
李普希兹条件——从几道近年高考数学试题谈起	2012-10	18.00	221
拉格朗日中值定理——从一道北京高考试题的解法谈起	2015-10	18.00	197
闵科夫斯基定理——从一道清华大学自主招生试题谈起	2014-01	28.00	198
哈尔测度——从一道冬令营试题的背景谈起	2012-08	28.00	202
切比雪夫逼近问题——从一道中国台北数学奥林匹克试题谈起	2013-04	38.00	238
伯恩斯坦多项式与贝齐尔曲面——从一道全国高中数学联赛试题谈起	2013-03	38.00	236
卡塔兰猜想——从一道普特南竞赛试题谈起	2013-06	18.00	256
麦卡锡函数和阿克曼函数——从一道前南斯拉夫数学奥林匹克试题谈起	2012-08	18.00	201
贝蒂定理与拉姆贝克莫斯尔定理——从一个拣石子游戏谈起	2012-08	18.00	217
皮亚诺曲线和豪斯道夫分球定理——从无限集谈起	2012-08	18.00	211
平面凸图形与凸多面体	2012-10	28.00	218
斯坦因豪斯问题——从一道二十五省市自治区中学数学竞赛试题谈起	2012-07	18.00	196

刘培杰数学工作室
已出版(即将出版)图书目录——初等数学

书　　名	出版时间	定　价	编号
纽结理论中的亚历山大多项式与琼斯多项式——从一道北京市高一数学竞赛试题谈起	2012-07	28.00	195
原则与策略——从波利亚"解题表"谈起	2013-04	38.00	244
转化与化归——从三大尺规作图不能问题谈起	2012-08	28.00	214
代数几何中的贝祖定理(第一版)——从一道 IMO 试题的解法谈起	2013-08	18.00	193
成功连贯理论与约当块理论——从一道比利时数学竞赛试题谈起	2012-04	18.00	180
素数判定与大数分解	2014-08	18.00	199
置换多项式及其应用	2012-10	18.00	220
椭圆函数与模函数——从一道美国加州大学洛杉矶分校(UCLA)博士资格考题谈起	2012-10	28.00	219
差分方程的拉格朗日方法——从一道 2011 年全国高考理科试题的解法谈起	2012-08	28.00	200
力学在几何中的一些应用	2013-01	38.00	240
从根式解到伽罗华理论	2020-01	48.00	1121
康托洛维奇不等式——从一道全国高中联赛试题谈起	2013-03	28.00	337
西格尔引理——从一道第 18 届 IMO 试题的解法谈起	即将出版		
罗斯定理——从一道前苏联数学竞赛试题谈起	即将出版		
拉克斯定理和阿廷定理——从一道 IMO 试题的解法谈起	2014-01	58.00	246
毕卡大定理——从一道美国大学数学竞赛试题谈起	2014-07	18.00	350
贝齐尔曲线——从一道全国高中联赛试题谈起	即将出版		
拉格朗日乘子定理——从一道 2005 年全国高中联赛试题的高等数学解法谈起	2015-05	28.00	480
雅可比定理——从一道日本数学奥林匹克试题谈起	2013-04	48.00	249
李天岩-约克定理——从一道波兰数学竞赛试题谈起	2014-06	28.00	349
受控理论与初等不等式:从一道 IMO 试题的解法谈起	2023-03	48.00	1601
布劳维不动点定理——从一道前苏联数学奥林匹克试题谈起	2014-01	38.00	273
伯恩赛德定理——从一道英国数学奥林匹克试题谈起	即将出版		
布查特-莫斯特定理——从一道上海市初中竞赛试题谈起	即将出版		
数论中的同余数问题——从一道普特南竞赛试题谈起	即将出版		
范·德蒙行列式——从一道美国数学奥林匹克试题谈起	即将出版		
中国剩余定理:总数法构建中国历史年表	2015-01	28.00	430
牛顿程序与方程求根——从一道全国高考试题解法谈起	即将出版		
库默尔定理——从一道 IMO 预选试题谈起	即将出版		
卢丁定理——从一道冬令营试题的解法谈起	即将出版		
沃斯滕霍姆定理——从一道 IMO 预选试题谈起	即将出版		
卡尔松不等式——从一道莫斯科数学奥林匹克试题谈起	即将出版		
信息论中的香农熵——从一道近年高考压轴题谈起	即将出版		
约当不等式——从一道希望杯竞赛试题谈起	即将出版		
拉比诺维奇定理	即将出版		
刘维尔定理——从一道《美国数学月刊》征解问题的解法谈起	即将出版		
卡塔兰恒等式与级数求和——从一道 IMO 试题的解法谈起	即将出版		
勒让德猜想与素数分布——从一道爱尔兰竞赛试题谈起	即将出版		
天平称重与信息论——从一道基辅市数学奥林匹克试题谈起	即将出版		
哈密尔顿-凯莱定理:从一道高中数学联赛试题的解法谈起	2014-09	18.00	376
艾思特曼定理——从一道 CMO 试题的解法谈起	即将出版		

刘培杰数学工作室
已出版(即将出版)图书目录——初等数学

书　　名	出版时间	定　价	编号
阿贝尔恒等式与经典不等式及应用	2018-06	98.00	923
迪利克雷除数问题	2018-07	48.00	930
幻方、幻立方与拉丁方	2019-08	48.00	1092
帕斯卡三角形	2014-03	18.00	294
蒲丰投针问题——从2009年清华大学的一道自主招生试题谈起	2014-01	38.00	295
斯图姆定理——从一道“华约”自主招生试题的解法谈起	2014-01	18.00	296
许瓦兹引理——从一道加利福尼亚大学伯克利分校数学系博士生试题谈起	2014-08	18.00	297
拉姆塞定理——从王诗宬院士的一个问题谈起	2016-04	48.00	299
坐标法	2013-12	28.00	332
数论三角形	2014-04	38.00	341
毕克定理	2014-07	18.00	352
数林掠影	2014-09	48.00	389
我们周围的概率	2014-10	38.00	390
凸函数最值定理:从一道华约自主招生题的解法谈起	2014-10	28.00	391
易学与数学奥林匹克	2014-10	38.00	392
生物数学趣谈	2015-01	18.00	409
反演	2015-01	28.00	420
因式分解与圆锥曲线	2015-01	18.00	426
轨迹	2015-01	28.00	427
面积原理:从常庚哲命的一道CMO试题的积分解法谈起	2015-01	48.00	431
形形色色的不动点定理:从一道28届IMO试题谈起	2015-01	38.00	439
柯西函数方程:从一道上海交大自主招生的试题谈起	2015-02	28.00	440
三角恒等式	2015-02	28.00	442
无理性判定:从一道2014年“北约”自主招生试题谈起	2015-01	38.00	443
数学归纳法	2015-03	18.00	451
极端原理与解题	2015-04	28.00	464
法雷级数	2014-08	18.00	367
摆线族	2015-01	38.00	438
函数方程及其解法	2015-05	38.00	470
含参数的方程和不等式	2012-09	28.00	213
希尔伯特第十问题	2016-01	38.00	543
无穷小量的求和	2016-01	28.00	545
切比雪夫多项式:从一道清华大学金秋营试题谈起	2016-01	38.00	583
泽肯多夫定理	2016-03	38.00	599
代数等式证题法	2016-01	28.00	600
三角等式证题法	2016-01	28.00	601
吴大任教授藏书中的一个因式分解公式:从一道美国数学邀请赛试题的解法谈起	2016-06	28.00	656
易卦——类万物的数学模型	2017-08	68.00	838
“不可思议”的数与数系可持续发展	2018-01	38.00	878
最短线	2018-01	38.00	879
数学在天文、地理、光学、机械力学中的一些应用	2023-03	88.00	1576
从阿基米德三角形谈起	2023-01	28.00	1578
幻方和魔方(第一卷)	2012-05	68.00	173
尘封的经典——初等数学经典文献选读(第一卷)	2012-07	48.00	205
尘封的经典——初等数学经典文献选读(第二卷)	2012-07	38.00	206
初级方程式论	2011-03	28.00	106
初等数学研究(Ⅰ)	2008-09	68.00	37
初等数学研究(Ⅱ)(上、下)	2009-05	118.00	46,47
初等数学专题研究	2022-10	68.00	1568

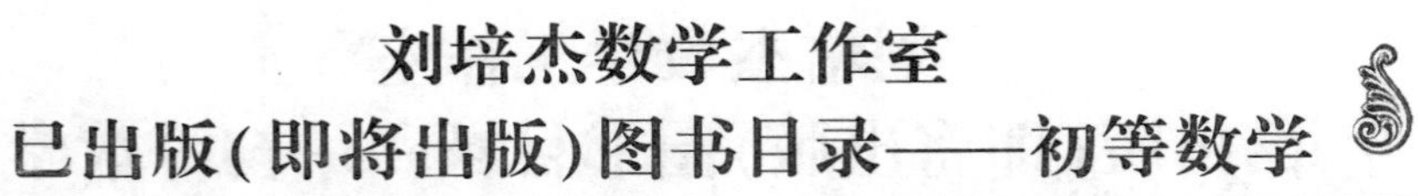

刘培杰数学工作室
已出版(即将出版)图书目录——初等数学

书　名	出版时间	定　价	编号
趣味初等方程妙题集锦	2014-09	48.00	388
趣味初等数论选美与欣赏	2015-02	48.00	445
耕读笔记(上卷):一位农民数学爱好者的初数探索	2015-04	28.00	459
耕读笔记(中卷):一位农民数学爱好者的初数探索	2015-05	28.00	483
耕读笔记(下卷):一位农民数学爱好者的初数探索	2015-05	28.00	484
几何不等式研究与欣赏.上卷	2016-01	88.00	547
几何不等式研究与欣赏.下卷	2016-01	48.00	552
初等数列研究与欣赏·上	2016-01	48.00	570
初等数列研究与欣赏·下	2016-01	48.00	571
趣味初等函数研究与欣赏.上	2016-09	48.00	684
趣味初等函数研究与欣赏.下	2018-09	48.00	685
三角不等式研究与欣赏	2020-10	68.00	1197
新编平面解析几何解题方法研究与欣赏	2021-10	78.00	1426
火柴游戏(第2版)	2022-05	38.00	1493
智力解谜.第1卷	2017-07	38.00	613
智力解谜.第2卷	2017-07	38.00	614
故事智力	2016-07	48.00	615
名人们喜欢的智力问题	2020-01	48.00	616
数学大师的发现、创造与失误	2018-01	48.00	617
异曲同工	2018-09	48.00	618
数学的味道	2018-01	58.00	798
数学千字文	2018-10	68.00	977
数贝偶拾——高考数学题研究	2014-04	28.00	274
数贝偶拾——初等数学研究	2014-04	38.00	275
数贝偶拾——奥数题研究	2014-04	48.00	276
钱昌本教你快乐学数学(上)	2011-12	48.00	155
钱昌本教你快乐学数学(下)	2012-03	58.00	171
集合、函数与方程	2014-01	28.00	300
数列与不等式	2014-01	38.00	301
三角与平面向量	2014-01	28.00	302
平面解析几何	2014-01	38.00	303
立体几何与组合	2014-01	28.00	304
极限与导数、数学归纳法	2014-01	38.00	305
趣味数学	2014-03	28.00	306
教材教法	2014-04	68.00	307
自主招生	2014-05	58.00	308
高考压轴题(上)	2015-01	48.00	309
高考压轴题(下)	2014-10	68.00	310
从费马到怀尔斯——费马大定理的历史	2013-10	198.00	I
从庞加莱到佩雷尔曼——庞加莱猜想的历史	2013-10	298.00	II
从切比雪夫到爱尔特希(上)——素数定理的初等证明	2013-07	48.00	III
从切比雪夫到爱尔特希(下)——素数定理100年	2012-12	98.00	III
从高斯到盖尔方特——二次域的高斯猜想	2013-10	198.00	IV
从库默尔到朗兰兹——朗兰兹猜想的历史	2014-01	98.00	V
从比勃巴赫到德布朗斯——比勃巴赫猜想的历史	2014-02	298.00	VI
从麦比乌斯到陈省身——麦比乌斯变换与麦比乌斯带	2014-02	298.00	VII
从布尔到豪斯道夫——布尔方程与格论漫谈	2013-10	198.00	VIII
从开普勒到阿诺德——三体问题的历史	2014-05	298.00	IX
从华林到华罗庚——华林问题的历史	2013-10	298.00	X

刘培杰数学工作室
已出版(即将出版)图书目录——初等数学

书　名	出版时间	定　价	编号
美国高中数学竞赛五十讲. 第1卷(英文)	2014-08	28.00	357
美国高中数学竞赛五十讲. 第2卷(英文)	2014-08	28.00	358
美国高中数学竞赛五十讲. 第3卷(英文)	2014-09	28.00	359
美国高中数学竞赛五十讲. 第4卷(英文)	2014-09	28.00	360
美国高中数学竞赛五十讲. 第5卷(英文)	2014-10	28.00	361
美国高中数学竞赛五十讲. 第6卷(英文)	2014-11	28.00	362
美国高中数学竞赛五十讲. 第7卷(英文)	2014-12	28.00	363
美国高中数学竞赛五十讲. 第8卷(英文)	2015-01	28.00	364
美国高中数学竞赛五十讲. 第9卷(英文)	2015-01	28.00	365
美国高中数学竞赛五十讲. 第10卷(英文)	2015-02	38.00	366

书　名	出版时间	定　价	编号
三角函数(第2版)	2017-04	38.00	626
不等式	2014-01	38.00	312
数列	2014-01	38.00	313
方程(第2版)	2017-04	38.00	624
排列和组合	2014-01	28.00	315
极限与导数(第2版)	2016-04	38.00	635
向量(第2版)	2018-08	58.00	627
复数及其应用	2014-08	28.00	318
函数	2014-01	38.00	319
集合	2020-01	48.00	320
直线与平面	2014-01	28.00	321
立体几何(第2版)	2016-04	38.00	629
解三角形	即将出版		323
直线与圆(第2版)	2016-11	38.00	631
圆锥曲线(第2版)	2016-09	48.00	632
解题通法(一)	2014-07	38.00	326
解题通法(二)	2014-07	38.00	327
解题通法(三)	2014-05	38.00	328
概率与统计	2014-01	28.00	329
信息迁移与算法	即将出版		330

书　名	出版时间	定　价	编号
IMO 50年. 第1卷(1959-1963)	2014-11	28.00	377
IMO 50年. 第2卷(1964-1968)	2014-11	28.00	378
IMO 50年. 第3卷(1969-1973)	2014-09	28.00	379
IMO 50年. 第4卷(1974-1978)	2016-04	38.00	380
IMO 50年. 第5卷(1979-1984)	2015-04	38.00	381
IMO 50年. 第6卷(1985-1989)	2015-04	58.00	382
IMO 50年. 第7卷(1990-1994)	2016-01	48.00	383
IMO 50年. 第8卷(1995-1999)	2016-06	38.00	384
IMO 50年. 第9卷(2000-2004)	2015-04	58.00	385
IMO 50年. 第10卷(2005-2009)	2016-01	48.00	386
IMO 50年. 第11卷(2010-2015)	2017-03	48.00	646

刘培杰数学工作室
已出版(即将出版)图书目录——初等数学

书　　名	出版时间	定　价	编号
数学反思(2006—2007)	2020-09	88.00	915
数学反思(2008—2009)	2019-01	68.00	917
数学反思(2010—2011)	2018-05	58.00	916
数学反思(2012—2013)	2019-01	58.00	918
数学反思(2014—2015)	2019-03	78.00	919
数学反思(2016—2017)	2021-03	58.00	1286
数学反思(2018—2019)	2023-01	88.00	1593
历届美国大学生数学竞赛试题集.第一卷(1938—1949)	2015-01	28.00	397
历届美国大学生数学竞赛试题集.第二卷(1950—1959)	2015-01	28.00	398
历届美国大学生数学竞赛试题集.第三卷(1960—1969)	2015-01	28.00	399
历届美国大学生数学竞赛试题集.第四卷(1970—1979)	2015-01	18.00	400
历届美国大学生数学竞赛试题集.第五卷(1980—1989)	2015-01	28.00	401
历届美国大学生数学竞赛试题集.第六卷(1990—1999)	2015-01	28.00	402
历届美国大学生数学竞赛试题集.第七卷(2000—2009)	2015-08	18.00	403
历届美国大学生数学竞赛试题集.第八卷(2010—2012)	2015-01	18.00	404
新课标高考数学创新题解题诀窍:总论	2014-09	28.00	372
新课标高考数学创新题解题诀窍:必修1~5分册	2014-08	38.00	373
新课标高考数学创新题解题诀窍:选修2-1,2-2,1-1,1-2分册	2014-09	38.00	374
新课标高考数学创新题解题诀窍:选修2-3,4-4,4-5分册	2014-09	18.00	375
全国重点大学自主招生英文数学试题全攻略:词汇卷	2015-07	48.00	410
全国重点大学自主招生英文数学试题全攻略:概念卷	2015-01	28.00	411
全国重点大学自主招生英文数学试题全攻略:文章选读卷(上)	2016-09	38.00	412
全国重点大学自主招生英文数学试题全攻略:文章选读卷(下)	2017-01	58.00	413
全国重点大学自主招生英文数学试题全攻略:试题卷	2015-07	38.00	414
全国重点大学自主招生英文数学试题全攻略:名著欣赏卷	2017-03	48.00	415
劳埃德数学趣题大全.题目卷.1:英文	2016-01	18.00	516
劳埃德数学趣题大全.题目卷.2:英文	2016-01	18.00	517
劳埃德数学趣题大全.题目卷.3:英文	2016-01	18.00	518
劳埃德数学趣题大全.题目卷.4:英文	2016-01	18.00	519
劳埃德数学趣题大全.题目卷.5:英文	2016-01	18.00	520
劳埃德数学趣题大全.答案卷:英文	2016-01	18.00	521
李成章教练奥数笔记.第1卷	2016-01	48.00	522
李成章教练奥数笔记.第2卷	2016-01	48.00	523
李成章教练奥数笔记.第3卷	2016-01	38.00	524
李成章教练奥数笔记.第4卷	2016-01	38.00	525
李成章教练奥数笔记.第5卷	2016-01	38.00	526
李成章教练奥数笔记.第6卷	2016-01	38.00	527
李成章教练奥数笔记.第7卷	2016-01	38.00	528
李成章教练奥数笔记.第8卷	2016-01	48.00	529
李成章教练奥数笔记.第9卷	2016-01	28.00	530

刘培杰数学工作室
已出版(即将出版)图书目录——初等数学

书　　名	出版时间	定　价	编号
第19~23届“希望杯”全国数学邀请赛试题审题要津详细评注(初一版)	2014-03	28.00	333
第19~23届“希望杯”全国数学邀请赛试题审题要津详细评注(初二、初三版)	2014-03	38.00	334
第19~23届“希望杯”全国数学邀请赛试题审题要津详细评注(高一版)	2014-03	28.00	335
第19~23届“希望杯”全国数学邀请赛试题审题要津详细评注(高二版)	2014-03	38.00	336
第19~25届“希望杯”全国数学邀请赛试题审题要津详细评注(初一版)	2015-01	38.00	416
第19~25届“希望杯”全国数学邀请赛试题审题要津详细评注(初二、初三版)	2015-01	58.00	417
第19~25届“希望杯”全国数学邀请赛试题审题要津详细评注(高一版)	2015-01	48.00	418
第19~25届“希望杯”全国数学邀请赛试题审题要津详细评注(高二版)	2015-01	48.00	419
物理奥林匹克竞赛大题典——力学卷	2014-11	48.00	405
物理奥林匹克竞赛大题典——热学卷	2014-04	28.00	339
物理奥林匹克竞赛大题典——电磁学卷	2015-07	48.00	406
物理奥林匹克竞赛大题典——光学与近代物理卷	2014-06	28.00	345
历届中国东南地区数学奥林匹克试题集(2004~2012)	2014-06	18.00	346
历届中国西部地区数学奥林匹克试题集(2001~2012)	2014-07	18.00	347
历届中国女子数学奥林匹克试题集(2002~2012)	2014-08	18.00	348
数学奥林匹克在中国	2014-06	98.00	344
数学奥林匹克问题集	2014-01	38.00	267
数学奥林匹克不等式散论	2010-06	38.00	124
数学奥林匹克不等式欣赏	2011-09	38.00	138
数学奥林匹克超级题库(初中卷上)	2010-01	58.00	66
数学奥林匹克不等式证明方法和技巧(上、下)	2011-08	158.00	134,135
他们学什么:原民主德国中学数学课本	2016-09	38.00	658
他们学什么:英国中学数学课本	2016-09	38.00	659
他们学什么:法国中学数学课本.1	2016-09	38.00	660
他们学什么:法国中学数学课本.2	2016-09	28.00	661
他们学什么:法国中学数学课本.3	2016-09	38.00	662
他们学什么:苏联中学数学课本	2016-09	28.00	679
高中数学题典——集合与简易逻辑·函数	2016-07	48.00	647
高中数学题典——导数	2016-07	48.00	648
高中数学题典——三角函数·平面向量	2016-07	48.00	649
高中数学题典——数列	2016-07	58.00	650
高中数学题典——不等式·推理与证明	2016-07	38.00	651
高中数学题典——立体几何	2016-07	48.00	652
高中数学题典——平面解析几何	2016-07	78.00	653
高中数学题典——计数原理·统计·概率·复数	2016-07	48.00	654
高中数学题典——算法·平面几何·初等数论·组合数学·其他	2016-07	68.00	655

刘培杰数学工作室
已出版(即将出版)图书目录——初等数学

书　名	出版时间	定　价	编号
台湾地区奥林匹克数学竞赛试题.小学一年级	2017-03	38.00	722
台湾地区奥林匹克数学竞赛试题.小学二年级	2017-03	38.00	723
台湾地区奥林匹克数学竞赛试题.小学三年级	2017-03	38.00	724
台湾地区奥林匹克数学竞赛试题.小学四年级	2017-03	38.00	725
台湾地区奥林匹克数学竞赛试题.小学五年级	2017-03	38.00	726
台湾地区奥林匹克数学竞赛试题.小学六年级	2017-03	38.00	727
台湾地区奥林匹克数学竞赛试题.初中一年级	2017-03	38.00	728
台湾地区奥林匹克数学竞赛试题.初中二年级	2017-03	38.00	729
台湾地区奥林匹克数学竞赛试题.初中三年级	2017-03	28.00	730
不等式证题法	2017-04	28.00	747
平面几何培优教程	2019-08	88.00	748
奥数鼎级培优教程.高一分册	2018-09	88.00	749
奥数鼎级培优教程.高二分册.上	2018-04	68.00	750
奥数鼎级培优教程.高二分册.下	2018-04	68.00	751
高中数学竞赛冲刺宝典	2019-04	68.00	883
初中尖子生数学超级题典.实数	2017-07	58.00	792
初中尖子生数学超级题典.式、方程与不等式	2017-08	58.00	793
初中尖子生数学超级题典.圆、面积	2017-08	38.00	794
初中尖子生数学超级题典.函数、逻辑推理	2017-08	48.00	795
初中尖子生数学超级题典.角、线段、三角形与多边形	2017-07	58.00	796
数学王子——高斯	2018-01	48.00	858
坎坷奇星——阿贝尔	2018-01	48.00	859
闪烁奇星——伽罗瓦	2018-01	58.00	860
无穷统帅——康托尔	2018-01	48.00	861
科学公主——柯瓦列夫斯卡娅	2018-01	48.00	862
抽象代数之母——埃米·诺特	2018-01	48.00	863
电脑先驱——图灵	2018-01	58.00	864
昔日神童——维纳	2018-01	48.00	865
数坛怪侠——爱尔特希	2018-01	68.00	866
传奇数学家徐利治	2019-09	88.00	1110
当代世界中的数学.数学思想与数学基础	2019-01	38.00	892
当代世界中的数学.数学问题	2019-01	38.00	893
当代世界中的数学.应用数学与数学应用	2019-01	38.00	894
当代世界中的数学.数学王国的新疆域(一)	2019-01	38.00	895
当代世界中的数学.数学王国的新疆域(二)	2019-01	38.00	896
当代世界中的数学.数林撷英(一)	2019-01	38.00	897
当代世界中的数学.数林撷英(二)	2019-01	48.00	898
当代世界中的数学.数学之路	2019-01	38.00	899

刘培杰数学工作室
已出版(即将出版)图书目录——初等数学

书　名	出版时间	定　价	编号
105 个代数问题:来自 AwesomeMath 夏季课程	2019-02	58.00	956
106 个几何问题:来自 AwesomeMath 夏季课程	2020-07	58.00	957
107 个几何问题:来自 AwesomeMath 全年课程	2020-07	58.00	958
108 个代数问题:来自 AwesomeMath 全年课程	2019-01	68.00	959
109 个不等式:来自 AwesomeMath 夏季课程	2019-04	58.00	960
国际数学奥林匹克中的 110 个几何问题	即将出版		961
111 个代数和数论问题	2019-05	58.00	962
112 个组合问题:来自 AwesomeMath 夏季课程	2019-05	58.00	963
113 个几何不等式:来自 AwesomeMath 夏季课程	2020-08	58.00	964
114 个指数和对数问题:来自 AwesomeMath 夏季课程	2019-09	48.00	965
115 个三角问题:来自 AwesomeMath 夏季课程	2019-09	58.00	966
116 个代数不等式:来自 AwesomeMath 全年课程	2019-04	58.00	967
117 个多项式问题:来自 AwesomeMath 夏季课程	2021-09	58.00	1409
118 个数学竞赛不等式	2022-08	78.00	1526
紫色彗星国际数学竞赛试题	2019-02	58.00	999
数学竞赛中的数学:为数学爱好者、父母、教师和教练准备的丰富资源.第一部	2020-04	58.00	1141
数学竞赛中的数学:为数学爱好者、父母、教师和教练准备的丰富资源.第二部	2020-07	48.00	1142
和与积	2020-10	38.00	1219
数论:概念和问题	2020-12	68.00	1257
初等数学问题研究	2021-03	48.00	1270
数学奥林匹克中的欧几里得几何	2021-10	68.00	1413
数学奥林匹克题解新编	2022-01	58.00	1430
图论入门	2022-09	58.00	1554
澳大利亚中学数学竞赛试题及解答(初级卷)1978~1984	2019-02	28.00	1002
澳大利亚中学数学竞赛试题及解答(初级卷)1985~1991	2019-02	28.00	1003
澳大利亚中学数学竞赛试题及解答(初级卷)1992~1998	2019-02	28.00	1004
澳大利亚中学数学竞赛试题及解答(初级卷)1999~2005	2019-02	28.00	1005
澳大利亚中学数学竞赛试题及解答(中级卷)1978~1984	2019-03	28.00	1006
澳大利亚中学数学竞赛试题及解答(中级卷)1985~1991	2019-03	28.00	1007
澳大利亚中学数学竞赛试题及解答(中级卷)1992~1998	2019-03	28.00	1008
澳大利亚中学数学竞赛试题及解答(中级卷)1999~2005	2019-03	28.00	1009
澳大利亚中学数学竞赛试题及解答(高级卷)1978~1984	2019-05	28.00	1010
澳大利亚中学数学竞赛试题及解答(高级卷)1985~1991	2019-05	28.00	1011
澳大利亚中学数学竞赛试题及解答(高级卷)1992~1998	2019-05	28.00	1012
澳大利亚中学数学竞赛试题及解答(高级卷)1999~2005	2019-05	28.00	1013
天才中小学生智力测验题.第一卷	2019-03	38.00	1026
天才中小学生智力测验题.第二卷	2019-03	38.00	1027
天才中小学生智力测验题.第三卷	2019-03	38.00	1028
天才中小学生智力测验题.第四卷	2019-03	38.00	1029
天才中小学生智力测验题.第五卷	2019-03	38.00	1030
天才中小学生智力测验题.第六卷	2019-03	38.00	1031
天才中小学生智力测验题.第七卷	2019-03	38.00	1032
天才中小学生智力测验题.第八卷	2019-03	38.00	1033
天才中小学生智力测验题.第九卷	2019-03	38.00	1034
天才中小学生智力测验题.第十卷	2019-03	38.00	1035
天才中小学生智力测验题.第十一卷	2019-03	38.00	1036
天才中小学生智力测验题.第十二卷	2019-03	38.00	1037
天才中小学生智力测验题.第十三卷	2019-03	38.00	1038

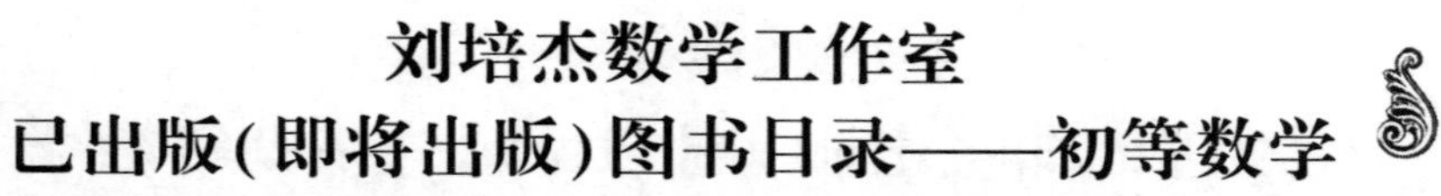

刘培杰数学工作室
已出版(即将出版)图书目录——初等数学

书　　名	出版时间	定　价	编号
重点大学自主招生数学备考全书:函数	2020-05	48.00	1047
重点大学自主招生数学备考全书:导数	2020-08	48.00	1048
重点大学自主招生数学备考全书:数列与不等式	2019-10	78.00	1049
重点大学自主招生数学备考全书:三角函数与平面向量	2020-08	68.00	1050
重点大学自主招生数学备考全书:平面解析几何	2020-07	58.00	1051
重点大学自主招生数学备考全书:立体几何与平面几何	2019-08	48.00	1052
重点大学自主招生数学备考全书:排列组合·概率统计·复数	2019-09	48.00	1053
重点大学自主招生数学备考全书:初等数论与组合数学	2019-08	48.00	1054
重点大学自主招生数学备考全书:重点大学自主招生真题.上	2019-04	68.00	1055
重点大学自主招生数学备考全书:重点大学自主招生真题.下	2019-04	58.00	1056
高中数学竞赛培训教程:平面几何问题的求解方法与策略.上	2018-05	68.00	906
高中数学竞赛培训教程:平面几何问题的求解方法与策略.下	2018-06	78.00	907
高中数学竞赛培训教程:整除与同余以及不定方程	2018-01	88.00	908
高中数学竞赛培训教程:组合计数与组合极值	2018-04	48.00	909
高中数学竞赛培训教程:初等代数	2019-04	78.00	1042
高中数学讲座:数学竞赛基础教程(第一册)	2019-06	48.00	1094
高中数学讲座:数学竞赛基础教程(第二册)	即将出版		1095
高中数学讲座:数学竞赛基础教程(第三册)	即将出版		1096
高中数学讲座:数学竞赛基础教程(第四册)	即将出版		1097
新编中学数学解题方法 1000 招丛书.实数(初中版)	2022-05	58.00	1291
新编中学数学解题方法 1000 招丛书.式(初中版)	2022-05	48.00	1292
新编中学数学解题方法 1000 招丛书.方程与不等式(初中版)	2021-04	58.00	1293
新编中学数学解题方法 1000 招丛书.函数(初中版)	2022-05	38.00	1294
新编中学数学解题方法 1000 招丛书.角(初中版)	2022-05	48.00	1295
新编中学数学解题方法 1000 招丛书.线段(初中版)	2022-05	48.00	1296
新编中学数学解题方法 1000 招丛书.三角形与多边形(初中版)	2021-04	48.00	1297
新编中学数学解题方法 1000 招丛书.圆(初中版)	2022-05	48.00	1298
新编中学数学解题方法 1000 招丛书.面积(初中版)	2021-07	28.00	1299
新编中学数学解题方法 1000 招丛书.逻辑推理(初中版)	2022-06	48.00	1300
高中数学题典精编.第一辑.函数	2022-01	58.00	1444
高中数学题典精编.第一辑.导数	2022-01	68.00	1445
高中数学题典精编.第一辑.三角函数·平面向量	2022-01	68.00	1446
高中数学题典精编.第一辑.数列	2022-01	58.00	1447
高中数学题典精编.第一辑.不等式·推理与证明	2022-01	58.00	1448
高中数学题典精编.第一辑.立体几何	2022-01	58.00	1449
高中数学题典精编.第一辑.平面解析几何	2022-01	68.00	1450
高中数学题典精编.第一辑.统计·概率·平面几何	2022-01	58.00	1451
高中数学题典精编.第一辑.初等数论·组合数学·数学文化·解题方法	2022-01	58.00	1452
历届全国初中数学竞赛试题分类解析.初等代数	2022-09	98.00	1555
历届全国初中数学竞赛试题分类解析.初等数论	2022-09	48.00	1556
历届全国初中数学竞赛试题分类解析.平面几何	2022-09	38.00	1557
历届全国初中数学竞赛试题分类解析.组合	2022-09	38.00	1558

联系地址:哈尔滨市南岗区复华四道街 10 号　**哈尔滨工业大学出版社刘培杰数学工作室**
网　　址:http://lpj.hit.edu.cn/
邮　　编:150006
联系电话:0451-86281378　　13904613167
E-mail:lpj1378@163.com